FCD First-Class Disciplines 一流学科建设研究生教材

实验设计与数理分析

Experimental Design and Mathematical Analysis

第二版

何映平 主编

化学工业出版社

·北京·

内容简介

《实验设计与数理分析（第二版）》是一本深入探讨实验设计与数理分析在材料科学领域应用的教材。全书共7章。第1章实验设计与数理分析基础知识，简要介绍实验设计与数理分析的基本概念，为后续章节的学习打下基础。第2章统计推断，探讨如何进行一个或两个正态总体的假设检验，为实验数据的分析提供科学依据。第3章方差分析、第4章正交实验设计及其分析、第5章回归与相关分析、第6章均匀实验设计及其分析，详细介绍各类实验设计的方法，并结合实际案例进行分析，展示其在材料领域的应用价值。第7章Excel在实验设计与数理分析中的基础应用，通过实际示例帮助读者更好地掌握这一实用工具。

本书适用于高等院校材料类专业的研究生和本科生教学，此外，还可供化工、食品、农林等相关专业的学生学习，并为科研人员提供参考，期望帮助读者更好地进行实验设计与数据分析工作。

图书在版编目（CIP）数据

实验设计与数理分析 / 何映平主编. -- 2版. 北京：化学工业出版社，2024. 9. -- （一流学科建设研究生教材）. -- ISBN 978-7-122-46131-5

I. O212

中国国家版本馆CIP数据核字第2024MM6397号

责任编辑：王　婧　杨　菁　　文字编辑：苏红梅　师明远

责任校对：李雨晴　　装帧设计：张　辉

出版发行：化学工业出版社

（北京市东城区青年湖南街13号　邮政编码100011）

印　　装：三河市航远印刷有限公司

787mm×1092mm　1/16　印张15¾　字数400千字

2026年1月北京第2版第1次印刷

购书咨询：010-64518888　　售后服务：010-64518899

网　　址：http://www.cip.com.cn

凡购买本书，如有缺损质量问题，本社销售中心负责调换。

定　　价：49.00元　　

前言

在科学研究与生产实践领域中，实验设计与数理分析一直是一个核心议题。尽管国内外已有众多专著和教材涉及此领域，但具体到工科，特别是材料科学这一细分领域，涉及材料制备、制品制造的配方与工艺设计，以及性能优化的实验设计与统计分析，专门的教材仍然稀缺。尽管实验设计和数据处理原理与方法在各学科间有共通之处，但因学科特性、涉及问题的差异性，本质揭示和结果判断也有所不同。

本书正是为了填补这一空缺，为材料科学与工程学科的学生和研究者提供方法与思路。本书结合编者多年在高分子材料科学研究中的实践经验，探讨了各种实验设计及其分析方法，以期达到“多、快、好、省”的目标，以实际应用为导向，侧重介绍正交实验设计与均匀实验设计及其分析，为材料配方与工艺设计、性能优化等提供了可行的实施方案。此外，考虑到影响材料结构与性能的因子复杂多元化，本书还补充介绍了多元线性回归与一元非线性回归。同时，鉴于 Excel 在数据处理中的强大功能，本书也介绍了 Excel 在实验设计与数理分析中的基础应用和案例示范。通过学习本书，读者将能够掌握实验设计与数理分析的基本原理和方法，并将其应用于实际的研究中。

本书在第一版的基础上进行了全面升级，增加第 6 章均匀实验设计及其分析，第 7 章 Excel 在实验设计与数理分析中的基础应用，并对原有章节进行了调整与完善。张可喜参与了第 7 章的编写工作。

本书在编写过程中得到了海南大学的大力支持和资助，寄托了学校的殷切期望，这使我们深受鼓舞。我们为此付出了极大努力，力求使本书内容完善。然而，由于学识水平有限，疏漏之处在所难免。我们诚恳地希望读者能够指出这些不足之处，以便不断改进和完善后续版本。

最后，感谢所有支持我们编写工作的同仁们，希望这本书能够成为读者在材料科学与工程领域学习和研究的得力助手。

编者
2025 年 6 月于海南大学

目录

1 实验设计与数理分析基础知识 …… 001

1.1 实验及实验设计基本概念…… 003
1.1.1 实验…… 003
1.1.2 实验设计…… 006
1.1.3 数据处理与分析…… 007
1.2 总体与样本 …… 008
1.3 Fisher实验设计三原则及其作用 …… 008
1.4 基础统计概念 …… 009
1.4.1 算术均数…… 009
1.4.2 标准差…… 010
1.5 正态分布 …… 012
1.5.1 正态分布曲线及其特点…… 012
1.5.2 正态分布图形制约因子…… 013
1.5.3 正态分布标准化及其概率计算…… 013
1.6 t 分布 …… 015
1.6.1 t 分布曲线及其特点 … 015
1.6.2 t 分布累积函数与双侧概率…… 016
1.7 χ^2 分布…… 016
1.7.1 χ^2 分布曲线及其特点…… 017
1.7.2 χ^2 分布累积函数与右侧概率…… 018
1.8 F 分布 …… 018
1.8.1 F 分布曲线及其特点…… 018
1.8.2 F 分布累积函数与右侧概率…… 019
1.8.3 F 分布检验方法…… 019
思考题…… 019
习题 …… 019

2 统计推断 …… 021

2.1 参数估计 …… 022
2.1.1 点估计 …… 022
2.1.2 区间估计 …… 023
2.2 假设检验 …… 024
2.2.1 一个正态总体的假设检验 …… 027
2.2.2 两个正态总体的假设检验 …… 028
思考题…… 034
习题 …… 034

3 方差分析 …… 036

3.1 单因子实验设计及其方差分析 …… 037
3.1.1 单因子完全随机设计及其方差分析 …… 037

3.1.2 单因子随机区组设计及其方差分析 ………… 045
3.2 两因子实验设计及其方差分析 ……………………………… 049
3.2.1 两因子完全随机设计及其方差分析 ………… 049
3.2.2 两因子随机区组设计及其方差分析 ………… 058
思考题 ……………………………………… 065
习题 ………………………………………… 065

4 正交实验设计及其分析 ……………………………… 068

4.1 正交实验设计原理与方法 …… 068
4.1.1 为何要做正交实验设计 …………………… 068
4.1.2 正交表及其设计原理 … 069
4.1.3 如何安排正交实验 …… 070
4.1.4 列出正交实验方案 …… 073
4.1.5 正交实验操作时需注意的几个问题 ………… 073
4.1.6 正交实验设计指标估计 ……………………… 074
4.2 正交实验设计的结果分析 …… 075
4.2.1 极差分析法 ………… 075
4.2.2 方差分析法 ………… 094
思考题 ……………………………………… 119
习题 ………………………………………… 120

5 回归与相关分析 ……………………………… 125

5.1 一元线性回归 ………………… 126
5.1.1 一元线性回归方程的构建 ………………… 126
5.1.2 线性回归的显著性检验 …………………… 128
5.1.3 线性回归的区间估计 … 130
5.1.4 利用回归方程进行预报和控制 ……………… 130
5.1.5 线性相关分析 ………… 134
5.2 多元线性回归 ………………… 137
5.2.1 多元线性回归的意义 … 137
5.2.2 多元线性回归方程的建立 ……………………… 138
5.2.3 多元线性回归方程的假设检验 ……………… 139
5.2.4 因子主次判断 ………… 140
5.2.5 变量的筛选 …………… 140
5.3 非线性回归分析 …………… 144
5.3.1 一元非线性回归分析 … 144
5.3.2 多元非线性回归分析 … 150
思考题 ……………………………………… 152
习题 ………………………………………… 153

6 均匀实验设计及其分析 ……………………………… 154

6.1 均匀实验设计原理 ………… 155
6.2 均匀实验设计操作过程 ……… 157
思考题 ……………………………………… 158

7 Excel 在实验设计与数理分析中的基础应用 ……………… 159

7.1 基础知识 ……………………… 159
7.1.1 实验数据输入 ………… 159
7.1.2 与数据处理相关的函数 ……………………… 160
7.1.3 公式创建 ……………… 160
7.1.4 分析工具库 …………… 163

7.2 Excel在统计推断中的应用 …… 165
7.2.1 F 检验 …… 165
7.2.2 t 检验 …… 167
7.3 Excel在方差分析中的应用 …… 170
7.3.1 Excel在单因子实验方差分析中的应用 …… 170
7.3.2 Excel在双因子实验方差分析中的应用 …… 171
7.4 Excel在正交实验分析中的应用 …… 174
7.4.1 Excel在极差分析中的应用 …… 174
7.4.2 Excel在方差分析中的应用 …… 177
7.5 Excel在回归分析中的应用 …… 179
7.5.1 “规划求解”在回归分析中的应用 …… 179
7.5.2 分析工具库在回归分析中的应用 …… 184
思考题 …… 215
习题 …… 215

附表 …… 220

附表1 标准正态 u 分布函数 $\Phi(u)=\frac{1}{\sqrt{2\pi}}e^{-\frac{1}{2}u^2}$ 的数值表 …… 220
附表2 标准正态 u 分布的累积函数表 …… 221
附表3 标准正态 u 分布双侧分位数($u_{\alpha/2}$)表 …… 222
附表4 t 分布双侧分位数($t_{\alpha/2}$)表 $p\{|t|>t_{\alpha/2,df}\}=\alpha$ …… 222
附表5 χ^2 分布右侧分位数表 $p\{\chi^2>\chi^2_{\alpha,df}\}=\alpha$ …… 223
附表6 F 分布右侧分位数表 $p\{F>F_{\alpha,df_1,df_2}\}=\alpha$ …… 225
附表7 Duncan's新复极差测验5%和1%SSR 值表 …… 229
附表8 正交多项式系数 C_{ij}(a 为处理数)及其相关参数 …… 230
附表9 常用正交实验设计表 …… 232
附表10 相关系数 r 与 R 临界值表 …… 241
附表11 常用均匀实验设计表及其使用表 …… 242

参考文献 …… 246

1

实验设计与数理分析基础知识

学习指导

通过本章学习，了解和掌握实验及实验设计的特点、原则与必要性；结合材料自身特点与需要，充分认识本课程的重要性；掌握正确的实验设计方法；学会区分因子、水平、指标及效应；掌握均数与变异数意义、种类及计算方法；重点掌握正态分布概念、特点及其计算；了解 t 分布、χ^2 分布及 F 分布的基本概念及其主要特点；理解总体与样本及其彼此之间的关系等。

本章重点在于实验设计三原则的实质与实际应用，正态分布、t 分布、χ^2 分布和 F 分布的含义与特点及其相关计算；难点在于这四种分布在具体实验设计与数理分析中的运用。

在材料研究与实践中，大多与实验密切相关。比如高分子材料与工程，常常涉及高分子材料合成或加工，及其制品制造中配方与工艺对其性质、性能和使用等的影响，为了高效快捷地解决这些问题，需要充分考虑如何进行实验设计与分析，以获得优化的方案和结果。

【例 1】 高聚物合成配方与工艺设计

（1） 原料体系

需考虑采用单一体系（如苯乙烯、丙烯酰胺、丙烯酸酯、醋酸乙烯酯等），还是两种或两种以上并用体系（如丁二烯-苯乙烯、天然胶乳-甲基丙烯酸甲酯、苯酚-甲醛、丙烯腈-丁二烯-苯乙烯等）。

（2） 引发体系

需考虑采用热引发、氧化还原引发、辐射引发还是光引发等，以及所用引发剂种类、规格与用量等。

（3） 聚合实施方式

需考虑采用本体聚合、乳液聚合、溶液聚合还是熔融聚合等。

（4）乳化与稳定体系

需考虑采用乳化剂与稳定剂的种类及其用量。

（5）其他助剂

需考虑根据聚合反应与品质要求是否采用分子量调节剂、补强剂及填充剂等种类与用量。

（6）工艺条件

需考虑根据聚合反应需要如何选择适宜的温度、压力及时间。

（7）工艺操作

需考虑是否采用搅拌、搅拌速度、是否采用氮气保护、加料方式及升温方式等。

【例 2】 橡胶制品配方设计

（1）原料体系

需考虑采用天然胶还是合成胶（如丁腈胶、氯丁胶、硅橡胶等），或并用的问题。

（2）硫化体系

需考虑采用硫磺体系、过氧化物体系、辐射体系还是秋兰母类体系等。如采用硫磺硫化体系，又该考虑硫磺、氧化锌、促进剂（如 ZDC、M、DM、BZ 等）如何搭配问题。

（3）防护体系

需考虑采用热氧老化、臭氧老化还是疲劳老化等。

（4）补强与填充体系

需考虑采用炭黑、白炭黑、碳酸钙等，以及是否采用偶联剂等。

（5）软化增塑体系

需考虑采用软化剂与增塑剂的种类与用量等。

（6）其他助剂

需考虑是否采用着色剂、发泡剂、抗静电剂、阻燃剂等种类与用量。

【例 3】 塑料制品配方设计

（1）原料体系

需考虑选用热塑性树脂（PVC、PP、PS 等），还是热固性树脂（如酚醛、环氧、不饱和聚酯、氨基等）。

（2）热稳定剂与增塑剂

需考虑采用热稳定剂与增塑剂的种类与用量。

（3）抗氧化剂与光稳定剂

需考虑采用抗氧化剂与光稳定剂的种类与用量。

（4）填料及其表面处理剂

需考虑采用炭黑、白炭黑、碳酸钙等，同时还需考虑其用量，甚至粒径、等级批次等。

（5）着色剂

需考虑根据制品品质要求是否采用着色剂，以及其色泽、类型与用量等。

（6）其他助剂

需考虑根据制品生产要求是否采用润滑剂、发泡剂、抗静电剂、阻燃剂、交联剂、抗菌剂等种类与用量。

1.1 实验及实验设计基本概念

1.1.1 实验

采用特定方法，对新发现或对某些现象在不同条件下进行比较，研究其效应，探索各因子及其交互作用对指标的影响程度，通过数据处理与分析（以下简称“数理分析”），寻找适宜条件，以获得最佳结果，预测适宜条件下指标的估计值；为确保结果的准确性和可靠性，重新按所选适宜条件进行验证实验，比较实际结果与预测值，并做出合理性、可靠性判断，统称为实验（experiment）。

（1）实验指标（experimental indicator）

实验指标是指为衡量实验结果的好坏或处理效应的高低，在实验中具体测定的性状或观测的项目，或根据实验目的而选定用以考察或衡量其效果的特性值。实验指标的检测值一般用 y 来表示。

① 实验目的不同，所选择的实验指标也不尽相同。

如高分子材料实验研究中，常用实验指标有接枝率、转化率、产收率、拉伸强度、撕裂强度、永久变形、回弹性、磨耗量等。

② 一个实验中可选用单指标，也可选用多指标，具体应据专业知识由实验的要求或目标来确定。

如天然橡胶改性实验中，衡量改性效果的优劣、适用或不适用，围绕改性目标需要考察力学性能（如拉伸强度、撕裂强度、伸长率、定伸应力、硬度、永久变形等）、耐老化性能、耐溶剂性能或其他特殊性能等多种指标。

③ 专业领域的研究对象不同，选择的实验指标并不相同。

如研究新鲜胶乳杀菌剂效果时，实验指标不仅要考虑细菌本身及其繁殖对杀菌剂的反应，还要考虑杀菌后对天然橡胶品质是否有破坏。

须指出的是，设计实验时，要合理地选用实验指标，因其决定检测工作量：过于简单，难以全面准确地评价实验结果；过于繁杂，则增大难度，并造成不必要浪费。因此，实验指标较多时，要针对实验目标要求，分清主次，选择最具代表性的实验指标，或考虑综合性指标。比如，材料拉伸实验，会获得一条应力-应变曲线，可以考虑用该曲线的投影面积作为综合性指标，用于揭示材料的力学性能。

（2）实验因子（experimental factor）

实验因子是指实验中所研究的能影响实验指标的因子。常采用大写英文字母 A、B、C、…来表示。如研究聚合反应时，单体用量、引发体系及其用量、反应温度、反应时间、浓度、搅拌方式与速度等都对转化率有影响，均可作为实验因子加以考虑。

实验中，若所考察的因子只有一个时，称为“单因子实验”；若需同时考察两个或两个以上因子时，称为“两或多因子实验”。

（3）实验水平（experimental level）

实验水平是指实验因子所处的某种特定状态或数量等级。由实验因子及其水平所代表的值，一般用 x 来表示。常采用代表该因子的大写英文字母加添下标 1，2，…。如 A_1，A_2，…，A_a；B_1，B_2，…，B_b 分别代表 A 因子的第 1，2，…，a 种水平；B 因子的第 1，

2，…，b 种水平。如比较 3 种不同配方所得材料性能的高低，那所选的这 3 种配方就是实验因子的 3 种水平。

若实验水平能作“量”变的因子，称为“数量因子”；能作“质”变的因子，则称为“质量因子”。

值得注意的是，对于实验水平，要充分考虑水平数及其幅度选取。一般建议水平数为奇数，如 3、5、7、9 等，并对数量因子最好呈等差关系来确定不同的水平取值。

（4）实验单元（experimental unit）

实验单元是指实验中能接受不同实验处理的最小的、独立的实验载体。

一个实验单元，只能接受一个处理，也只能有一个输出结果（但可采用一个或多个实验指标来表示）。

（5）实验处理（experimental treatment）

实验处理是指事先设计好的实施在实验单元上的具体项目。单因子实验时，因子的一种水平就是一个实验处理；而多因子实验时，因子的一种水平组合就是一个实验处理。

（6）实验类型（experimental type）

按供试实验因子个数可将实验类型分为如下三类。

① 单因子实验（single-factor experiment）。单因子实验是指整个实验中只变更、比较一个实验因子的不同水平，其他作为实验条件的因子均严格控制一致的实验。单因子实验是一种最基本的、最简单的实验方案。尽管如此，进行单因子实验时，水平数不宜过少，一般不少于 5 种。如为了明确硫化胶乳的硫化程度，若选用硫磺量为唯一因子，那实验中处理水平就是几种不同的硫磺量，而其他如品种、规格及配方与工艺条件等都应该严格控制在完全相同的状态。

单因子实验包括 0.618 法、黄金分割法、分数法、平行线法、交替法、调优法等。

② 多因子实验（multiple-factor experiment）。多因子实验是指同一实验方案中包含 2 个或 2 个以上的实验因子，各个因子都分为不同水平，其他实验条件均应严格控制一致的实验。多因子实验的目的是明确各实验因子的相对重要性（主次顺序）和相互作用（交互效应），并从中评选出最优处理组合。如进行甲、乙、丙 3 个品种与高、中、低 3 种用量的两因子实验，包括甲高、甲中、甲低、乙高、乙中、乙低、丙高、丙中、丙低共 $3\times3=9$ 个处理组合。进行这样的实验，除可明确品种与用量的各自作用外，还可检测出品种与用量之间是否有不同的影响，并从中选出最优处理组合。

方案优化受到许多因子的综合作用，采用多因子实验，有利于探究并明确与方案优化有关的几个因子的主效应及其交互作用，更全面地揭示研究的目的。

多因子实验包括正交实验、均匀实验、SN 比实验、球面对称实验、完全随机化实验、随机区组化实验、拉丁方实验等。

③ 综合性实验（comprehensive experiment）。综合性实验中，因子的各水平不构成平衡的处理组合，而是将若干因子的某些水平结合在一起形成少数几个处理组合。综合性实验的目的是探讨一系列供试因子某些处理组合的综合作用，而非供试因子的单独效应和交互作用。

通过以上三种实验类型的比较发现，单因子实验、多因子实验通常是分析性实验；而综合性实验是在对于起主导作用的那些因子及其相互关系已基本清楚的基础上设置的实验，其处理组合就是一系列经实践初步证实的优良方案，如选择一种或几种改性技术，与常规技术作比较，从中选出更优技术。

表 1-1 给出了天然橡胶领域中常见因子及其相关实验指标。

表 1-1 天然橡胶领域中常见因子及其实验指标

因子	实验指标
原料(组分及其配比、批次、水分、粒度、浓度等)	产品及其性能(收率、次品率、纯度、转化率、接枝率、硬度、尺寸精度、拉伸强度、撕裂强度、表面粗糙度、伸长率、老化性能保持率、门尼黏度、塑性初值、塑性保持率、氮含量、分子量及其分布、黏度、机械稳定度等)
操作条件(温度、压力、时间、工作速度、制备方法与工艺、操作者、仪器设备、助剂类型、催化剂用量等)	

【例 1-1】聚苯乙烯乳液（PS）补强天然胶乳（NRL）研究

需考虑的因子主要包括 PS 制备方法、PS 与 NRL 配比、硫化体系等。而需考虑的指标，一是胶体性质（如机械稳定性、黏度、表面张力等）；二是胶膜性能（主要是力学性能，除此之外，还有耐老化性、贮存性能等）。

【例 1-2】丙烯酸聚合反应

应该充分结合聚合物合成反应特点来考虑的因子及其水平，如表 1-2 所示。

表 1-2 丙烯酸聚合反应因子与水平选择

水平	因子					
	反应温度(A)/℃	单体浓度(B)/(mol/L)	反应时间(C)/h	引发剂种类(D)	聚合方式(E)	……
1	50	2	1.5	偶氮二异丁腈	本体聚合	
2	60	4	2.5	过氧化二酰	悬浮聚合	
3	70	6	3.5	过硫酸钾	乳液聚合	
4	80	8	4.5	氧化还原体系	溶液聚合	

(7) 实验效应（experimental effect）

实验效应是指实验因子对实验指标所起的增加或减少的作用，即“贡献”的大小。主要包括如下三种。

① 简单效应（simple effect）。同一因子内，两种不同水平之间实验指标的差值，称为简单效应。

如在天然橡胶纳米复合材料拉伸实验中，若纳米粒子用量为 0.1 份时，拉伸强度为 22.5MPa；纳米粒子用量为 0.5 份时，拉伸强度为 28.9MPa，则纳米粒子用量在 0.1 份与 0.5 份之间所产生的简单效应为 28.9－22.5＝6.4（MPa）。

须指出的是，一个因子的水平相同，另一因子不同水平间的指标差异仍属简单效应。换句话说，简单效应可以理解为特殊水平组合间的差数。

② 平均效应（average effect）。一个因子内，各简单效应的均数或某一因子不同水平的均数之差，称为平均效应，亦称为主要效应（main effect），简称“主效”。

③ 交互效应（interaction effect）。两个因子简单效应间的平均差异，称为交互效应，简称“互作”。

须指出的是，交互效应实质上反映了某一因子各水平在另一因子不同水平中反应不一致的现象。

具有正效应的交互，称为“正交互效应（正互作）”；具有负效应的交互，称为“负交互效应（负互作）”；交互效应为零的交互，称为“无交互效应（零互作）”。

值得注意的是，无交互效应的因子是相互独立的因子，此时，无论某因子在哪种水平上，另一因子的简单效应是相等的。因子彼此之间的交互效应只有在多因子实验中才能反映出来。

交互效应显著与否，关系到主效实用性。交互效应不显著，则各因子的效应可累加，主效代表各个简单效应。正交互效应时，从各因子的最佳水平推论最适水平组合，估计值要偏低些，但仍有应用价值。负交互效应时，根据“互作”程度大小而有两种不同情况：一是估计过高，但还可能是最适水平组合，仍然具有一定的价值；二是减效，如再从各因子的最佳水平推论出最适水平组合，将得出错误的结论。

表 1-3 给出了两因子两水平完全搭配实验设计方案与结果（y_{ij}）及其效应计算。

表 1-3 两因子两水平完全搭配实验设计方案与结果及其效应计算

<table>
<tr><td>因子</td><td colspan="4">A</td></tr>
<tr><td rowspan="4">B</td><td>水平</td><td>A_1</td><td>A_2</td><td>A 的简单效应</td></tr>
<tr><td>B_1</td><td>y_{11}</td><td>y_{12}</td><td>$y_{12}-y_{11}$(B_1 水平下)</td></tr>
<tr><td>B_2</td><td>y_{21}</td><td>y_{22}</td><td>$y_{22}-y_{21}$(B_2 水平下)</td></tr>
<tr><td>B 的简单效应</td><td>$y_{21}-y_{11}$(A_1 水平下)</td><td>$y_{22}-y_{12}$(A_2 水平下)</td><td></td></tr>
<tr><td rowspan="2">主效(平均效应)</td><td>A</td><td colspan="3">$[(y_{22}-y_{21})+(y_{12}-y_{11})]/2=[(y_{22}+y_{12})-(y_{21}+y_{11})]/2$</td></tr>
<tr><td>B</td><td colspan="3">$[(y_{22}-y_{12})+(y_{21}-y_{11})]/2=[(y_{22}+y_{21})-(y_{12}+y_{11})]/2$</td></tr>
<tr><td colspan="2">A×B 交互效应</td><td colspan="3">$[(y_{22}-y_{21})-(y_{12}-y_{11})]/2=[(y_{22}-y_{12})-(y_{21}-y_{11})]/2=[(y_{11}+y_{22})-(y_{12}+y_{21})]/2$</td></tr>
</table>

根据因子彼此之间所存在的交互关系，可将互作分为：

a. 一级互作（first order interaction），即两个因子彼此之间的互作，如表示成 A×B。

b. 二级互作（second order interaction），即三个因子彼此之间的互作，如表示成 A×B×C。

以此类推，得到三级互作、四级互作……。二级以上的高级互作较为复杂，实际意义不大。

1.1.2 实验设计

（1）含义

以概率论、数理统计和线性代数等为理论基础，科学、经济地安排实验方案，正确地分析实验结果，尽快获得优化方案的一种数学方法，称为实验设计（experimental design），有广义与狭义之说。

① 广义实验设计：也就是指整个实验计划的拟定，包含实验名称，实验目的，国内外研究进展及其分析，研究依据、内容及预期达到的效果，实验方案，技术路线与测试方法，供试单位的选取，重复数的确定，实验单位的分组，实验的记录项目和要求，实验结果的分析方法，经济效益、社会效益或环境效益的评估，已具备的条件，所需购置的仪器设备，研

究团队及其分工，实验时间、地点、进度安排和经费预算，成果鉴定，学术论文撰写，结题报告总结与答辩等内容。

② 狭义实验设计：仅包括实验单位的选取、重复数目的确定及实验单位的分组等。

一般所指的实验设计主要指狭义实验设计。

【例 1-3】采用正交实验设计研究丙烯酸聚合

需考虑的问题，比如引发体系、聚合方式、引发剂与单体的配比、反应温度、反应时间、单体浓度、引发剂种类与用量等。

【例 1-4】铝合金淬火硬化研究

需考虑的问题，比如淬火剂（采用溶液如油或盐水，还是空气?）、淬火温度、测试样本数量、选择的样本该如何分配在淬火剂中、资料收集顺序、如何分析资料、所选淬火剂是否存在明显差异等。

（2）必要性

① 从实际实验可操作性考虑：总体是无限的、假想的（如海水中含盐量等）；即便是有限的但包含的个体数目相当多，要获得全部观测值须花费大量人力、物力和时间（如气球生产线年产气球的数目等）；观测值的获得带有破坏性（如轮胎磨耗实验等）。

② 控制和降低实验误差，提高实验的精密性。

③ 为统计分析获得实验处理效应和实验误差的无偏估计提供必要的数据。

（3）作用

在工业生产和工程设计中，主要体现在提高产量与效率；减少质量波动，提高品质水准；缩短新产品实验周期；降低成本；延长产品寿命等。

（4）应用实例

1952 年，田口玄一在日本东海电报公司运用 $L_{27}(3^{13})$ 正交表进行正交实验设计取得成功，之后，在日本工业生产中得到了迅速推广。仅在 1952 年至 1962 年的 10 年中，实验达到了 100 万项，其中三分之一的项目都取得了十分明显的效果，并获得了极大的经济效益。

运用正交实验设计对电讯研究所研制的“线性弹簧继电器”的数十个特性值 2000 多个变量进行了实验研究，经过 7 年的努力，制造出了比美国先进的产品。这一产品本身只有几美元，而实验经费花了几百万美元，但研究成果给该研究所带来了几十亿美元的收益。几年后，其竞争对手美国西方电器公司不得不停产，转而从日本引进这种先进的继电器。

在日本，“正交实验设计”技术已成为企业界、工程技术界研究人员和管理人员的必备知识，成为工程师的共同语言。“一个工程技术人员若不掌握正交实验设计法，只能算半个工程师”。

1.1.3 数据处理与分析

数据处理与分析（data processing and analysis）也是数理统计学中的一部分重要内容，主要是对实验测量或观察数据进行统计计算与处理分析，从而得出可靠和规律性结果，并依据所得规律性达成预报与控制，进而掌握和主宰客观事物的发展规律，使之服从和服务于人类。

数据处理与分析的具体方法包括如下几种。

① 参数估计：对某些重要参数表进行点估计和区间估计。

② 假设检验：判断各种数据处理结果的可靠程度。

③ 方差分析：分析各因子对考察指标影响的显著程度。

④ 回归分析：获得反映具有因果关系事物客观规律的数学模型。

⑤ 相关分析：获得反映具有平行或因果关系事物客观规律的相关性。

1.2 总体与样本

总体（population）是指根据研究目的确定的研究对象的全体，亦即具有相同性质的个体所组成的集合。而样本（sample）则是从总体中抽取若干个体用作总体推断的这些个体的集合。

实验统计一般通过样本来了解总体。实验研究的目的是要了解总体，然而能观测到的却是样本，故通过样本来推断总体是统计分析的基本特点。

为了能可靠地从样本推断总体，要求样本具有一定的容量（n）和代表性。而只有从总体随机抽取（random sampling）各个个体而构成的样本，即“随机样本”才具有代表性。随机样本的容量越大，越能代表总体。一般而言：$n \geqslant 30$ 称为大样本，$n < 30$ 称为小样本。需指出的是，取得样本只是手段，推断总体才是目的。

表 1-4 给出了样本与总体的符号表示。其中，样本统计量常用英文字母表示，而总体参数常用希腊字母表示。

表 1-4 样本与总体的符号表示

名称		符号
样本统计量	样本均数	$\bar{y}$
	样本标准差	S
	样本方差	V 或 S^2
总体参数	总体均数	μ
	总体标准差	σ
	总体方差	σ^2

1.3 Fisher 实验设计三原则及其作用

早在 1935 年，罗纳德·艾尔默·费歇尔（Ronald Aylmer Fisher，“现代统计学之父”）便提出了实验设计的三个原则，用于指导实验者进行实验。

（1）重复（replication）

重复的作用是估计实验误差、降低实验误差、扩大实验代表性。

（2）随机化（randomization）

随机化的作用是正确估计实验误差，是将系统误差转变为偶然误差的有效方法。

【例 1-5】三个样品 A_1、A_2、A_3 重复 4 次的方案设计，见表 1-5。显然，只有方案 3 才符合随机化，而方案 1 与方案 2，有一定的规律性，均不能说是随机化。

表 1-5 重复排列设计方案

方案	排列方式											
1	A_1	A_1	A_1	A_1	A_2	A_2	A_2	A_2	A_3	A_3	A_3	A_3
2	A_1	A_2	A_3	A_1	A_2	A_3	A_1	A_2	A_3	A_1	A_2	A_3
3	A_2	A_1	A_2	A_3	A_1	A_2	A_3	A_2	A_3	A_1	A_3	A_1

(3) 局部控制 (local control) 或区组化 (blocking)

将整个实验空间分成若干个各自相对均匀的局部，称为“区组”。涉及材料领域的区组问题，可以考虑为原料批次、原料产地或厂家、生产设备、生产工艺与方法、操作者等。

所谓局部控制，就是将要比较的全部或部分处理安排在同一区组中，以增加区组内处理间的可比性，就是需要同一重复内的各个处理应在尽量一致的条件下进行实验，使非实验因子误差控制按“区组内尽可能小，区组间尽可能大”的原则进行设计。其作用是进一步减少实验误差。

实践中，根据 Fisher 实验设计三个基本原则的应用情况，实验设计又可以分为：

① 完全随机化实验。这是根据重复和随机化这两个基本原则进行设计的实验。实验的每一个处理都有若干个重复（等重复或不等重复）的实验单元，而所有实验单元在实验中的地位是完全随机的。

② 随机区组化实验。这是根据重复、随机化和局部控制这三个基本原则进行设计的实验。当所有实验单元出现系统误差时，就必须采用局部控制（即进行区组化设计）。

③ 拉丁方（$p \times p$ 方阵）实验。这是在重复、随机化的基础上，对行与列这两个方向都进行局部控制（即行、列两个方向皆成区组）的实验。

1.4 基础统计概念

变量分布具有两个明显的基本特征：集中性与离散性。其中，表征集中性的特征数是均数，而应用最普遍的是算术均数；表征离散性的特性数是变异数，而最常用的是标准差。

1.4.1 算术均数

(1) 定义

调查或实验取得 n 个数据 y_1，y_2，…，y_i，…，y_n，算术均数（arithmetic mean，以下简称“均数”）定义为：

$$\bar{y}=\frac{y_1+y_2+\cdots+y_n}{n}=\frac{\sum_{i=1}^{n}y_i}{n}=\frac{\sum y}{n}(\text{简写})，i=1，2，\cdots，n$$

① 离均差（deviation from mean） 参与求均数的每一个数值（y_i）与均数（$\bar{y}$）之差。如 n 个数据，则有 n 个离均差：$y_1-\bar{y}$，$y_2-\bar{y}$，…，$y_i-\bar{y}$，…，$y_n-\bar{y}$。

【性质 1】所有离均差的代数和为 0，即 $\sum_{i=1}^{n}(y_i-\bar{y})=0$。

【性质 2】所有离均差的平方和为最小，即 $\sum_{i=1}^{n}(y_i-\bar{y})^2<\sum_{i=1}^{n}(y_i-a)^2$（$a$ 为不等于 $\bar{y}$ 的任一数值）。

② 极差（range） 同一组数据中的最大值与最小值之差，即 $R=y_{max}-y_{min}$。

极差用于表示一组数据的最大离散程度。

（2）功用

① 指示资料内变数的“中心位置”，用以衡量“一般水平”。

② 作为资料的代表数，与其他资料进行比较。

1.4.2 标准差

（1）引入标准差（standard deviation）的必要性

【例 1-6】某拉伸实验共测得 6 片胶膜的拉伸强度，其中，甲组 3 片，乙组 3 片，结果见表 1-6。

表 1-6 胶膜的拉伸强度及其相关数据比较

组别	重复观察值(拉伸强度 y_i/MPa)			均数 $\bar{y}$	标准差 S	变异系数 CV
	1	2	3			
甲	19.23	20.18	21.03	20.147	0.9005	4.4696
乙	12.34	20.24	28.11	20.230	7.8850	38.9768

结果表明：仅就均数 $\bar{y}$ 而言，甲乙两组的拉伸强度近乎一样。但很显然，甲组的三个数据相当稳定，波动不大，而乙组的三个数据很不稳定，波动很大。因此，仅采用均数 $\bar{y}$ 在不同的样本中来说明其代表性是远远不够的，也就是说，均数 $\bar{y}$ 确实不足以反映实验资料的全貌（本质），有必要重新引入“标准差（S）”来衡量并揭示实验资料的变异性。

（2）（样本）标准差 S 的由来及其定义

为准确表示样本内各个观测值的变异程度，首先会考虑以均数 $\bar{y}$ 为标准，求出各个观测值与均数的离均差 $y_i-\bar{y}$。虽离均差能表达一个观测值偏离均数的性质和程度，但因离均差本身有正有负，且所有离均差之和为零，故无法用离均差之和 $\sum_{i=1}^{n}(y_i-\bar{y})$ 来表示资料中所有观测值的总偏离程度。

为解决离均差有正有负，所有离均差之和为零的问题，可先求离均差的绝对值并将各离均差绝对值之和除以观测数 n 求得平均绝对离均差，即 $\sum_{i=1}^{n}|y_i-\bar{y}|/n$。虽平均绝对离均差可表示资料中各观测值的变异程度，但因平均绝对离均差包含绝对值符号，计算起来并不方便，在统计学中未被采用。为此，可采用将离均差求平方的办法来解决离均差有正有负，所有离均差之和为零的问题。先将各个离均差平方，即 $(y_i-\bar{y})^2$，再求所有离均差平方之和，即 $\sum_{i=1}^{n}(y_i-\bar{y})^2$，记为 SS_y，但所有离均差平方和常随样本容量 n 而改变。

为消除样本容量 n 的影响，用所有离均差平方之和除以 n，即 $\sum_{i=1}^{n}(y_i-\bar{y})^2/n$，求出离均差平方和的均数。虽用 $\sum_{i=1}^{n}(y_i-\bar{y})^2/n$ 代替 $\sum_{i=1}^{n}(y_i-\mu)^2/n$ 可以衡量总体的变异性，但用 $\sum_{i=1}^{n}(y_i-\bar{y})^2/n$ 代替 $\sum_{i=1}^{n}(y_i-\mu)^2/n$ 总是偏小。为此，最终将样本方差定义为 $S^2=\frac{1}{n-1}\sum_{i=1}^{n}(y_i-\bar{y})^2$，用于表示样本资料的变异程度。

相应的总体参数叫总体方差，记为 σ^2。对于有限总体而言，有 $\sigma^2=\sum_{i=1}^{n}(y_i-\mu)^2/N$ 。

对方差直接进行开平方，便可得到标准差。统计学中，常采用样本标准差 S 去估计总体标准差 σ。

关于样本标准差 S 具体计算问题，可通过进一步推导得到如下简便公式：

$$S=\sqrt{\frac{\sum_{i=1}^{n}y_i^2-\left(\sum_{i=1}^{n}y_i\right)^2/n}{n-1}}$$

（3）功用

① 用以衡量资料的变异性，是变数的平均变异量，可判断均数代表性的强弱。

② 估计实验误差，为确定均数间显著性差异提供依据。

回到例 1-6，尽管甲乙两组的均数相近，但经计算，甲组的样本标准差 $S_{甲}=0.9005$，而乙组的样本标准差 $S_{乙}=7.8850$，这正好揭示出乙组要比甲组的变异性大。

但仍须指出的是，样本标准差 S 不适宜不同样本因均数差异悬殊或单位不同的变异程度的比较；样本标准差 S 也不能直接反映样本均数 $\bar{y}$ 与总体均数 μ 究竟误差多少。

（4）变异系数（coefficient of variation）

当进行两个或多个资料变异程度的比较时，若度量单位与均数相同，可直接利用样本标准差来比较；若单位和（或）均数不同时，比较其变异程度就不能采用样本标准差，而需采用样本标准差与均数的比值（相对值）——“变异系数（CV）”来达成。

定义：$CV=\frac{S}{\bar{y}}\times 100$。

因此，可以这样认为：样本标准差 S 是变数的平均变异量，而变异系数 CV 则是变数的相对变异量。显然，变异系数是衡量资料中各观测值变异程度的另一个统计量，其最大特点在于可以消除单位和（或）均数不同对两个或多个资料变异程度比较的影响。

回到例 1-6，容易计算出甲组变异系数 $CV_{甲}=4.4696$，乙组变异系数 $CV_{乙}=38.9768$。虽然从样本标准差 S 角度已能确定出甲乙两组变异性大小，但那是基于甲乙两组资料具有“同质性”。若甲乙两组资料并非同质属性的话，如假设甲为拉伸强度，其标准差为 0.9005MPa，而乙为撕裂强度，其标准差为 7.8850kN/m，那是无法就甲乙两组资料的变异性做出客观评价的。

（5）标准误（standard error）

从某总体随机抽取一系列容量均为 n 的样本，相应得到一系列的样本均数 $\bar{y}_1$，$\bar{y}_2$，…，$\bar{y}_m$，这些样本均数又可组成一个总体，称为“样本均数总体”。

若对样本均数总体进行标准差求取，其结果称为“总体标准误”，记为 $\sigma_{\bar{y}}$。

标准误不能简单地理解为标准差，而是多个样本均数的标准差，它是用来衡量抽样误差。理论证明：总体标准误与总体标准差的关系为 $\sigma_{\bar{y}}=\sigma/\sqrt{n}$ 。

总体标准误的大小反映样本均数的抽样误差的大小，即精密性高低：$\sigma_{\bar{y}}$ 大，说明各样本均数间的差异程度大，样本均数的精密性低；$\sigma_{\bar{y}}$ 小，说明各样本均数间的差异程度小，样本均数的精密性高。因此，标准误是统计推断可靠性的指标。

从某特定总体抽样，因 σ 是一常数，故只有增大样本容量 n 才能降低样本均数的抽样误差。

实际工作中，总体标准差 σ 往往是未知的，因而无法求得。此时，可用样本标准差 S 估计总体标准差 σ。于是，以 $S/\sqrt{n}$ 估计 $\sigma_{\bar{y}}$，记 $S_{\bar{y}}=S/\sqrt{n}$，称为“样本标准误”。

样本标准误是均数抽样误差的估计值。样本标准差 S 是反映样本中各观测值 y_1，y_2，…，y_n 变异程度大小的一个指标，其大小说明了样本平均数对该样本代表性的强弱。样本标准误 $S_{\bar{y}}$ 是样本均数 $\bar{y}_1$，$\bar{y}_2$，…，$\bar{y}_m$ 的标准差，它是样本均数抽样误差的估计值，其大小说明了样本间变异程度大小及精密性高低。

1.5 正态分布

设有 n 个独立随机因子，每个因子都有可能使观察值 y_i 产生一个偏离总体均数 μ 的微小误差（$\varepsilon_i=y_i-\mu$，可正可负，概率相等），其分布就相当于 $p=q=0.5$ 时 $(q+p)^n$ 展开。

若 $n\to\infty$，则可导出一个表示各 y_i 出现概率的概率密度函数 $f(y)=\dfrac{1}{\sigma\sqrt{2\pi}}e^{-\frac{(y-\mu)^2}{2\sigma^2}}$ 。其中，$\mu=\int_{-\infty}^{+\infty}yf(y)\mathrm{d}y$，称为总体均数；$\sigma^2=\int_{-\infty}^{+\infty}(y-\mu)^2f(y)\mathrm{d}y$，称为总体方差。

假设连续性变数 y 的总体均数为 μ，总体方差为 σ^2，则 y 落在区间 $[a,b]$ 范围的概率为：$p(a\leqslant y\leqslant b)=\dfrac{1}{\sigma\sqrt{2\pi}}\int_a^b e^{-\frac{(y-\mu)^2}{2\sigma^2}}\mathrm{d}y$，就称 y 服从正态分布（normal distribution）。

【记作】$y\sim N(\mu,\sigma^2)$。

【读作】y 服从具有总体均数为 μ，总体方差为 σ^2 的正态分布。

【地位作用】正态分布是连续型随机变量中一种最重要而常见的概率分布，概括了很多事物的连续性变数（包括观察值和统计数）的分布规律，在一定条件下还能作为间断性变数的近似分布，用途很广。

1.5.1 正态分布曲线及其特点

（1）正态分布曲线

见图 1-1。

（2）特点

① 单峰、对称的悬钟形曲线，对称轴 $y=\mu$。

② 当 $y\to+\infty$ 或 $y\to-\infty$ 时，$f(y)$ 趋于 0，即曲线以 y 轴为渐近线。

③ 在 $y=\mu\pm\sigma$ 处，曲线各有一个拐点。

④ $f(y)$ 在 $y=(-\infty,\mu)$ 区间上升，在 $y=(\mu,+\infty)$ 区间下降，而在 $y=\mu$ 时，

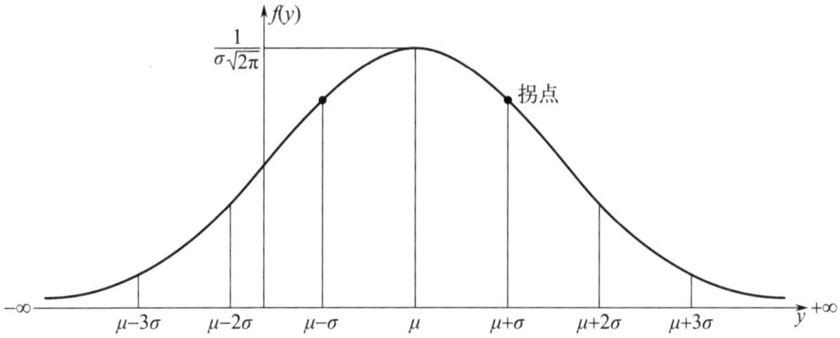

图 1-1 正态分布曲线（示意图）

$f(y)$ 达到极大值 $1/(\sigma\sqrt{2\pi})$。

⑤ $f(y)$ 始终大于 0，具有各级连续的导函数。

⑥ $\int_{-\infty}^{+\infty} f(y)\mathrm{d}y = 1$，即曲线下所投影的面积为 1，有：

$$p(-\infty < y < +\infty) = \frac{1}{\sigma\sqrt{2\pi}}\int_{-\infty}^{+\infty} \mathrm{e}^{-\frac{(y-\mu)^2}{2\sigma^2}}\mathrm{d}y = 1\text{。}$$

1.5.2 正态分布图形制约因子

正态分布图形是由总体均数 μ 和总体标准差 σ 共同决定的。其中，前者确定其中心位置，称为“位置参数”；后者确定其变异度（“胖瘦”），称为“形状参数”。

① 当 σ 固定 μ 改变时，曲线将沿 y 轴方向平移。

μ 升高，将向右平移，μ 减小，将向左平移。如图 1-2 所示。

② 当 μ 固定 σ 改变时，在对称轴（$y=\mu$）附近的曲线升高，而远离对称轴的两侧曲线则迅速下降，表明 σ 指示曲线的“胖瘦”。

σ 较大时，曲线较“胖”，σ 较小时，曲线较“瘦”。如图 1-3 所示。

总体标准差 σ 正好反映了“离散性”的特点。

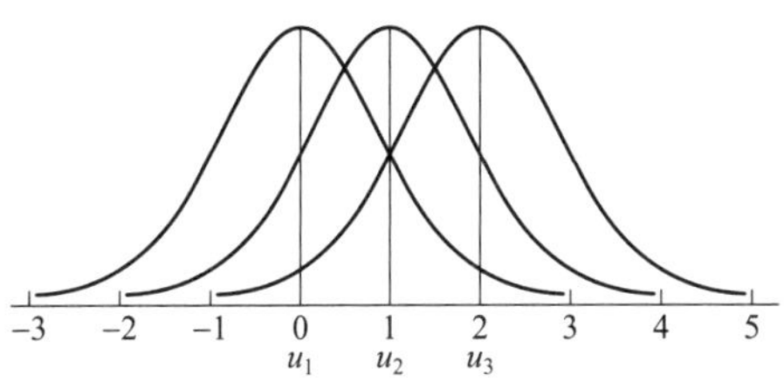

图 1-2 σ 相同而 μ 不同的正态分布比较图

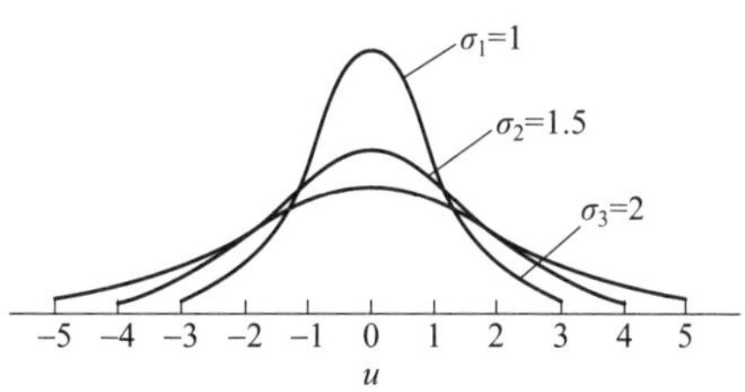

图 1-3 μ 相同而 σ 不同的正态分布比较图

1.5.3 正态分布标准化及其概率计算

（1）正态分布标准化

采用 $u=(y-\mu)/\sigma$ 替代 y，实现由一般正态分布转变成标准正态分布（standard normal distribution），或称 u 分布。标准正态分布方程可描述为 $\Phi(u)=\frac{1}{\sqrt{2\pi}}\mathrm{e}^{-\frac{1}{2}u^2}$。其中，$u$ 称为正态标准离差。

【记为】$u \sim N(0, 1^2)$

【读作】u 服从具有总体均数 $\mu=0$，总体方差 $\sigma^2=1^2$ 的标准正态分布。

附表 1 为标准正态 u 分布函数的数值表。

（2）标准正态分布的累积函数 $F(u)$

正态标准离差 u 小于等于某一特定正态标准离差 u_i 的概率，称为标准正态分布的累积函数，有 $F(u_i)=p\{u \leqslant u_i\}=\int_{-\infty}^{u_i} \Phi(u)\mathrm{d}u$ 。

附表 2 为标准正态 u 分布的累积函数表。

（3）正态分布的区内概率

关于标准正态 u 分布的累积函数求取，除可按附表 2 直接查取外，也可利用 Excel 直接获得。进入 Excel 文本，在任一单元格中输入"=NORM. S. DIST（u,TRUE）"，直接输出结果。

如取 $u=1.96$，则进入 Excel 文本，在任一单元格中输入"=NORM. S. DIST（1.96，TRUE）"，直接输出 0.975（设置小数点后 3 位）。

① 标准正态分布的区内概率。设 u 服从标准正态分布，则 u 在 $[u_1, u_2)$ 内取值的区内概率为：

$$p(u_1 \leqslant u < u_2)=\frac{1}{\sqrt{2\pi}}\int_{u_1}^{u_2} e^{-\frac{1}{2}u^2}\mathrm{d}u=\frac{1}{\sqrt{2\pi}}\int_{-\infty}^{u_2} e^{-\frac{1}{2}u^2}\mathrm{d}u-\frac{1}{\sqrt{2\pi}}\int_{-\infty}^{u_1} e^{-\frac{1}{2}u^2}\mathrm{d}u=F(u_2)-F(u_1)$$

② 一般正态分布的区内概率。若随机变量 y 服从一般正态分布 $N(\mu, \sigma^2)$，则 y 取值落在任意区间 $[y_1, y_2)$ 的区内概率，记作 $p(y_1 \leqslant y < y_2)$，等于图 1-4 中阴影部分面积。

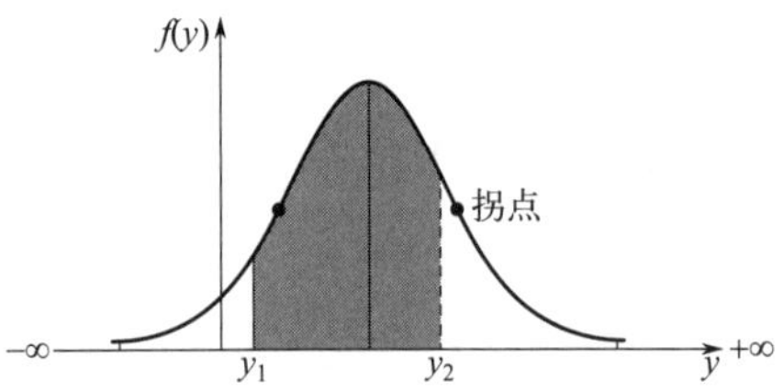

图 1-4　一般正态分布的区内概率阴影部分示意图

即 $p(y_1 \leqslant u < y_2)=\frac{1}{\sigma\sqrt{2\pi}}\int_{y_1}^{y_2} e^{-\frac{(y-\mu)^2}{2\sigma^2}}\mathrm{d}y$，作变换 $u=(y-\mu)/\sigma$，得 $\mathrm{d}y=\sigma\mathrm{d}u$。故有：

$$p(y_1 \leqslant u < y_2)=\frac{1}{\sigma\sqrt{2\pi}}\int_{y_1}^{y_2} e^{-\frac{(y-\mu)^2}{2\sigma^2}}\mathrm{d}y$$

$$=\frac{1}{\sigma\sqrt{2\pi}}\int_{(y_1-\mu)/\sigma}^{(y_2-\mu)/\sigma} e^{-\frac{1}{2}u^2}\sigma\mathrm{d}u$$

令 $u_1=\frac{y_1-\mu}{\sigma}$，$u_2=\frac{y_2-\mu}{\sigma}$，则有：

$$p(y_1 \leqslant u < y_2)=\frac{1}{\sigma\sqrt{2\pi}}\int_{y_1}^{y_2} e^{-\frac{(y-\mu)^2}{2\sigma^2}}\mathrm{d}y=\frac{1}{\sqrt{2\pi}}\int_{u_1}^{u_2} e^{-\frac{1}{2}u^2}\mathrm{d}u=F(u_2)-F(u_1)$$

（4）正态分布的区外概率——双侧概率与单侧概率

实验统计中，既要关注随机变量 y 落在总体均数加减不同倍数标准差区间 $(\mu-k\sigma, \mu+k\sigma)$ 之内的区内概率，更要关注 y 落在此区间之外的区外概率。

① 双侧概率（双尾概率，two-tailed probability）。随机变量 y 落在 $\mu \pm k\sigma$ 区间之外的概率，称为正态分布的双侧概率，记作 α。

② 单侧概率（单尾概率，one-tailed probability）。随机变量 y 小于 $\mu-k\sigma$ 或大于 $\mu+k\sigma$ 的概率，称为正态分布的单侧概率，记作 $\alpha/2$。其中，前者为左侧概率，后者为右侧概率。

附表 3 为标准正态 u 分布双侧分位数（$u_{\alpha/2}$）表。

关于标准正态 u 分布双侧分位数（$u_{\alpha/2}$）求取，除可按附表 3 直接查取外，也可利用 Excel 直接获得。进入 Excel 文本，在任一单元格中输入“=NORM. S. INV(1－α/2)”，直接输出结果。

如取 α=0.05，则进入 Excel 文本，在任一单元格中输入“=NORM. S. INV(1－0.05/2)”，直接输出 1.960（设置小数点后 3 位）。

至于标准正态 u 分布单侧分位数（u_α）求取，除可按附表 3 备注说明来查取外，也可利用 Excel 直接获得。进入 Excel 文本，在任一单元格中输入“=NORM. S. INV(1－α)”，直接输出结果。

如取 α=0.05，则进入 Excel 文本，在任一单元格中输入“=NORM. S. INV(1－0.05)”，直接输出 1.645（设置小数点后 3 位）。

虽然标准正态 u 分布的取值区间为（$-\infty$，$+\infty$），但是实际上 $|u|>2.58$ 的概率只有 0.01，而 $|u|>1.96$ 的概率也只有 0.05，即在 $\mu\pm2.58\sigma$ 和 $\mu\pm1.96\sigma$ 范围内已分别包含了 99%和 95%的变量。

1.6 t 分布

t 分布由 Gosset［英］于 1908 年发现。当样本为小样本时，总体均数不能用正态分布方法进行估计，不能用样本标准差 S 去代替总体标准差 σ。这时，应用小样本对总体均数作区间估计，其理论依据即为 t 分布（t-distribution）——由正态总体分布派生出来的一个抽样分布。

若所研究的总体服从正态分布，则营造的统计量 $t=\dfrac{\bar{y}-\mu}{S/\sqrt{n}}$ 服从自由度 $df=n-1$ 的分布。

显然，新构造的 t 与总体标准差 σ 没有关联，特别适用于抽样误差较大的小样本。

1.6.1 t 分布曲线及其特点

（1）t 分布曲线

见图 1-5。

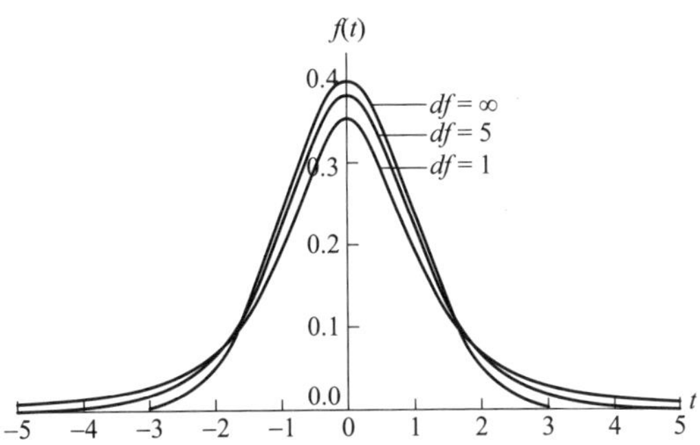

图 1-5　t 分布曲线（示意图）

（2）特点

① 曲线关于 $t=0$ 是对称的。

② 当 $t=0$ 时，曲线具有最大值。

③ 曲线具有两个拐点，位于 $t=\pm\sqrt{df/(df+2)}$ 。

④ 当 $df\rightarrow\infty$时，可得 $\lim\limits_{df\rightarrow\infty}\varphi(t)=\frac{1}{\sqrt{2\pi}}e^{-\frac{t^2}{2}}$ 分布近似于标准正态分布 $N(0,1^2)$。

1.6.2 t 分布累积函数与双侧概率

（1）累积函数

变量 t 小于等于某一定值 t_i 的概率，称为 t 分布的累积函数，有 $F(t_i)=p\{t\leqslant t_i\}=\int_{-\infty}^{t_i}f(t)\mathrm{d}t$。

（2）单侧概率与双侧概率

① 右侧概率。t 分布从 t_i 到$+\infty$的概率，称为 t 分布的右侧概率，有 $p\{t>t_i\}=1-F(t_i)=\int_{t_i}^{+\infty}f(t)\mathrm{d}t$。

② 左侧概率。t 分布从$-\infty$到$-t_i$ 的概率，称为 t 分布的左侧概率。依据 t 分布的对称性，有 $p\{t<-t_i\}=1-F(t_i)$。

③ 双侧概率。t 分布从$-\infty$到$-t_i$ 以及从 t_i 到$+\infty$的概率，称为 t 分布的双侧概率，有 $p\{|t|>t_i\}=2[1-F(t_i)]=2\int_{t_i}^{+\infty}f(t)\mathrm{d}t$ 。

附表 4 为 t 分布双侧分位数（$t_{\alpha/2}$）表 $p\{|t|>t_{\alpha/2,df}\}=\alpha$。

关于 $t_{\alpha/2,df}$ 的求取，除可按附表 4 直接查取外，也可利用 Excel 直接获得。进入 Excel 文本，在任一单元格中输入“=TINV（α，df）”，直接输出结果。

如取 $\alpha=0.01$，$df=4$，则先进入 Excel 文本，在任一单元格中输入“=TINV（0.01，4）”，直接输出结果 4.604（设置小数点后 3 位）。

【例 1-7】查附表 4，在 $df=10$，$\alpha=0.05$ 时，$t=2.228$；而在 $df=10$，$\alpha=0.01$ 时，$t=3.169$。即 $p\{|t|>2.228\}=0.05$；$p\{|t|>3.169\}=0.01$。也就是说，在 $df=10$ 时，一个抽样误差（如 $|\bar{y}-\mu|$）比由样本估计的标准误（如 $S_{\bar{y}}$）大 2.228 的概率只有 0.05，大 3.169 的概率则只有 0.01。

与前述标准正态 u 分布相比，$p\{|u|>1.96\}=0.05$；$p\{|u|>2.58\}=0.01$。

对比结果表明：同等条件下，t 分布的离散性要比 u 分布的大。

1.7 χ^2 分布

t 检验法与方差分析法常用于计量资料的统计分析方法。

某些科学研究中，除分析计量资料之外，还常需对次数资料、等级资料（实际上也是一种次数资料）进行分析。

次数资料服从二项分布或多项分布，其统计分析方法不同于服从正态分布的计量资料。

调查一批某厂生产的家用手套，具体测试结果及其相关数据计算，见表 1-7。

表 1-7 家用手套观察实验及其数据计算

家用手套	实际观察次数(A)/只	理论次数(T)/只	差数 A－T	$(A-T)^2/T$
左手	4280(A_1)	4380(T_1)	－100	2.283
右手	4480(A_2)	4380(T_2)	100	2.283
合计	8760	8760	0	4.566

结果表明：左手差数 $A_1-T_1=-100$，右手差数 $A_2-T_2=100$。鉴于这两个差数之和正好为 0，显然，不能直接采用这两个差数之和 $\sum(A-T)$ 来表示实际观察次数与理论次数的偏离程度。

如采用 $\chi^2=\sum(A-T)^2/T$，则 $\chi^2=(4280-4380)^2/4380+(4480-4380)^2/4380=4.566$。相对于庞大的观察次数，所得 χ^2 还是比较小。此一结果表明：实际观察次数与理论次数是比较接近的。

设 y_1、y_2、…、y_n 是相互独立的随机变量，服从标准正态分布 $N(0, 1^2)$，则统计量 $\chi^2={y_1}^2+{y_2}^2+\cdots+{y_n}^2=\sum\limits_{i=1}^{n}{y_i}^2$ 的分布称为自由度 $df=n-1$ 的 χ^2 分布（chi-square distribution），记作 $\chi^2\sim\chi^2(n)$。若 y_1、y_2、…、y_n 来自正态总体 $N(\mu, \sigma^2)$，则所构造的统计量 $\chi^2=\sum\limits_{i=1}^{n}(y_i-\mu)^2/\sigma^2$，即 χ^2 是 n 个独立的正态标准离差 $u=(y-\mu)/\sigma$ 平方之和。

χ^2 是度量实际观察次数与理论次数偏离程度的一个统计量。其中，χ^2 越小，表明实际观察次数与理论次数越接近；$\chi^2=0$，表明实际观察次数与理论次数完全吻合；χ^2 越大，表明实际观察次数与理论次数相差越大。

1.7.1 χ^2 分布曲线及其特点

（1）χ^2 分布曲线

见图 1-6。

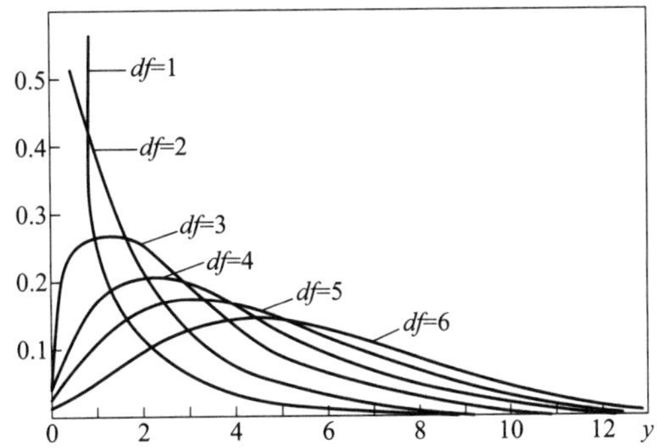

图 1-6 χ^2 分布曲线（示意图）

（2）特点

① χ^2 值最小为 0，最大为 $+\infty$，即处于坐标轴的右面。

② df 小时，呈偏态，随 df 增加，偏度降低，至 $+\infty$ 时，呈对称分布。

③ χ^2 分布的均数 $\mu=df$，方差 $\sigma^2=2df$。

1.7.2　χ^2 分布累积函数与右侧概率

（1）累积函数

变量 χ^2 小于等于某一定值 χ_i^2 的概率，称为 χ^2 分布的累积函数，有 $F(\chi_i^2)=p\{\chi^2\leqslant\chi_i^2\}=\int_0^{\chi_i^2}f(\chi^2)\mathrm{d}\chi^2$。

（2）右侧概率

χ^2 分布从 χ_i^2 到 $+\infty$ 的概率，称为 χ^2 分布的右侧概率，有 $p\{\chi^2>\chi_i^2\}=1-F(\chi_i^2)=\int_{\chi_i^2}^{+\infty}f(\chi^2)\mathrm{d}\chi^2$。

附表 5 为 χ^2 分布右侧分位数表 $p\{\chi^2>\chi_{\alpha,df}^2\}=\alpha$。

关于 $\chi_{\alpha,df}^2$ 的求取，除可按附表 5 直接查取外，也可利用 Excel 直接获得。进入 Excel 文本，在任一单元格中输入“=CHIINV（α，df）”，再点击“√”，即得。

如取 $\alpha=0.05$，$df=4$，则进入 Excel 文本，在任一单元格中输入“=CHIINV（0.05，4）”，再点击“√”，即得 9.488（设置小数点后 3 位）。

1.8　F 分布

设在一具有方差为 σ^2 的正态总体中分别独立地抽取样本容量 n_1 和 n_2 两个随机样本，并求得各自的均数为 $\bar{y}_1$ 和 $\bar{y}_2$，则 $\sum_{i=1}^{n_1}(y_{1i}-\bar{y}_1)^2/\sigma^2$ 和 $\sum_{i=1}^{n_2}(y_{2i}-\bar{y}_2)^2/\sigma^2$ 分别为自由度 $df_1=n_1-1$ 和 $df_2=n_2-1$ 的 χ^2 变量。直接将上述两个 χ^2 变量除以各自的自由度 df 后的比值定义为 F 值：

$$F=\frac{\sum_{i=1}^{n_1}(y_{1i}-\bar{y}_1)^2/[\sigma^2(n_1-1)]}{\sum_{i=1}^{n_2}(y_{2i}-\bar{y}_2)^2/[\sigma^2(n_2-1)]}=\frac{S_1^2}{S_2^2}$$

即 F 值是具有自由度 df_1 的样本方差 S_1^2 对具有自由度 df_2 的样本方差 S_2^2 的比值。

1.8.1　F 分布曲线及其特点

（1）F 分布曲线

见图 1-7。

（2）特点

① F 的取值区间为 $[0，+\infty]$。

② F 分布的均数 $\mu_F=1$。

③ F 分布的曲线形状仅取决于 df_1 与 df_2。

在 $df_1=1$ 或 2 时，F 分布曲线呈严重倾斜的反 J 型；$df_1\geqslant3$ 时，F 分布曲线呈左偏曲线。

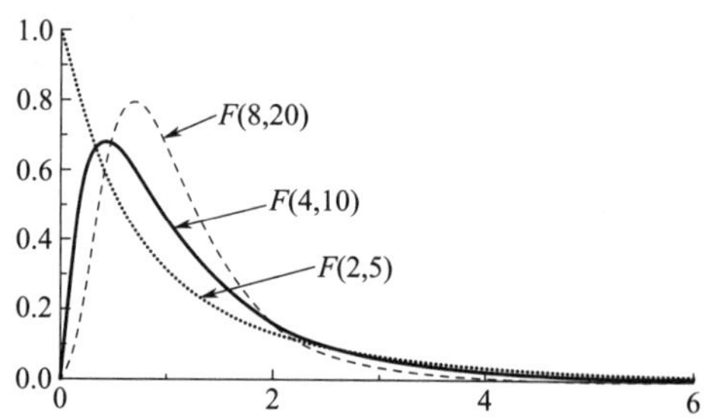

图 1-7　F 分布曲线（示意图）

④ $F_{\alpha,df_1,df_2}=1/F_{1-\alpha,df_2,df_1}$，常用于解决 F 分布表中未包括的某些值。

1.8.2 F 分布累积函数与右侧概率

（1）累积函数

变量 F 小于等于某一给定的 F_i 的概率，称为 F 分布的累积函数，有 $F(F_i)=p\{F\leqslant F_i\}=\int_0^{F_i}f(F)\mathrm{d}F$ 。

（2）右侧概率

F 分布从 F_i 到 $+\infty$ 的概率，称为 F 分布的右侧概率，有 $p\{F>F_i\}=1-F(F_i)=\int_{F_i}^{+\infty}f(F)\mathrm{d}F$ 。

附表 6 为 F 分布右侧分位数表 $p\{F>F_{\alpha,df_1,df_2}\}=\alpha$。

关于 F_{α,df_1,df_2} 的求取，除可按附表 6 直接查取外，也可利用 Excel 直接获得。进入 Excel 文本，在任一单元格中输入“=FINV（α，df_1，df_2）”，直接输出结果。

例如，若取 $\alpha=0.05$，$df_1=4$，$df_2=17$，则进入 Excel 文本，在任一单元格中输入“=FINV（0.05，4，17）”，直接输出 2.965（设置小数点后 3 位）。

再如，若取 $\alpha=0.01$，$df_1=2$，$df_2=14$，则进入 Excel 文本，在任一单元格中输入“=FINV（0.01，2，14）”，直接输出 6.515（设置小数点后 3 位）。

1.8.3 F 分布检验方法

可用以测验某一样本方差 S_1^2 所代表的总体方差 σ_1^2 是否比另一样本方差 S_2^2 所代表的总体方差 σ_2^2 大，适于两组具有正态分布的实验资料之间的精密性比较。

采用 F 分布检验方法既满足了实际应用，又压缩了表格的篇幅。

关于 F 分布检验方法具体实施及其示例，将留待第 2 章统计推断再作介绍。

思考题

s1-1 简述实验设计的三大原则及其作用。针对具体情况，实验中该如何考量“区组化”问题。

s1-2 试述算术均数（$\bar{y}$）的基本特征。

s1-3 简述统计方法的功用。

s1-4 为什么进行变量转换？常用的方法有哪些？请分别写出相应的转换公式。

s1-5 结合单因子实验和多因子实验的不同，试区别处理和水平这两个概念。

s1-6 简述（样本）标准误和（样本）标准差的区别和联系。

s1-7 如何理解因子不同水平组合之间的“效应”？“交互效应”说明了什么？

习题

x1-1 在相同发射条件下，测量 10min 内某种型号火箭发动机的推动力（10^5N），现观测 30 个数据为 999.1，1003.2，1002.1，999.2，989.7，1006.7，1012.3，996.4，

1000.2，995.3，1008.7，993.4，998.4，997.9，1003.1，1002.6，1001.8，996.5，992.8，1006.5，1004.5，1000.3，1014.5，998.6，989.4，1002.9，999.3，994.7，1007.6，1000.9。试计算其均数、标准差、标准误及其变异系数。

x1-2 假定新鲜胶乳含胶量服从正态分布，其 $\mu=30.3\%$，$\sigma=2.56\%$。求一指定新鲜胶乳含胶量大于28%小于34%的概率。

x1-3 某批经白炭黑改性的天然橡胶，按要求其永久变形不得大于15%。现已知该批产品永久变形服从正态分布，其 $\mu=14.90\%$，$\sigma=0.05\%$。问：

（1）该批改性橡胶的废品率是多少？

（2）若要保证99%的合格率，则应规定永久变形的临界值是多少？

x1-4 某实验用短纤维补强天然橡胶，拟采用的106根纤维长度（mm）为27.25，27.64，27.82，…，32.38。据此已求得 $\bar{y}=29.83\text{mm}$，$S=1.045\text{mm}$。试计算：

（1）变量在区间（28.785，30.875）、（27.74，31.92）、（26.695，32.965）的概率；

（2）若淘汰掉小于29mm的纤维，淘汰率是多少？

（3）若选择大于等于31mm的纤维，当选概率是多少？

（4）若希望选得50根纤维长度大于等于32mm的纤维，则群体应有多大？

2 统计推断

学习指导

通过本章学习，掌握假设检验的基本原理和方法；了解参数估计与区间估计的方法，了解两类错误以及双侧与单侧检验；重点掌握 u 检验法、t 检验法、χ^2 检验法以及 F 检验法。

本章重点在于一个或两个正态总体的假设检验；难点在于区分“两类错误”，并针对不同类型及其已知条件选择相应的检验方法。

统计分析的目的在于从样本推断总体。所谓统计推断（statistical inference），就是根据样本和假定模型对总体作出的以一定概率形式表述的推断。

由于统计推断试图由部分（样本）推断整体（总体），因此仅仅是根据样本对总体所作的推断，不可能是完全精确和可靠的，故其结论只能以概率的形式来表达。

（1）基本内容

① 参数估计（parameter estimation） 用样本统计量来估计总体参数。

② 假设检验（hypothesis test）或显著性检验（significance test） 根据某种实际需要，对未知的或不完全知道的统计总体首先提出无效假设（invalid hypothesis，H_0）或备择假设（alternative hypothesis，H_A）；其次由测试样本的实际结果，经过相关计算，最后作出在一定概率意义上应当接受或拒绝的假设推断。

值得注意的是，由一个样本均数虽可对总体均数作出估计，但样本均数本身就包含了抽样误差，若采用包含了抽样误差的样本均数去推断总体均数的话，其结论并不是“绝对正确”的。因此，有必要对样本均数进行假设检验，最终才能得到“可靠性”结论。

具体采用的假设检验方法，包括：

① t 检验或 u 检验——用于检验两个处理均数间差异是否显著。

② 方差分析——用于检验多个处理均数间差异是否显著。

③ χ^2 检验——用于由质量性状得来的次数资料或等级资料的显著性检验等。

（2）前提条件

一是资料必须来自随机样本；二是统计数的分布规律必须已知（如服从正态分布）。

2.1 参数估计

由中心极限定理和大数定理可知，只要抽样为大样本，无论总体是否服从正态分布，其样本均数都近似服从 $N(\mu, \sigma_{\bar{y}}^2)$ 的正态分布，故在给定某一检验水准 α（即置信度 $p=1-\alpha$）下，有：

$$p(\bar{y}-u_{\alpha/2}\sigma_{\bar{y}} \leqslant \mu \leqslant \bar{y}+u_{\alpha/2}\sigma_{\bar{y}})=1-\alpha$$

其中，$u_{\alpha/2}$ 为正态分布下置信度 $p=1-\alpha$ 时的 u 临界值。

结果表明：尽管只知样本均数 $\bar{y}$ 而未知总体均数 μ，但可知区间（$\bar{y}-u_{\alpha/2}\sigma_{\bar{y}}$，$\bar{y}+u_{\alpha/2}\sigma_{\bar{y}}$）包含在内的可靠程度即为 $1-\alpha$。将（$\bar{y}-u_{\alpha/2}\sigma_{\bar{y}}$，$\bar{y}+u_{\alpha/2}\sigma_{\bar{y}}$）称为 μ 的 $1-\alpha$ 置信区间（confidence interval）。其中，$\bar{y}-u_{\alpha/2}\sigma_{\bar{y}}$ 称为 μ 的 $1-\alpha$ 置信区间的下限，记为“L_L”；$\bar{y}+u_{\alpha/2}\sigma_{\bar{y}}$ 称为 μ 的 $1-\alpha$ 置信区间的上限，记为“L_H”。

（L_L，L_H）称为采用样本均数 $\bar{y}$ 对总体均数 μ 的置信度为 $p=1-\alpha$ 的区间估计（interval estimation）。

$L=\bar{y}\pm u_{\alpha/2}\sigma_{\bar{y}}$ 称为采用样本均数 $\bar{y}$ 对总体均数 μ 的置信度为 $p=1-\alpha$ 的点估计（point estimation）。

如当 $\alpha=0.05$ 时，包含 μ 的置信度为 95%的区间估计和点估计分别为：

$$(L=\bar{y}-1.96\sigma_{\bar{y}},\ L=\bar{y}+1.96\sigma_{\bar{y}}) \text{ 和 } L=\bar{y}\pm 1.96\sigma_{\bar{y}}$$

2.1.1 点估计

点估计是指将样本统计量直接作为总体相应参数的估计值。点估计只给出了未知参数估计值的大小，并未考虑实验误差的影响，也未指出估计的可靠程度。

构造点估计常用的方法，主要包括如下几种：

（1）矩法

① 用样本均数估计总体均数：$\hat{\mu}=\bar{y}$。

② 用样本方差估计总体方差：$\hat{\sigma}^2=S^2$。

（2）极大似然法

于 1912 年由英国统计学家 R. A. Fisher 提出，利用样本分布密度构造似然函数来求出参数的最大似然估计。

① 用样本均数估计总体均数：$\hat{\mu}=\bar{y}$。

② 用（$n-1$）/n 乘以样本方差估计总体方差：$\hat{\sigma}^2=\frac{n-1}{n}S^2$。

显然，均值 μ 的矩估计量与极大似然估计量一致，而 σ^2 的极大似然估计量与矩估计量不同，多了一个系数（$n-1$）/n。当样本容量 n 较大时，两者相差甚微，而 S^2 是总体方差的无偏估计量，这就是为何用 $\frac{1}{n-1}\sum_{i=1}^{n}(y_i-\bar{y})^2$ 表示样本方差。

（3）最小二乘法

主要用于线性统计模型中的参数估计问题，将留待第 5 章再作介绍。

2.1.2 区间估计

区间估计是指在一定概率保证下指出总体参数的可能范围。其中：所给出的可能范围称为“置信区间”(confidence interval)，所给出的概率保证称为“置信度或置信概率”(confidence probability)。

(1) 一个正态总体的区间估计

Ⅰ. 总体均数 μ 的区间估计

① σ^2 已知：μ 的 $100\times(1-\alpha)\%$置信区间为$[\bar{y}\pm u_{\alpha/2}\times\frac{\sigma}{\sqrt{n}}]$。

② σ^2 未知：

a. 对大样本，μ 的 $100\times(1-\alpha)\%$置信区间为$[\bar{y}\pm u_{\alpha/2}\times\frac{S}{\sqrt{n}}]$。

b. 对小样本，μ 的 $100\times(1-\alpha)\%$置信区间为$[\bar{y}\pm t_{\alpha/2,\ n-1}\times\frac{S}{\sqrt{n}}]$。

Ⅱ. 方差 σ^2 的区间估计

σ^2 的 $100\times(1-\alpha)\%$置信区间为$[\frac{(n-1)S^2}{\chi^2_{\alpha/2,\ n-1}},\ \frac{(n-1)S^2}{\chi^2_{1-\alpha/2,\ n-1}}]$。

(2) 两个正态总体的区间估计

Ⅰ. 总体均数差 $\mu_{\mathrm{I}}-\mu_{\mathrm{II}}$ 的区间估计

① $\sigma_{\mathrm{I}}{}^2$ 与 $\sigma_{\mathrm{II}}{}^2$ 已知：$\mu_{\mathrm{I}}-\mu_{\mathrm{II}}$ 的 $100\times(1-\alpha)\%$置信区间为

$$[\bar{y}_{\mathrm{I}}-\bar{y}_{\mathrm{II}}\pm u_{\alpha/2}\times\sqrt{\frac{\sigma_{\mathrm{I}}{}^2}{n_1}+\frac{\sigma_{\mathrm{II}}{}^2}{n_2}}]$$

② $\sigma_{\mathrm{I}}{}^2$ 与 $\sigma_{\mathrm{II}}{}^2$ 未知为

a. 对大样本（即 n_1、n_2 很大），$\mu_{\mathrm{I}}-\mu_{\mathrm{II}}$ 的 $100\times(1-\alpha)\%$置信区间为

$$[\bar{y}_{\mathrm{I}}-\bar{y}_{\mathrm{II}}\pm u_{\alpha/2}\times\sqrt{\frac{S_{\mathrm{I}}{}^2}{n_1}+\frac{S_{\mathrm{II}}{}^2}{n_2}}]$$

b. 对小样本（即 n_1、n_2 不是很大，且 $n_1\neq n_2$），$\mu_{\mathrm{I}}-\mu_{\mathrm{II}}$ 的 $100\times(1-\alpha)\%$置信区间为

$$[\bar{y}_{\mathrm{I}}-\bar{y}_{\mathrm{II}}\pm t_{\alpha/2,\ n_1+n_2-2}\times\sqrt{\frac{(n_1-1)S_{\mathrm{I}}{}^2+(n_2-1)S_{\mathrm{II}}{}^2}{n_1+n_2-2}(\frac{1}{n_1}+\frac{1}{n_2})}]$$

简记为：$[\bar{y}_{\mathrm{I}}-\bar{y}_{\mathrm{II}}\pm t_{\alpha/2,\ n_1+n_2-2}\times S_{\bar{y}_{\mathrm{I}}-\bar{y}_{\mathrm{II}}}]$。

Ⅱ. 方差比 $\sigma_{\mathrm{I}}{}^2/\sigma_{\mathrm{II}}{}^2$ 的区间估计

$\sigma_{\mathrm{I}}{}^2/\sigma_{\mathrm{II}}{}^2$ 的 $100\times(1-\alpha)\%$置信区间为

$$\left[\frac{S_{\mathrm{I}}{}^2}{S_{\mathrm{II}}{}^2}\times\frac{1}{F_{\alpha/2,\ n_1-1,\ n_2-1}},\ \frac{S_{\mathrm{I}}{}^2}{S_{\mathrm{II}}{}^2}\times\frac{1}{F_{1-\alpha/2,\ n_1-1,\ n_2-1}}\right]$$

【讨论】

① 若 $\sigma_{\mathrm{I}}{}^2/\sigma_{\mathrm{II}}{}^2$ 置信区间上限小于 1，说明根据两个样本能够判断出正态总体 $N(\mu,\sigma^2)$ 的波动性小；

② 若 $\sigma_{\mathrm{I}}{}^2/\sigma_{\mathrm{II}}{}^2$ 置信区间下限大于 1，说明根据两个样本能够判断出正态总体 $N(\mu,$

σ^2）的波动性大；

③ 若 $\sigma_{Ⅰ}^2/\sigma_{Ⅱ}^2$ 的置信区间下限小于 1、上限大于 1，说明根据两个样本不能够判断出正态总体的波动性大小。

2.2 假设检验

（1）意义

【例 2-1】随机各抽取 10 株 RRIM501 品系橡胶树和 PR107 品系橡胶树，测得产胶量如下：

RRIM501 品系橡胶树（$y_Ⅰ$）：11，11，9，12，10，13，13，8，10，13

PR107 品系橡胶树（$y_Ⅱ$）：8，11，12，10，9，8，8，9，10，7

经计算，RRIM501 品系橡胶树的产胶量的均数 $\bar{y}_Ⅰ=11.0$，标准差 $S_Ⅰ=1.7638$；PR107 品系橡胶树的产胶量的均数 $\bar{y}_Ⅱ=9.2$，标准差 $S_Ⅱ=1.5492$。

能否仅凭这两个样本均数之差 $\bar{y}_Ⅰ-\bar{y}_Ⅱ=1.8$，立马得出 RRIM501 品系橡胶树与 PR107 品系橡胶树之间的产胶量有不同的结论呢？

统计学认为：立马所得的结论是不可靠的。若再分别随机抽测 10 株 RRIM501 品系橡胶树和 10 株 PR107 品系橡胶树的产胶量，又可得到两个样本资料。因抽样误差的随机性，这两个样本均数就不一定是 11.0 和 9.2，其均数之差也就未必是 1.8 了。造成上述差异可能的原因包括两个方面：一是确实由品系造成的，即由 RRIM501 品系橡胶树与 PR107 品系橡胶树本质不同所致；二是由实验误差（或抽样误差）造成的。

对两样本的比较，必须判断样本间差异是由抽样误差造成的，还是由本质不同所致。如何区分两类性质的差异？怎样通过样本来推断总体？这正是显著性检验要解决的问题。

两个总体间的差异如何比较？可以采用如下两种方法进行。

方法 1. 研究整个总体，即由总体中的所有个体数据计算出总体参数进行比较。这种研究整个总体的方法是很准确的，但通常是不可能进行的，因为总体往往是无限的，或有限总体包含个体很多。

方法 2. 研究局部样本，通过所抽取样本研究其所代表的总体。回到例 2-1，设 RRIM501 品系橡胶树产胶量的总体均数为 $\mu_Ⅰ$，PR107 品系橡胶树产胶量的总体均数为 $\mu_Ⅱ$，实验研究的目的，就是要对 $\mu_Ⅰ$、$\mu_Ⅱ$ 是否相同做出推断。鉴于总体均数 $\mu_Ⅰ$、$\mu_Ⅱ$ 未知，在进行显著性检验时只能以样本均数 $\bar{y}_Ⅰ$、$\bar{y}_Ⅱ$ 作为检验对象，更确切地说，是以 $\bar{y}_Ⅰ-\bar{y}_Ⅱ$ 作为检验对象。

为何可用样本均数作为检验对象呢？这是由样本均数所具如下三个特征所决定的。

① 离均差的平方和最小。因样本均数与样本各个观测值最接近，算术均数是资料的代表数。

② 样本均数是总体均数的无偏估计值，即 $E(\bar{y})=\mu$。

③ 根据统计学中心极限定理，样本均数服从或逼近正态分布。

因此，以样本均数作为检验对象，由两个样本均数差异的大小去推断样本所属总体均数是否相同是有其依据的。

(2) 基本思路

① 假设检验的理论根据——小概率原理。统计学上，把小概率事件在一次实验中看成是实际不可能发生的事件称为“小概率事件实际不可能性原理”，简称为“小概率原理”。小概率事件虽然不是不可能事件，但在一次实验中出现的可能性很小，不出现的可能性很大，以至于实际上可以看成是不可能发生的。

小概率原理正是统计学上进行假设检验（显著性检验）的基本依据。通常，概率为 0.05、0.01 或 0.001 称之为“小概率事件”。如箱子中若装有黑球、白球共 100 个，但不知黑球、白球到底各为多少个。现提出无效假设 H_0：“箱子中有 99 个白球”（或“箱子中不止 1 个黑球”作为备择假设 H_A）。暂时设 H_0 正确，那么从箱子中任抽 1 球，得黑球的概率为 0.01，是一小概率事件。今随机抽球 1 次，若居然抽到黑球的话，则自然会使人对 H_0 的正确性产生怀疑，从而否定 H_0 而接受 H_A，也就是说，箱子中应该不止 1 个黑球。

② 假设检验的思想方法——概率反证法。当要判断无效假设 H_0 是否成立时，先要假设无效假设 H_0 成立；再根据成立的条件进行推导和运算；若最后导致小概率事件发生，即出现了不合理结果，此时，应该拒绝无效假设 H_0，否则，就必须接受无效假设 H_0。

(3) 步骤

第一步：根据研究目的，对实验样本所在总体先提出无效假设 H_0（或备择假设 H_A）。H_0 是被检验的假设，通过检验可能被接受，也可能被否定。H_A 是与 H_0 对应的假设，只有在 H_0 被否定后才可接受的假设，无充分理由是不能轻率接受的。

第二步：在 H_0 成立的前提下，构造合适的统计量，并研究实验所得统计量的抽样分布，计算无效假设正确的概率。当 H_0 成立时，表明表面效应纯属由实验误差引起，处理效应不存在。此时，可根据已知条件构造出合适的统计量并进行计算。

第三步：根据“小概率事件实际不可能性原理”否定或接受 H_0，并作出判断。

当表面效应由实验误差引起的概率小于 0.05、0.01 或 0.001 时，可以认为在一次实验中表面效应是实验误差实际上是不可能的，因而否定原先所作的 H_0 而接受 H_A，即认为实验的处理效应是存在的。

当表面效应是实验误差的概率大于等于 0.05、0.01 或 0.001 时，则说明 H_0 成立的可能性大，不能被否定，因而也就不能接受 H_A。

(4) 两类错误

① 第一类错误（Ⅰ型错误或 α 型错误）。无效假设 H_0 本应成立，却否定了它，犯了“弃真”错误。即把非真实差异错判为真实差异，即 H_0：$\mu_1=\mu_2$ 为真，却接受 H_A：$\mu_1\neq\mu_2$。

② 第二类错误（Ⅱ型错误或 β 型错误）。无效假设 H_0 本不成立，却接受了它，犯了“存伪”错误。即把真实差异错判为非真实差异，即 H_A：$\mu_1\neq\mu_2$ 为真，却未能否定 H_0：$\mu_1=\mu_2$。

③ 第一类错误与第二类错误的比较分析。第一类错误只有在否定 H_0 时才会发生，而第二类错误只有在接受 H_0 时才会发生，两类错误不会同时发生。样本容量 n 相同条件下，若犯第一类错误的概率减少，则犯第二类错误的概率就会增加；反之，若犯第二类错误的概率减少，则犯第一类错误的概率就会增加。两类错误出现概率呈反相关系。

将检验水准 α 从 0.05 提高到 0.01，因分位数（$u_{\alpha/2}$ 或 $t_{\alpha/2,\ n-1}$）提高而导致统计量（u 或 t）更难大于该分位数，就更易接受 H_0，故犯第二类错误的概率就增加，相应地减少了犯第一类错误的概率。所以，检验水准 α 的选取，也并非是越高越好，应根据实际要求而定。

（5）双侧检验与单侧（右/左）检验

① 双侧检验。利用两尾概率进行的检验，见图 2-1。

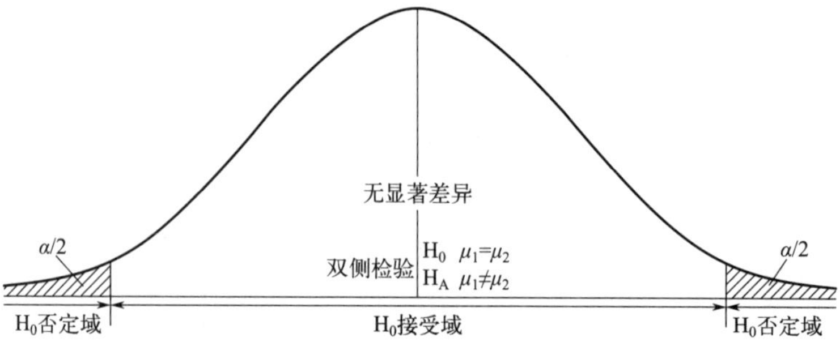

图 2-1 双侧检验

② 单侧检验。利用一尾概率进行的检验，见图 2-2。

若对同一资料进行双侧检验也进行单侧检验，那么在 α 水平上单侧检验显著，只相当于双侧检验在 2α 水平上显著。所以，同一资料双侧检验与单侧检验所得的结论不一定相同。双侧检验显著，单侧检验一定显著；但单侧检验显著，双侧检验未必显著。

选用单侧检验还是双侧检验应根据专业知识及问题的要求在实验设计时就确定。若事先不知道所比较的两个处理效果谁好谁坏，分析的目的在于推断两个处理效果有无差别，则选用双侧检验；若根据理论知识或实践经验判断甲处理的效果不会比乙处理的效果差（或好），分析的目的在于推断甲处理是否比乙处理好（或差），则用单（左/右）侧检验。一般情况下，如不作特殊说明均指双侧检验。

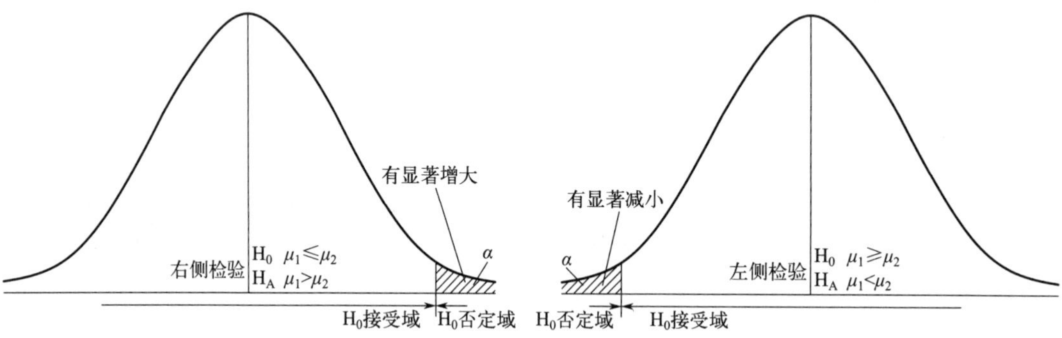

图 2-2 单侧检验

（6）显著性检验应注意的问题

① 要有严密合理的实验设计或抽样设计，且处理间要有可比性；

② 选用的显著性检验方法应符合其应用条件；

③ 要正确理解差异显著或极显著的统计意义；

④ 合理建立统计假设，正确构造出检验统计量；

⑤ 即使经检验所得的结论也不能绝对化。

2.2.1 一个正态总体的假设检验

① 设一个总体 $Y\sim N(\mu_0,\sigma_0^2)$，$\mu_0$ 与 σ_0^2 均为已知，Y_1，Y_2，…，Y_n 是 Y 的样本；y_1，y_2，…，y_n 是 Y 的样本值。

a. 检验无效假设 H_0：$\mu=\mu_0$，采用双侧检验。

第一步假定 H_0：$\mu=\mu_0$ 成立，并计算统计量 $u=\dfrac{\bar{y}-\mu_0}{\sigma_0/\sqrt{n}}$。

第二步对给定检验水准 α，查附表 3 得 $u_{\alpha/2}$。

第三步判断：若 $|u|>u_{\alpha/2}$，拒绝 H_0，即有 $100\times(1-\alpha)\%$把握认为有（极）显著差异性；若 $|u|\leqslant u_{\alpha/2}$，接受 H_0，即有 $100\times(1-\alpha)\%$把握认为无显著性差异。

b. 检验无效假设 H_0：$\mu\leqslant\mu_0$，采用右侧检验（适于 $u>0$）。

检验过程与 a 相似，不同的是查附表 3 得 u_α，若 $u\leqslant u_\alpha$，无显著增大；若 $u>u_\alpha$，有显著增大。

c. 检验无效假设 H_0：$\mu\geqslant\mu_0$，采用左侧检验（适于 $u<0$）。

检验过程与 a 相似，不同的是查附表 3 得 u_α，若 $|u|\leqslant u_\alpha$，无显著减小；若 $|u|>u_\alpha$，有显著减小。

【推论】若 H_A：$\mu\neq\mu_0$ 成立，则根据样本表现，H_A：$\mu>\mu_0$（针对 $u>0$）或 H_A：$\mu<\mu_0$（针对 $u<0$）一定成立，因检验统计量完全相同，而始终有 $u_{\alpha/2}$（双侧）$>u_\alpha$（单侧）。

② 设一个总体 $Y\sim N(\mu_0,\sigma^2)$，μ_0 已知而 σ^2 未知，Y_1，Y_2，…，Y_n 是 Y 的样本，y_1，y_2，…，y_n 是 Y 的样本值。

a. 检验无效假设 H_0：$\mu=\mu_0$，采用双侧检验。

第一步假定 H_0：$\mu=\mu_0$ 成立，并计算统计量 $t=\dfrac{\bar{y}-\mu_0}{S/\sqrt{n}}$。

第二步对给定检验水准 α，查附表 4 得 $t_{\alpha/2,n-1}$。

第三步判断：若 $|t|>t_{\alpha/2,n-1}$，则拒绝 H_0，即有 $100\times(1-\alpha)\%$把握认为有（极）显著差异；若 $|t|\leqslant t_{\alpha/2,n-1}$，则接受 H_0，即有 $100\times(1-\alpha)\%$把握认为无显著性差异。

b. 检验无效假设 H_0：$\mu\leqslant\mu_0$，采用右侧检验（适于 $t>0$）。

检验过程与 a 相似，不同的是查附表 4 得 $t_{\alpha,n-1}$，若 $t\leqslant t_{\alpha,n-1}$，无显著增大；若 $t>t_{\alpha,n-1}$，有显著增大。

c. 检验无效假设 H_0：$\mu\geqslant\mu_0$，采用左侧检验（适于 $t<0$）。

检验过程与 a 相似，不同的是查附表 4 得 $t_{\alpha,n-1}$，若 $|t|\leqslant t_{\alpha,n-1}$，无显著减小；若 $|t|>t_{\alpha,n-1}$，有显著减小。

③ 设一个总体 $Y\sim N(\mu,\sigma_0^2)$，σ_0^2 已知而 μ 未知，Y_1，Y_2，…，Y_n 是 Y 的样本，y_1，y_2，…，y_n 是 Y 的样本值。

a. 检验无效假设 H_0：$\sigma^2=\sigma_0^2$，采用双侧检验。

第一步假定 H_0：$\sigma^2=\sigma_0^2$ 成立，并计算统计量 $\chi^2=\dfrac{(n-1)S^2}{\sigma_0^2}$。

第二步对给定检验水准 α，查附表 5 得 $\chi^2_{1-\alpha/2,n-1}$ 及 $\chi^2_{\alpha/2,n-1}$。

第三步判断：若 $\chi^2<\chi^2_{1-\alpha/2,n-1}$ 或 $\chi^2>\chi^2_{\alpha/2,n-1}$，则拒绝 H_0，即有 $100\times(1-\alpha)\%$ 把握认为总体方差并不是所给出的方差；若 $\chi^2_{1-\alpha/2,n-1}\leqslant\chi^2\leqslant\chi^2_{\alpha/2,n-1}$，则接受 H_0，即有 $100\times(1-\alpha)\%$ 把握认为总体方差正好是所给出的方差。

b. 检验无效假设 H_0：$\sigma^2\leqslant{\sigma_0}^2$，采用右侧检验。

检验过程与 a 相似，不同的是查附表 5 得 $\chi^2_{\alpha,n-1}$，若 $\chi^2\leqslant\chi^2_{\alpha,n-1}$，无显著增大；若 $\chi^2>\chi^2_{\alpha,n-1}$，有显著增大。

c. 检验无效假设 H_0：$\sigma^2\geqslant{\sigma_0}^2$，采用左侧检验。

检验过程与 a 相似，不同的是查附表 5 得 $\chi^2_{1-\alpha,n-1}$，若 $\chi^2\geqslant\chi^2_{1-\alpha,n-1}$，无显著减小；若 $\chi^2<\chi^2_{1-\alpha,n-1}$，有显著减小。

2.2.2　两个正态总体的假设检验

① 设某一总体 $Y_{\mathrm{I}}\sim N(\mu_{\mathrm{I}},{\sigma_{\mathrm{I}}}^2)$，$Y_{\mathrm{I}1}$，$Y_{\mathrm{I}2}$，…，$Y_{\mathrm{I}n_1}$ 是 Y_{I} 的样本，$y_{\mathrm{I}1}$，$y_{\mathrm{I}2}$，…，$y_{\mathrm{I}n_1}$ 是 Y_{I} 的样本值；另一总体 $Y_{\mathrm{II}}\sim N(\mu_{\mathrm{II}},{\sigma_{\mathrm{II}}}^2)$，$Y_{\mathrm{II}1}$，$Y_{\mathrm{II}2}$，…，$Y_{\mathrm{II}n_2}$ 是 Y_{II} 的样本，$y_{\mathrm{II}1}$，$y_{\mathrm{II}2}$，…，$y_{\mathrm{II}n_2}$ 是 Y_{II} 的样本值。又 ${\sigma_{\mathrm{I}}}^2$、${\sigma_{\mathrm{II}}}^2$ 已知，Y_{I} 与 Y_{II} 相互独立。

a. 检验无效假设 H_0：$\mu_{\mathrm{I}}=\mu_{\mathrm{II}}$，采用双侧检验。

第一步假定 H_0：$\mu_{\mathrm{I}}=\mu_{\mathrm{II}}$ 成立，计算统计量：

$$U=\frac{(\bar{y}_{\mathrm{I}}-\bar{y}_{\mathrm{II}})-(\mu_{\mathrm{I}}-\mu_{\mathrm{II}})}{\sqrt{\dfrac{{\sigma_{\mathrm{I}}}^2}{n_1}+\dfrac{{\sigma_{\mathrm{II}}}^2}{n_2}}}=\frac{(\bar{y}_{\mathrm{I}}-\bar{y}_{\mathrm{II}})}{\sqrt{\dfrac{{\sigma_{\mathrm{I}}}^2}{n_1}+\dfrac{{\sigma_{\mathrm{II}}}^2}{n_2}}}$$

第二步对给定检验水准 α，查附表 3 得 $u_{\alpha/2}$。

第三步判断：若 $|U|>u_{\alpha/2}$，拒绝 H_0，即有 $100\times(1-\alpha)\%$ 把握认为两总体之间有（极）显著差异；若 $|U|\leqslant u_{\alpha/2}$，接受 H_0，即有 $100\times(1-\alpha)\%$ 把握认为两总体之间无显著性差异。

b. 检验无效假设 H_0：$\mu_{\mathrm{I}}\leqslant\mu_{\mathrm{II}}$，采用右侧检验（适于 $U>0$）。

检验过程与 a 相似，不同的是查附表 3 得 u_α，若 $U\leqslant u_\alpha$，无显著增大；若 $U>u_\alpha$，有显著增大。

c. 检验无效假设 H_0：$\mu_{\mathrm{I}}\geqslant\mu_{\mathrm{II}}$，采用左侧检验（适于 $U<0$）。

检验过程与 a 相似，不同的是查附表 3 得 u_α，若 $|U|\leqslant u_\alpha$，无显著减小；若 $|U|>u_\alpha$，有显著减小。

② 设某一总体 $Y_{\mathrm{I}}\sim N(\mu_{\mathrm{I}},{\sigma_{\mathrm{I}}}^2)$，$Y_{\mathrm{I}1}$，$Y_{\mathrm{I}2}$，…，$Y_{\mathrm{I}n_1}$ 是 Y_{I} 的样本，$y_{\mathrm{I}1}$，$y_{\mathrm{I}2}$，…，$y_{\mathrm{I}n_1}$ 是 Y_{I} 的样本值；另一总体 $Y_{\mathrm{II}}\sim N(\mu_{\mathrm{II}},{\sigma_{\mathrm{II}}}^2)$，$Y_{\mathrm{II}1}$，$Y_{\mathrm{II}2}$，…，$Y_{\mathrm{II}n_2}$ 是 Y_{II} 的样本，$y_{\mathrm{II}1}$，$y_{\mathrm{II}2}$，…，$y_{\mathrm{II}n_2}$ 是 Y_{II} 的样本值。又 ${\sigma_{\mathrm{I}}}^2$、${\sigma_{\mathrm{II}}}^2$ 未知，但 ${\sigma_{\mathrm{I}}}^2={\sigma_{\mathrm{II}}}^2$，$Y_{\mathrm{I}}$ 与 Y_{II} 相互独立。

【情形一】　成组法——非配对设计两样本均数的显著性差异检验

表 2-1 为非配对设计资料的一般形式。

表 2-1 非配对设计资料的一般形式

处理	观测值 y_{ij}	样本容量	样本均数	总体均数
Ⅰ	$y_{\text{Ⅰ}1}, y_{\text{Ⅰ}2}, \cdots, y_{\text{Ⅰ}n_1}$	n_1	$\bar{y}_{\text{Ⅰ}} = \sum y_{\text{Ⅰ}j} / n_1$	$\mu_{\text{Ⅰ}}$
Ⅱ	$y_{\text{Ⅱ}1}, y_{\text{Ⅱ}2}, \cdots, y_{\text{Ⅱ}n_2}$	n_2	$\bar{y}_{\text{Ⅱ}} = \sum y_{\text{Ⅱ}j} / n_2$	$\mu_{\text{Ⅱ}}$

a. 检验无效假设 H_0：$\mu_{\text{Ⅰ}} = \mu_{\text{Ⅱ}}$，采用双侧检验。

第一步假定 H_0：$\mu_{\text{Ⅰ}} = \mu_{\text{Ⅱ}}$ 成立，计算统计量：

$$T = \frac{(\bar{y}_{\text{Ⅰ}} - \bar{y}_{\text{Ⅱ}})}{\sqrt{\dfrac{(n_1 - 1)S_{\text{Ⅰ}}^2 + (n_2 - 1)S_{\text{Ⅱ}}^2}{n_1 + n_2 - 2}\left(\dfrac{1}{n_1} + \dfrac{1}{n_2}\right)}}，简记为 T = \frac{(\bar{y}_{\text{Ⅰ}} - \bar{y}_{\text{Ⅱ}})}{S_{\bar{y}_{\text{Ⅰ}} - \bar{y}_{\text{Ⅱ}}}}$$

其中，$S_{\text{Ⅰ}}^2 = \dfrac{1}{n_1 - 1}\sum_{i=1}^{n_1}(y_{\text{Ⅰ}i} - \bar{y}_{\text{Ⅰ}})^2$；$S_{\text{Ⅱ}}^2 = \dfrac{1}{n_2 - 1}\sum_{i=1}^{n_2}(y_{\text{Ⅱ}i} - \bar{y}_{\text{Ⅱ}})^2$。

第二步对给定检验水准 α，查附表 4 得 $t_{\alpha/2, n_1+n_2-2}$。

第三步判断：若 $|T| > t_{\alpha/2, n_1+n_2-2}$，拒绝 H_0，即有 $100 \times (1-\alpha)\%$ 把握认为有（极）显著差异；若 $|T| \leqslant t_{\alpha/2, n_1+n_2-2}$，接受 H_0，即有 $100 \times (1-\alpha)\%$ 把握认为无显著差异。

b. 检验无效假设 H_0：$\mu_{\text{Ⅰ}} \leqslant \mu_{\text{Ⅱ}}$，采用右侧检验（适于 $T > 0$）。

检验过程与 a 相似，不同的是查附表 4 按单侧查取，得 t_{α, n_1+n_2-2}，若 $T \leqslant t_{\alpha, n_1+n_2-2}$，无显著增大；若 $T > t_{\alpha, n_1+n_2-2}$，有显著增大。

c. 检验无效假设 H_0：$\mu_{\text{Ⅰ}} \geqslant \mu_{\text{Ⅱ}}$，采用左侧检验（适于 $T < 0$）。

检验过程与 a 相似，不同的是查附表 4 按单侧查取，得 t_{α, n_1+n_2-2}，若 $|T| \leqslant t_{\alpha, n_1+n_2-2}$，无显著减小；若 $|T| > t_{\alpha, n_1+n_2-2}$，有显著减小。

【例 2-2】 在针织品漂白工艺过程中，要考察温度对针织品断裂强力的影响。为了比较 70℃与 80℃的影响有无显著性差异，分别作 8 次重复实验，结果如下：

70℃时断裂强力（$y_{\text{Ⅰ}}$）：20.5，18.8，19.8，20.9，21.5，19.5，21.0，21.2

80℃时断裂强力（$y_{\text{Ⅱ}}$）：17.7，20.3，20.0，18.8，19.0，20.1，20.2，19.1

据以往经验，可认为断裂强力服从正态分布，且不同温度下方差相同，α 取 0.05。

【解】 ①假定 H_0：$\mu_{\text{Ⅰ}} = \mu_{\text{Ⅱ}}$ 成立，计算统计量：

$$T = \frac{(\bar{y}_{\text{Ⅰ}} - \bar{y}_{\text{Ⅱ}})}{S_{\bar{y}_{\text{Ⅰ}} - \bar{y}_{\text{Ⅱ}}}} = \frac{20.40 - 19.40}{0.4629} = 2.1602$$

其中：$\bar{y}_{\text{Ⅰ}} = \sum_{i=1}^{n_1} y_{\text{Ⅰ}i}/n_1 = (20.5 + 18.8 + \cdots + 21.2)/8 = 20.40$

$$\bar{y}_{\text{Ⅱ}} = \sum_{i=1}^{n_2} y_{\text{Ⅱ}i}/n_2 = (17.7 + 20.3 + \cdots + 19.1)/8 = 19.40$$

$$S_{\text{Ⅰ}}^2 = \frac{1}{n_1 - 1}\sum_{i=1}^{n_1}(y_{\text{Ⅰ}i} - \bar{y}_{\text{Ⅰ}})^2$$

$$=\frac{1}{8-1}\left[(20.5-20.4)^2+(18.8-20.4)^2+\cdots+(21.2-20.4)^2\right]=0.8857$$

$$S_{\mathrm{II}}{}^2=\frac{1}{n_2-1}\sum_{i=1}^{n_2}(y_{\mathrm{II}i}-\bar{y}_{\mathrm{II}})^2$$

$$=\frac{1}{8-1}\left[(17.7-19.4)^2+(20.3-19.4)^2+\cdots+(19.1-19.4)^2\right]=0.8286$$

$$S_{\bar{y}_{\mathrm{I}}-\bar{y}_{\mathrm{II}}}=\sqrt{\frac{(n_1-1)S_{\mathrm{I}}{}^2+(n_2-1)S_{\mathrm{II}}{}^2}{n_1+n_2-2}\left(\frac{1}{n_1}+\frac{1}{n_2}\right)}$$

$$=\sqrt{\frac{(8-1)\times0.8857+(8-1)\times0.8286}{8+8-2}\left(\frac{1}{8}+\frac{1}{8}\right)}=\sqrt{0.2143}=0.4629$$

② 对给定 $\alpha=0.05$，查附表 4 得 $t_{0.05/2,8+8-2}=t_{0.05/2,14}=2.145$。

③ 判断：因 $T=2.1602>t_{0.05/2,8+8-2}=2.145$，故拒绝 H_0，即有 95%把握认为 70℃与 80℃下断裂强力有显著性差异。

其实，在双侧检验被否定后，依据单侧检验两者必取其一的原则，因 $T>0$，故可以判断 70℃下断裂强力比 80℃的大。

【情形二】 成对法——配对设计两样本均数的显著性差异检验

表 2-2 为配对设计实验资料的一般形式。

表 2-2 配对设计实验资料的一般形式

处理	观测值 y_{ij}				样本容量	样本平均数	总体均数
Ⅰ	$y_{\mathrm{I}1}$	$y_{\mathrm{I}2}$	…	$y_{\mathrm{I}n}$	n	$\bar{y}_{\mathrm{I}}=\sum y_{\mathrm{I}j}/n$	μ_{I}
Ⅱ	$y_{\mathrm{II}1}$	$y_{\mathrm{II}2}$	…	$y_{\mathrm{II}n}$	n	$\bar{y}_{\mathrm{II}}=\sum y_{\mathrm{II}j}/n$	μ_{II}
$d_j=y_{\mathrm{I}j}-y_{\mathrm{II}j}$	d_1	d_2	…	d_n	n	$\bar{d}=\bar{y}_{\mathrm{I}}-\bar{y}_{\mathrm{II}}$	$\mu_d=\mu_{\mathrm{I}}-\mu_{\mathrm{II}}$

a. 检验无效假设 H_0：$\mu_{\mathrm{I}}=\mu_{\mathrm{II}}$，采用双侧检验。

第一步假定 H_0：$\mu_{\mathrm{I}}=\mu_{\mathrm{II}}$ 成立，计算统计量 $t=\dfrac{\bar{d}}{S_{\bar{d}}}$，其中：

$$\bar{d}=\sum_{j=1}^{n}d_j/n,\quad d_j=y_{\mathrm{I}j}-y_{\mathrm{II}j}\ (j=1,2,\cdots,n)$$

$$S_{\bar{d}}=\frac{S_d}{\sqrt{n}}=\sqrt{\frac{\sum_{j=1}^{n}(d_j-\bar{d})^2}{n(n-1)}}=\sqrt{\frac{\sum_{j=1}^{n}d_j{}^2-(\sum_{j=1}^{n}d_j)^2/n}{n(n-1)}}$$

第二步对给定检验水准 α，查附表 4 得 $t_{\alpha/2,n-1}$。

第三步判断：若 $|t|\leqslant t_{\alpha/2,n-1}$，接受 H_0：$\mu_{\mathrm{I}}=\mu_{\mathrm{II}}$，表明有 $100\times(1-\alpha)\%$把握认为两处理均数无显著差异；若 $|t|>t_{\alpha/2,n-1}$，拒绝 H_0：$\mu_{\mathrm{I}}=\mu_{\mathrm{II}}$，表明有 $100\times(1-\alpha)\%$把握认为两处理均数有（极）显著差异。

b. 检验无效假设 H_0：$\mu_{\mathrm{I}}\leqslant\mu_{\mathrm{II}}$，采用右侧检验（适于 $\bar{d}>0$）。

检验过程与 a 相似，不同的是查附表 4 按单侧查取，得 $t_{\alpha,n-1}$，若 $t<t_{\alpha,n-1}$，无显著增大；若 $t>t_{\alpha,n-1}$，有显著增大。

c. 检验无效假设 H_0：$\mu_{\mathrm{I}} \geqslant \mu_{\mathrm{II}}$，采用左侧检验（适于 $\bar{d}<0$）。

检验过程与 a 相似，不同的是查附表 4 按单侧查取，得 $t_{\alpha,n-1}$，若 $|t|<t_{\alpha,n-1}$，无显著减小；若 $|t|>t_{\alpha,n-1}$，有显著减小。

【例 2-3】为检测甲、乙两种病毒对橡胶树的致病力，取 8 株橡胶树，每一株皆半叶接种甲病毒，另半叶接种乙病毒，以叶面出现枯斑数多少表示致病力强弱的指标，实验结果见表 2-3。试检验两种病毒致病力的显著性差异，$\alpha=0.05$。

表 2-3 病毒对橡胶树的致病力

株号(j)	1	2	3	4	5	6	7	8
$y_{\mathrm{I}j}$(甲病毒)	9	17	31	18	7	8	20	10
$y_{\mathrm{II}j}$(乙病毒)	10	11	18	14	6	7	17	5
$d_j=y_{\mathrm{I}j}-y_{\mathrm{II}j}$	−1	6	13	4	1	1	3	5

【解】①假定 H_0：$\mu_d=0$ 成立，计算统计量：

$$t=\frac{\bar{d}}{S_{\bar{d}}}=\frac{\bar{d}}{S_d/\sqrt{n}}=\frac{4.0}{4.3095/\sqrt{8}}=2.6253$$

其中：$\bar{d}=\sum d_j/n=(-1+6+\cdots+5)/8=32/8=4.0$

$$S_d=\sqrt{\frac{\sum d_j{}^2-(\sum d_j)^2/n}{(n-1)}}=\sqrt{\frac{[(-1)^2+6^2+\cdots+5^2]-32^2/8}{8-1}}=4.3095$$

② 对给定 $\alpha=0.05$，查附表 4 得 $t_{0.05/2,8-1}=t_{0.05/2,7}=2.365$。

③ 判断：因 $t=2.6253>t_{0.05/2,8-1}=2.365$，故拒绝 H_0，即有 95%把握认为甲乙两种病毒致病力有显著性差异。

其实，在双侧检验 H_0 被否定后，按照单侧检验两者必取其一的原则，因 $\bar{d}>0$，故可以判断甲病毒的致病力比乙病毒的强。

③ 设某一总体 $Y_{\mathrm{I}} \sim N(\mu_{\mathrm{I}}, \sigma_{\mathrm{I}}{}^2)$，$Y_{\mathrm{I}1}$，$Y_{\mathrm{I}2}$，…，$Y_{\mathrm{I}n_1}$ 是 Y_{I} 的样本，$y_{\mathrm{I}1}$，$y_{\mathrm{I}2}$，…，$y_{\mathrm{I}n_1}$ 是 Y_{I} 的样本值；另一总体 $Y_{\mathrm{II}} \sim N(\mu_{\mathrm{II}}, \sigma_{\mathrm{II}}{}^2)$，$Y_{\mathrm{II}1}$，$Y_{\mathrm{II}2}$，…，$Y_{\mathrm{II}n_2}$ 是 Y_{II} 的样本，$y_{\mathrm{II}1}$，$y_{\mathrm{II}2}$，…，$y_{\mathrm{II}n_2}$ 是 Y_{II} 的样本值。而 μ_{I}、μ_{II} 未知，且 Y_{I} 与 Y_{II} 相互独立。

a. 检验无效假设 H_0：$\sigma_{\mathrm{I}}{}^2=\sigma_{\mathrm{II}}{}^2$，采用双侧检验。

第一步假定 H_0：$\sigma_{\mathrm{I}}{}^2=\sigma_{\mathrm{II}}{}^2$ 成立，计算统计量 $F=\dfrac{S_{\mathrm{I}}{}^2/\sigma_{\mathrm{I}}{}^2}{S_{\mathrm{II}}{}^2/\sigma_{\mathrm{II}}{}^2}=\dfrac{S_{\mathrm{I}}{}^2}{S_{\mathrm{II}}{}^2}$。

第二步对给定检验水准 α，查附表 6 得：

$$F_{\alpha/2,\ n_1-1,\ n_2-1}，F_{1-\alpha/2,\ n_1-1,\ n_2-1}=\frac{1}{F_{\alpha/2,\ n_2-1,\ n_1-1}}$$

第三步判断：若 $F>F_{\alpha/2,n_1-1,n_2-1}$ 或 $F<F_{1-\alpha/2,n_1-1,n_2-1}$，拒绝 H_0，即有 $100\times(1-\alpha)$%把握认为两总体方差有（极）显著差异；若 $F_{1-\alpha/2,n_1-1,n_2-1}\leqslant F\leqslant F_{\alpha/2,n_1-1,n_2-1}$，接受 H_0，即有 $100\times(1-\alpha)$%把握认为两总体方差没有（极）显著差异。

b. 检验无效假设 H_0：$\sigma_{\mathrm{I}}{}^2\leqslant\sigma_{\mathrm{II}}{}^2$，采用右侧检验（适于 $F>1$）。

检验过程与 a 相似，不同的是查附表 6 得 F_{α,n_1-1,n_2-1}，若 $F \leqslant F_{\alpha,n_1-1,n_2-1}$，无显著增大；若 $F > F_{\alpha,n_1-1,n_2-1}$，有显著增大。

c. 检验无效假设 H_0：$\sigma_{\mathrm{I}}{}^2 \geqslant \sigma_{\mathrm{II}}{}^2$，采用左侧检验（适于 $F<1$）。

检验过程与 a 相似，不同的是查附表 6 得 $F_{1-\alpha,n_1-1,n_2-1}$，若 $F \geqslant F_{1-\alpha,n_1-1,n_2-1}$，无显著减小；若 $F < F_{1-\alpha,n_1-1,n_2-1}$，有显著减小。

【例 2-4】某橡胶制品配方设计中，原用 ZnO 量为 5.0g，现减为 1.0g。今对这两种胶料配方作一批实验，以扯断伸长率（%）为检测指标，结果如下：

现配方（ZnO=1.0g，y_{I}）：565，577，580，575，556，542，560，532，570，561

原配方（ZnO=5.0g，y_{II}）：540，533，525，545，520，531，541，529，534

（1）两种配方的精密度是否有显著差异？取 $\alpha=0.1$，若取 $\alpha=0.05$ 呢？

（2）现配方是否比原配方的精密度有显著减小？取 $\alpha=0.1$，若取 $\alpha=0.05$ 呢？

（3）配方是否对橡胶伸长率有显著影响？取 $\alpha=0.05$。

（4）现配方是否比原配方更有利于橡胶伸长率的提高？取 $\alpha=0.05$。

假设扯断伸长率服从正态分布。

【解】（1）两种配方的精密度是否有显著差异？

① 假定 H_0：$\sigma_{\mathrm{I}}{}^2=\sigma_{\mathrm{II}}{}^2$（即 H_A：$\sigma_{\mathrm{I}}{}^2 \neq \sigma_{\mathrm{II}}{}^2$）成立。

由已知样本的相关数据，可计算现配方与原配方扯断伸长率的样本均数与样本方差：

$$\bar{y}_{\mathrm{I}}=\sum_{i=1}^{n_1} y_{\mathrm{I}i}/n_1=(565+577+\cdots+561)/10=561.8$$

$$\bar{y}_{\mathrm{II}}=\sum_{i=1}^{n_2} y_{\mathrm{II}i}/n_2=(540+533+\cdots+534)/9=533.1$$

$$\begin{aligned} S_{\mathrm{I}}{}^2 &= \frac{1}{n_1-1}\sum_{i=1}^{n_1}(y_{\mathrm{I}i}-\bar{y}_{\mathrm{I}})^2 \\ &= \frac{1}{10-1}[(565-561.8)^2+(577-561.8)^2+\cdots+(561-561.8)^2] \\ &= 236.84 \end{aligned}$$

$$\begin{aligned} S_{\mathrm{II}}{}^2 &= \frac{1}{n_2-1}\sum_{i=1}^{n_2}(y_{\mathrm{II}i}-\bar{y}_{\mathrm{II}})^2 \\ &= \frac{1}{9-1}[(540-533.1)^2+(533-533.1)^2+\cdots+(534-533.1)^2] \\ &= 63.86 \end{aligned}$$

从而得统计量 $F=S_{\mathrm{I}}{}^2/S_{\mathrm{II}}{}^2=236.84/63.86=3.71$。

② 由 $n_1=10$，$n_2=9$，$\alpha=0.1$，查附表 6 并作相关计算，可得：

$$F_{\alpha/2,n_1-1,n_2-1}=F_{0.1/2,10-1,9-1}=F_{0.05,9,8}=3.39$$

$$F_{1-\alpha/2,\ n_1-1,\ n_2-1}=\frac{1}{F_{\alpha/2,\ n_2-1,\ n_1-1}}=F_{0.95,9,8}=\frac{1}{F_{0.05,\ 8,\ 9}}=\frac{1}{3.23}=0.31$$

③ 判断：因 $F=3.71>F_{\alpha/2,n_1-1,n_2-1}=3.39$，故拒绝 H_0，即有 90%把握认为两种配方的精密度有显著差异。

若选用检验水准 $\alpha=0.05$，同样可查附表 6 F 分布表，得：

$$F_{\alpha/2,n_1-1,n_2-1}=F_{0.05/2,10-1,9-1}=F_{0.025,9,8}=4.36$$

$$F_{1-\alpha/2,\ n_1-1,\ n_2-1}=\frac{1}{F_{\alpha/2,\ n_2-1,\ n_1-1}}=F_{0.975,9,8}=\frac{1}{F_{0.025,\ 8,\ 9}}=\frac{1}{4.10}=0.24$$

显然，$F=3.71<F_{\alpha/2,n_1-1,n_2-1}=4.36$，故接受 H_0，即有 95%把握认为两种配方的精密度无显著差异。

结果表明：同等条件下，若选取检验水准 α 不同，所作出的判断也不尽相同，甚至相反。

(2) 现配方是否比原配方的精密度有显著减小？

因 $F>1$，需采用 F 单侧（右侧）检验，即检验无效假设 H_0：$\sigma_{Ⅰ}{}^2\leqslant\sigma_{Ⅱ}{}^2$。

由 $n_1=10$，$n_2=9$，$\alpha=0.1$，查附表 6 得 $F_{\alpha,n_1-1,n_2-1}=F_{0.1,10-1,9-1}=2.56$。

因 $F=3.71>F_{0.1,9,8}=2.56$，故拒绝 H_0，即两者的总体方差显著增大，即有 90%把握认为现配方比原配方的精密度显著减小。

若选用检验水准 $\alpha=0.05$，同样可查附表 6 得：$F_{\alpha,n_1-1,n_2-1}=F_{0.05,10-1,9-1}=3.39$。

因 $F=3.71>F_{0.05,9,8}=3.39$，故拒绝 H_0，即两者的总体方差显著性显著增大，即有 95%把握认为现配方比原配方的精密度显著减小。

(3) 配方是否对橡胶伸长率有显著影响？取 $\alpha=0.05$。

① 假定 H_0：$\mu_{Ⅰ}=\mu_{Ⅱ}$成立，计算统计量 $T=\dfrac{(\bar{y}_{Ⅰ}-\bar{y}_{Ⅱ})}{S_{\bar{y}_{Ⅰ}-\bar{y}_{Ⅱ}}}=\dfrac{561.8-533.1}{5.73}=5.01$。

其中，
$$S_{\bar{y}_{Ⅰ}-\bar{y}_{Ⅱ}}=\sqrt{\frac{(n_1-1)S_{Ⅰ}{}^2+(n_2-1)S_{Ⅱ}{}^2}{n_1+n_2-2}\left(\frac{1}{n_1}+\frac{1}{n_2}\right)}$$
$$=\sqrt{\frac{(10-1)\times236.84+(9-1)\times63.86}{10+9-2}(\frac{1}{10}+\frac{1}{9})}$$
$$=5.73$$

② 对给定 $\alpha=0.05$，查附表 4 得 $t_{0.05/2,10+9-2}=2.11$。

③ 判断：因 $T=5.01>t_{0.05/2,1+9-2}=2.11$，故拒绝 H_0，即有 95%把握认为现配方与原配方对橡胶伸长率的影响有显著性差异。

(4) 现配方是否比原配方更有利于橡胶伸长率的提高？取 $\alpha=0.05$。

因 $T>0$，采用 t 单侧（右侧）检验，即检验 H_0：$\mu_{Ⅰ}\leqslant\mu_{Ⅱ}$。

由 $n_1=10$，$n_2=9$，$\alpha=0.05$，同样可查附表 4 得 $t_{\alpha,n_1+n_2-2}=t_{0.05,17}=1.74$。

因 $T=5.01>t_{0.05,17}=1.74$，故拒绝 H_0，即现配方比原配方有显著性增大，即有 95%把握认为现配方要比原配方对橡胶伸长率有显著提高。

思考题

s2-1 设立无效假设所遵循的原则是什么？

s2-2 简要指出 t 检验法适应性及其局限性。

s2-3 与“成组比较”相比，“成对比较”有哪些优点？

s2-4 分别以 u 分布、t 分布、χ^2 分布、F 分布为例，讨论检验水准的改变对检验效果的影响。

s2-5 针对例 2-4，（1）能否直接从新旧配方所求均值大小来判定新旧配方的优劣呢？（2）能否直接从新旧配方所求方差大小来判定新旧配方精密性的关系呢？为什么？

s2-6 如何理解进行假设检验时所犯两类错误问题？

s2-7 如何理解“差异无、有（一般/高度）显著性”？

习题

x2-1 分别采用进口和国产机械稳定仪测量同一批天然胶乳机械稳定度（MST，s），测试结果如表 1 所示，试采用成组法分析这两种机械稳定仪有无显著性差异？

表 1 不同机械稳定仪测试结果

实验号(i)	1	2	3	4	5	6	7	8
$y_{1进口}$	586	576	499	601	579	584	562	574
$y_{2国产}$	612	602	598	571	502	516	543	598
实验号(i)	9	10	11	12	13	14	15	16
$y_{1进口}$	519	568	590	496	571	588	568	543
$y_{2国产}$	567	516	543	509	544	576	/	/

x2-2 分别采用“热导法”和传统的“凯氏法”检测天然胶乳中氮含量，结果如表 2 所示。

表 2 “热导法”和“凯氏法”检测天然胶乳中氮质量分数（$\times 10^2$）对比

实验号(i)	1# 样品		2# 样品		3# 样品	
	热导法	凯氏法	热导法	凯氏法	热导法	凯氏法
1	0.221	0.221	0.306	0.301	0.466	0.462
2	0.219	0.213	0.312	0.308	0.459	0.459
3	0.233	0.231	0.304	0.308	0.462	0.452
4	0.224	0.231	0.321	0.319	0.461	0.449
5	0.225	0.232	0.318	0.321	0.451	0.451
6	0.226	0.226	0.308	0.301	0.449	0.465
7	0.232	0.229	0.306	0.303	0.461	0.463
8	0.218	0.221	0.311	0.322	0.456	0.458

试回答如下三个问题：

(1) 分别采用成组法和成对法，并分别对 1# 样品、2# 样品及 3# 样品进行比较，确定天然胶乳中氮含量两种测定方法是否存在显著性差异?

(2) 针对所采取的三种不同样品，分别指出这两种测定方法的可靠性高低顺序。

(3) 比较两种测定方法的波动性是否存在差异。

x2-3 随机抽取某两个工厂生产轮胎用胶，测得其相关的性能（采用综合评分表示）如表 3 所示。试分别采用成组法与成对法比较两个工厂的差异性。

表 3 两个工厂生产轮胎用胶样性能比较

实验号(i)	1	2	3	4	5	6	7	8	9	10	11	12
甲	70	68	85	90	86	78	95	50	58	67	88	82
乙	80	75	60	45	85	78	54	92	86	89	75	53
实验号(i)	13	14	15	16	17	18	19	20	21	22	23	24
甲	90	65	74	84	61	79	40	87	90	75	63	89
乙	65	68	79	88	82	86	93	82	79	63	84	80

x2-4 某材料在处理前与处理后，分别抽样分析含脂率，测试结果如表 4 所示。(1) 处理前后的含脂率标准差是否有显著差异? 假定含脂率服从正态分布，取 $\alpha=0.05$。(2) 处理前后含脂率是否有显著差异? 并进行置信度为 95%时处理前后含脂率差数的区间估计和点估计。

表 4 处理前后材料含脂率

实验号(i)	1	2	3	4	5	6	7	8
处理前	0.19	0.18	0.21	0.30	0.41	0.12	0.27	—
处理后	0.15	0.13	0.07	0.24	0.19	0.06	0.08	0.12

3 方差分析

学习指导

通过本章学习，掌握方差分析基本原理和方法；了解方差分析的数学模型及基本假定；掌握单因子完全随机化与随机区组化实验设计及其方差分析；重点掌握两因子完全随机化与随机区组化实验设计及其方差分析。

本章重点在于单/两因子实验设计的方差分析；难点在于单/两因子实验设计的反应曲线拟合（即多项式方程构建）。

t 检验法适用于样本均数与总体均数之间或两样本均数之间的显著性差异检验，但在科学研究和生产实践中，经常会遇到需要比较多个处理优劣的问题，即需要进行多个样本均数之间的显著性差异检验。这时，若仍采用 t 检验法就不适宜了，主要存在如下几个问题：

① 检验过程烦琐；

② 无统一的实验误差，误差估计的精密性和检验的灵敏性低；

③ 推断的可靠性低，检验的Ⅰ型（“弃真”）错误率大。

方差分析（analysis of variance）是英国统计学家 R. A. Fisher 早在 1923 年提出的，其主要内容是将 n 个处理的观测值作为一个整体看待，把总变异偏差平方和及其自由度分解为不同变异来源偏差平方和及其自由度，进而获得相应的均方；分别计算不同变异来源均方与误差均方之比，采用 F 检验法，检验各样本所属总体均数是否相等而作出显著性判断。

方差分析实质上是关于观测值变异原因的数量分析，它在科学研究和生产实践中有广泛的应用，特别适合于三个以上处理的比较。

3.1 单因子实验设计及其方差分析

3.1.1 单因子完全随机设计及其方差分析

（1）线性模型与基本假定

① 资料模式　设单一因子 A，取 a 种水平（即有 $k=a$ 个处理），每个处理均重复观察 n 次，资料模式见表 3-1。

表 3-1　单因子完全随机设计资料模式

因子 A(处理)	重复观测值(y_{ij})						$y_{i.}$	$y_{..}$	$\bar{y}_{i.}$	$\bar{y}_{..}$
	1	2	…	j	…	n				
A_1	y_{11}	y_{12}	…	y_{1j}	…	y_{1n}	$y_{1.}$		$\bar{y}_{1.}$	
A_2	y_{21}	y_{22}	…	y_{2j}	…	y_{2n}	$y_{2.}$		$\bar{y}_{2.}$	
⋮	⋮	⋮	…	⋮	…	⋮	⋮		⋮	
A_i	y_{i1}	y_{i2}	…	y_{ij}	…	y_{in}	$y_{i.}$		$\bar{y}_{i.}$	
⋮	⋮	⋮	…	⋮	…	⋮	⋮		⋮	
A_k	y_{k1}	y_{k2}	…	y_{kj}	…	y_{kn}	$y_{a.}$		$\bar{y}_{a.}$	

注：1. y_{ij} 表示第 i 个处理的第 j 个观测值（$i=1, 2, \cdots, k$；$j=1, 2, \cdots, n$）。

2. $y_{i.}=\sum_{j=1}^{n} y_{ij}$ 表示第 i 个处理 n 个观测值之和；$\bar{y}_{i.}=\sum_{j=1}^{n} y_{ij}/n$ 表示第 i 个处理的均数。

3. $y_{..}=\sum_{i=1}^{k}\sum_{j=1}^{n} y_{ij}=\sum_{i=1}^{k} y_{i.}$ 表示全部观测值的总和；$\bar{y}_{..}=\sum_{i=1}^{k}\sum_{j=1}^{n} y_{ij}/(k\times n)$ 表示全部观测值的总均数。

② 数学模型　单因子完全随机重复实验中，第 i 个处理的第 j 个观测值可表示为 $y_{ij}=\mu+\alpha_i+\varepsilon_{ij}$。其中，$\mu$ 为全部观测值的总体均数，$\mu=\sum_{i=1}^{k}\mu_i/k$；$\alpha_i$ 为第 i 个处理效应，表示处理 i 对实验结果产生的影响，$\sum_{i=1}^{k}\alpha_i=0$；ε_{ij} 是实验误差，相互独立，且服从正态分布 $N(0, \sigma^2)$。

（2）总偏差平方和与总自由度及其分解

① 总偏差平方和及其分解。用于反映全部观测值总变异的总偏差平方和（SS_T）是任一观测值（y_{ij}）与总均数（$\bar{y}_{..}$）的离均差平方和，有：

$$
\begin{aligned}
SS_T &= \sum_{i=1}^{k}\sum_{j=1}^{n}(y_{ij}-\bar{y}_{..})^2=\sum_{i=1}^{k}\sum_{j=1}^{n}[(\bar{y}_{i.}-\bar{y}_{..})+(y_{ij}-\bar{y}_{i.})]^2 \\
&= \sum_{i=1}^{k}\sum_{j=1}^{n}[(\bar{y}_{i.}-\bar{y}_{..})^2+2\times(\bar{y}_{i.}-\bar{y}_{..})\times(y_{ij}-\bar{y}_{i.})+(y_{ij}-\bar{y}_{i.})^2] \\
&= n\sum_{i=1}^{k}(\bar{y}_{i.}-\bar{y}_{..})^2+2\times\sum_{i=1}^{k}[(\bar{y}_{i.}-\bar{y}_{..})\times\sum_{j=1}^{n}(y_{ij}-\bar{y}_{i.})]+\sum_{i=1}^{k}\sum_{j=1}^{n}(y_{ij}-\bar{y}_{i.})^2 \\
&= n\sum_{i=1}^{k}(\bar{y}_{i.}-\bar{y}_{..})^2+\sum_{i=1}^{k}\sum_{j=1}^{n}(y_{ij}-\bar{y}_{i.})^2
\end{aligned}
$$

其中，$n\sum_{i=1}^{k}(\bar{y}_{i.}-\bar{y}_{..})^2$ 为任一处理均数（$\bar{y}_{i.}$）与 $\bar{y}_{..}$ 的离均差平方和与重复数 n 的乘积，

反映重复 n 次的处理间变异，称为“处理间偏差平方和（SS_t）”；$\sum_{i=1}^{k}\sum_{j=1}^{n}(y_{ij}-\overline{y}_{i.})^2$ 为任一处理内偏差平方和之和，反映任一处理内的变异，称为“处理内偏差平方和”或“误差平方和（SS_e）”。即：

$$SS_T=SS_t+SS_e$$

【简便公式】

总偏差平方和 $SS_T=\sum_{i=1}^{k}\sum_{j=1}^{n}y_{ij}^{\ 2}-CT$，其中，$CT=(\sum_{i=1}^{k}\sum_{j=1}^{n}y_{ij})^2/N=y_{..}^{\ 2}/(k\times n)$ 称为“矫正数”。

处理间偏差平方和 $SS_t=\sum_{i=1}^{k}y_{i.}^{\ 2}/n-CT$；误差平方和 $SS_e=SS_T-SS_t$。

② 总自由度及其分解。总自由度 $df_T=k\times n-1=N-1$；处理间自由度 $df_t=k-1$；误差自由度 $df_e=df_T-df_t=k\times(n-1)$。

③ 均方及其计算。总均方 $MS_T=SS_T/df_T$；处理间均方 $MS_t=SS_t/df_t$；误差均方 $MS_e=SS_e/df_e$。

（3）列方差分析表

见表 3-2。

表 3-2　方差分析表

变异来源	SS	df	MS	F	$F_{0.05}$	$F_{0.01}$
处理间(因子 A)	$SS_t=\sum_{i=1}^{k}y_{i.}^{\ 2}/n-CT$	$df_t=k-1$	$MS_t=SS_t/df_t$	MS_t/MS_e		
误差	$SS_e=SS_T-SS_t$	$df_e=k\times(n-1)$	$MS_e=SS_e/df_e$			
总变异	$SS_T=\sum_{i=1}^{k}\sum_{j=1}^{n}y_{ij}^{\ 2}-CT$	$df_T=k\times n-1$				

（4）检验方法（F 检验）

① 假定 H_0：$\mu_1=\mu_2=\cdots=\mu_k$（或 H_0：$\sigma^2=0$）或 H_A：各 μ_i 不全相等（或 H_A：$\sigma^2\neq 0$）成立。

② 计算统计量 $F=MS_t/MS_e$。

③ 查附表 6 得 F_{α,df_t,df_e}。

④ 判断：若 $F>F_{\alpha,df_t,df_e}$，则拒绝 H_0；若 $F\leqslant F_{\alpha,df_t,df_e}$，则接受 H_0。具体可以表述为：

若 $F\leqslant F_{0.05,df_t,df_e}$，则接受 H_0，统计学上，把这一检验结果表述为各处理间差异不显著，在 F 值的右上方标记“ns”，或不作任何标记。

若 $F_{0.05,df_t,df_e}<F\leqslant F_{0.01,df_t,df_e}$，则拒绝 H_0，统计学上，把这一检验结果表述为各处理间差异达到显著，在 F 值的右上方标记“*”。

若 $F>F_{0.01,df_t,df_e}$，则高度拒绝 H_0，统计学上，把这一检验结果表述为各处理间差异达到极显著，在 F 值的右上方标记“* *”。

（5）基本步骤

第一步相关数据计算，包括数据求和，偏差平方和与自由度等。

第二步列方差分析表，作 F 检验，推断显著性。

第三步若检验结果显著，再进行“多重比较”，确定不同水平彼此之间的显著性差异。

(6) 应用条件

① 各观测值相互独立，并服从正态分布；

② 各处理的总体方差相等，即方差齐性。

【情形一】 各处理重复数相等的方差分析

【例 3-1】男衬衣制造商欲了解所用人造纤维拉伸强度（y，kgf/cm^2 ❶），认为人造纤维中棉花含量 A（x,%）是其影响的主因子。今取 5 种棉花含量（即 5 种处理），分别为 15%、20%、25%、30%、35%，且每种处理均取 5 个观察值，按随机办法取得先后顺序，测试结果如表 3-3 所示。

表 3-3 棉花含量对人造纤维拉伸强度的影响

实验号(i)	棉花含量 A(x_i)/%	重复观察值(人造纤维拉伸强度 y_{ij},kgf/cm^2)				
		1	2	3	4	5
1	15	7	7	15	11	9
2	20	12	17	12	18	18
3	25	14	18	18	19	19
4	30	19	25	22	19	23
5	35	7	10	15	15	11

① 推断人造纤维中棉花含量是否对其拉伸强度有显著影响。

② 采用“多重比较”，对不同棉花含量彼此之间的差异作显著性检验。

③ 作反应曲线拟合，建立人造纤维拉伸强度与其棉花含量之间的数学模型。

【解】①推断人造纤维中棉花含量是否对其拉伸强度有显著影响。

a. 相关数据计算见表 3-4。

表 3-4 相关数据计算

实验号(i)	棉花含量 A(x_i)/%	重复观察值 y_{ij}(人造纤维的拉伸强度,kgf/cm^2)					$y_{i.}$	$y_{..}$	$\bar{y}_{i.}$	$\bar{y}_{..}$
		1	2	3	4	5				
1	15	7	7	15	11	9	49		9.8	
2	20	12	17	12	18	18	77		15.4	
3	25	14	18	18	19	19	88	376	17.6	15.04
4	30	19	25	22	19	23	108		21.6	
5	35	7	10	15	15	11	54		10.8	

b. 偏差平方和与自由度计算。

$$CT = y_{..}^2/(k \times n) = 376^2/(5 \times 5) = 5655.04$$

$$SS_T = \sum_{i=1}^{k}\sum_{j=1}^{n} y_{ij}^2 - CT = (7^2 + 7^2 + \cdots + 11^2) - 5655.04 = 636.96$$

❶ $1kgf/cm^2 = 0.098MPa$。

$df_T = k \times n - 1 = 5 \times 5 - 1 = 24$

$$SS_t = \sum_{i=1}^{k} y_{i.}{}^2/n - CT = (49^2 + 77^2 + 88^2 + 108^2 + 54^2)/5 - 5655.04 = 475.76$$

$df_t = k - 1 = 5 - 1 = 4$

$SS_e = SS_T - SS_t = 636.96 - 475.76 = 161.20$

$df_e = df_T - df_t$

$= 24 - 4 = 20$ 或 $df_e = k \times (n-1) = 5 \times (5-1) = 20$

c. 列出方差分析表，进行 F 检验，见表 3-5。

表 3-5 方差分析表

变异来源	SS	df	MS	F	$F_{0.05}$	$F_{0.01}$
处理间（棉花含量 A）	475.76	4	118.94	14.76**	2.87	4.43
误差	161.20	20	8.06			
总变异	636.96	24				

结果表明：处理间的影响达到极显著，即有 99%把握认为人造纤维中棉花含量对其拉伸强度有极显著影响。

② 采用新复极差法作“多重比较”，进行不同棉花含量彼此之间的差异性检验。

第一步按所得任一处理均数（$\bar{y}_{i.}$）大小，依次由上至下顺序排列实验号，计算差数，列多重比较设计表，见表 3-6。

表 3-6 不同棉花含量对人造纤维拉伸强度影响的多重比较设计表（*SSR* 法）

实验号(i)	$\bar{y}_{i.}$	$\bar{y}_{i.}-9.8$	$\bar{y}_{i.}-10.8$	$\bar{y}_{i.}-15.4$	$\bar{y}_{i.}-17.6$
4	21.6	11.8	10.8	6.2	4.0
3	17.6	7.8	6.8	2.2	
2	15.4	5.6	4.6		
5	10.8	1.0			
1	9.8				

第二步依 $MS_e = 8.06$，$n = 5$，得样本标准误：$S_{\bar{y}} = \sqrt{MS_e/n} = \sqrt{8.06/5} = 1.27$。

并据 $df_e = 20$，秩次距 $k = 2, 3, 4, 5$，由附表 7 查 $\alpha = 0.05$ 和 $\alpha = 0.01$ 的（SSR），再乘以样本标准误（1.27），即得最小显著极差（LSR），见表 3-7。

表 3-7 *SSR* 值及 *LSR* 值

df_e	秩次距 k	$SSR_{0.05}$	$SSR_{0.01}$	$LSR_{0.05}$	$LSR_{0.01}$
20	2	2.95	4.02	3.75	5.10
	3	3.10	4.22	3.94	5.36
	4	3.18	4.33	4.04	5.50
	5	3.25	4.40	4.13	5.59

第三步检验：比较表 3-6 中差数与表 3-7 中相应的最小显著极差，标记检验结果，见表 3-8。

表 3-8 不同棉花含量对人造纤维拉伸强度影响的多重比较结果表（*SSR* 法）

实验号(i)	$\bar{y}_{i.}$	$\bar{y}_{i.}-9.8$	$\bar{y}_{i.}-10.8$	$\bar{y}_{i.}-15.4$	$\bar{y}_{i.}-17.6$
4	21.6	11.8**	10.8**	6.2**	4.0*
3	17.6	7.8**	6.8**	2.2	
2	15.4	5.6**	4.6*		
5	10.8	1.0			
1	9.8				

结果表明：除实验号 3 与实验号 2、实验号 5 与实验号 1 之间的差异不显著外，其余实验号彼此之间的差异均达（极）显著。

③ 作反应曲线拟合，建立人造纤维拉伸强度（y）与其棉花含量（x）之间的数学模型。

a. 根据处理数，选取合适的正交多项式系数（附表 8），并进行相关数据计算，见表 3-9。

表 3-9 相关数据计算

实验号(i)	棉花含量 A(x_i)/%	任一处理和 $y_{i.}$	正交对比系数 C_{ij}			
			一次	二次	三次	四次
1	15	49	−2	2	−1	1
2	20	77	−1	−1	2	−4
3	25	88	0	−2	0	6
4	30	108	1	−1	−2	−4
5	35	54	2	2	1	1
正交对比系数平方和 $Q_C=\sum_{i=1}^{k}C_{ij}^2$			10	14	10	70
常数值 λ_j			1	1	5/6	35/12
效应 $E=\sum_{i=1}^{k}C_{ij}y_{i.}$			41	−155	−57	−109
偏差平方和 $SS=E^2/(n\times Q_C)$			33.62	343.21	64.98	33.95
模型参数 $\alpha_j=E/(n\times Q_C)$			0.8200	−2.2143	−1.1400	−0.3114

b. 列拓展的方差分析表，见表 3-10。

表 3-10 拓展的方差分析表

变异来源	SS	df	MS	F	$F_{0.05}$	$F_{0.01}$
处理间（棉花含量 A）	475.76	4	118.94	14.76**	2.87	4.43
（一次）	33.62	1	33.62	4.17	4.35	8.10
（二次）	343.21	1	343.21	42.58**		
（三次）	64.98	1	64.98	8.06*		
（四次）	33.95	1	33.95	4.21		
误差	161.20	20	8.06			
总变异	639.96	24				

c. 建立多项式方程。对单因子试验，多项式方程一般可描述为 $y=\alpha_0 p_0(x)+\alpha_1 p_1(x)+\alpha_2 p_2(x)+\cdots+\alpha_u p_u(x)+\varepsilon$。

这里，$p_u(x)$ 是 u 次正交多项式。其中：

$$p_0(x)=1$$

$$p_1(x)=\lambda_1\left(\frac{x-\overline{x}}{d}\right)$$

$$p_2(x)=\lambda_2\left[\left(\frac{x-\overline{x}}{d}\right)^2-\frac{m^2-1}{12}\right]$$

$$p_3(x)=\lambda_3\left[\left(\frac{x-\overline{x}}{d}\right)^3-\left(\frac{x-\overline{x}}{d}\right)\left(\frac{3m^2-7}{20}\right)\right]$$

$$p_4(x)=\lambda_4\left[\left(\frac{x-\overline{x}}{d}\right)^4-\left(\frac{x-\overline{x}}{d}\right)^2\left(\frac{3m^2-13}{14}\right)+\frac{3m^4-30m^2+27}{560}\right]$$

$$p_5(x)=\lambda_5\left[\left(\frac{x-\overline{x}}{d}\right)^5-\left(\frac{x-\overline{x}}{d}\right)^2\left(\frac{5m^2-35}{18}\right)+\left(\frac{x-\overline{x}}{d}\right)\frac{15m^4-230m^2+40}{1008}\right]$$

$$\cdots$$

这里，d 为 x 的水平间距，m 为水平数，λ_i 为多项式所固有的常数值，α 为正交多项式中模型参数估计，有 $\hat{\alpha}_0=\overline{y}_{..}$，$\hat{\alpha}_j=\dfrac{\sum_{i=1}^{k}C_{ij}y_{i.}}{n\times\sum_{i=1}^{ka}C_{ij}{}^2}=\alpha_j$

针对本例，拓展的方差分析结果表明：虽四次效应并未达到显著，但三次效应已达到显著。因此，应将人造纤维拉伸强度（y）与其棉花含量（x）之间的关系配合成三次多项式方程：$\hat{y}=\alpha_0 p_0(x)+\alpha_1 p_1(x)+\alpha_2 p_2(x)+\alpha_3 p_3(x)$

其中，$m=5$，$\overline{x}=(15+35)/2=25$，$d=5$，将相关数据代入，有：

$$\hat{y}=15.04+0.8200\times1\times\left(\frac{x-25}{5}\right)-2.2143\times1\times\left[\left(\frac{x-25}{5}\right)^2-\frac{5^2-1}{12}\right]-1.1400\times\frac{5}{6}\times\left[\left(\frac{x-25}{5}\right)^3-\left(\frac{x-25}{5}\right)\left(\frac{3\times5^2-7}{20}\right)\right]$$

整理得：$\hat{y}=62.6114-9.0114x+0.4814x^2-0.0076x^3$

据此方程，可预测在 15%～35%内的任一棉花含量的人造纤维拉伸强度。如棉花含量 $x=30\%$时，人造纤维拉伸强度的预测值有：

$$\begin{aligned}\hat{y}&=62.6114-9.0114x+0.4814x^2-0.0076x^3\\&=62.6114-9.0114\times30+0.4814\times30^2-0.0076\times30^3\\&=20.3543\ (\text{kgf/cm}^2)\end{aligned}$$

实验均值为 21.6 kgf/cm^2。显然，两者有一定的接近程度，表明所构建的数学模型具有实际意义。

可利用 Excel 图表功能或分析工具库直接进行回归分析。具体参见第 7 章相关内容。

【情形二】 各处理重复数不等的方差分析

设单一因子 A 的处理数为 k；各处理重复数分别为 n_1，n_2，…，n_k，则观测值总数 $N=\sum n_i$，矫正数 $CT=y_{..}{}^2/N$。

总偏差平方和 $SS_T=\sum_{i=1}^{k}\sum_{j=1}^{n_i}y_{ij}{}^2-CT$；总自由度 $df_T=N-1$

处理偏差平方和 $SS_t=\sum_{i=1}^{k}y_{i.}{}^2/n_i-CT$；处理自由度 $df_t=k-1$

误差平方和 $SS_e=SS_T-SS_t$；误差自由度 $df_e=df_T-df_t=N-k$

【例 3-2】假定 5 种不同配方（即 5 种处理）橡胶材料拉伸强度如表 3-11 所示。试比较不同配方彼此之间对拉伸强度有无显著性差异。

表 3-11 不同配方橡胶材料拉伸强度

实验号(i)	配方(B)	重复观察值 y_{ij}(拉伸强度)/MPa					
		1	2	3	4	5	6
1	B_1	21.5	19.5	20.0	22.0	18.0	20.0
2	B_2	16.0	18.5	17.0	15.5	20.0	16.0
3	B_3	19.0	17.5	20.0	18.0	17.0	—
4	B_4	21.0	18.5	19.0	20.0	—	—
5	B_5	15.5	18.0	17.0	16.0	—	—

【解】①相关数据求和，见表 3-12。

表 3-12 相关数据求和

实验号(i)	配方(B)	重复观察值 y_{ij}(拉伸强度)/MPa						n_i	N	$y_{i.}$	$y_{..}$	$\bar{y}_{i.}$	$\bar{y}_{..}$
		1	2	3	4	5	6						
1	B_1	21.5	19.5	20.0	22.0	18.0	20.0	6	25	121.0	460.5	20.2	18.42
2	B_2	16.0	18.5	17.0	15.5	20.0	16.0	6		103.0		17.2	
3	B_3	19.0	17.5	20.0	18.0	17.0	—	5		91.5		18.3	
4	B_4	21.0	18.5	19.0	20.0	—	—	4		78.5		19.6	
5	B_5	15.5	18.0	17.0	16.0	—	—	4		66.5		16.6	

② 偏差平方和与自由度计算

$CT=y_{..}{}^2/N=460.5^2/25=8482.41$

$SS_T=\sum_{i=1}^{k}\sum_{j=1}^{n_i}y_{ij}{}^2-CT=(21.5^2+19.5^2+\cdots+16.0^2)-8482.41=85.34$；$df_T=N-1=25-1=24$

$SS_t=\sum_{i=1}^{k}y_{i.}{}^2/n_i-CT=(121.0^2/6+103.0^2/6+91.5^2/5+78.5^2/4+66.5^2/4)-8482.41=46.50$；$df_t=k-1=5-1=4$

$SS_e=SS_T-SS_t=85.34-46.50=38.84$；$df_e=df_T-df_t=24-4=20$

③ 列出方差分析表，进行 F 检验，见表 3-13。

表 3-13 方差分析表

变异来源	SS	df	MS	F	$F_{0.05}$	$F_{0.01}$
处理间（配方）	46.50	4	11.63	5.99**	2.87	4.43
误差	38.84	20	1.94			
总变异	85.34	24				

结果表明：配方间的影响达到极显著，即有 99%把握认为配方对所得橡胶材料拉伸强度有极显著的影响。

④ 采用新复极差法作多重比较，进一步检验配方之间显著性差异。

第一步对不同配方，按所得均数 $\bar{y}_{i.}$ 的大小顺序，依次由上至下顺序排列，计算差数，列多重比较表，见表 3-14。

表 3-14 不同配方橡胶材料拉伸强度的多重比较表（*SSR* 法）

配方(B)	$\bar{y}_{i.}$	$\bar{y}_{i.}-16.6$	$\bar{y}_{i.}-17.2$	$\bar{y}_{i.}-18.3$	$\bar{y}_{i.}-19.6$
B_1	20.2	3.6	3.0	1.9	0.6
B_4	19.6	3.0	2.4	1.3	
B_3	18.3	1.7	1.1		
B_2	17.2	0.6			
B_5	16.6				

第二步因各处理重复数不等，应先计算出平均重复次数 n_0 来代替标准误 $S_{\bar{y}}=\sqrt{MS_e/n}$ 中的 n。

针对此例：$n_0=\dfrac{1}{k-1}\left[\sum n_i-\dfrac{\sum n_i^2}{\sum n_i}\right]=\dfrac{1}{5-1}\times\left(25-\dfrac{6^2+6^2+5^2+4^2+4^2}{25}\right)=4.96$。

于是，标准误为 $S_{\bar{y}}=\sqrt{MS_e/n_0}=\sqrt{1.94/4.96}=0.625$。

并根据 $df_e=20$，秩次距 $k=2,3,4,5$，从附表 7 中查 $\alpha=0.05$ 与 $\alpha=0.01$ 的 SSR，再乘以 0.625，即得 LSR，见表 3-15。

表 3-15 *SSR* 值及 *LSR* 值

df_e	秩次距 k	$SSR_{0.05}$	$SSR_{0.01}$	$LSR_{0.05}$	$LSR_{0.01}$
20	2	2.95	4.02	1.844	2.513
	3	3.10	4.22	1.938	2.638
	4	3.18	4.33	1.988	2.706
	5	3.25	4.40	2.031	2.750

第三步检验：比较表 3-14 中差数与表 3-15 中相应的最小显著极差，标记检验结果，见表 3-16。

表 3-16 不同配方橡胶材料拉伸强度的多重比较结果表（*SSR* 法）

配方(B)	$\bar{y}_{i.}$	$\bar{y}_{i.}-16.6$	$\bar{y}_{i.}-17.2$	$\bar{y}_{i.}-18.3$	$\bar{y}_{i.}-19.6$
B_1	20.2	3.6**	3.0**	1.9	0.6
B_4	19.6	3.0**	2.4*	1.3	
B_3	18.3	1.7	1.1		
B_2	17.2	0.6			
B_5	16.6				

结果表明：B_1 与 B_5、B_1 与 B_2、B_4 与 B_5 之间存在极显著差异，而 B_4 与 B_2 之间存在显著差异，其余不同配方彼此之间的差异并未达到显著。

3.1.2 单因子随机区组设计及其方差分析

（1）资料模式

设单一因子 A 有 a 种水平，即有 $k=a$ 个处理，q 个区组，共有 $k\times q$ 个观察值，其资料模式见表 3-17，相关数据计算见表 3-18。

表 3-17 单因子随机区组设计的资料模式

因子 A(处理)	区组观察值(y_{ij})					
	Ⅰ	Ⅱ	…	j	…	q
1	y_{11}	y_{12}	…	y_{1j}	…	y_{1q}
2	y_{21}	y_{22}	…	y_{2j}	…	y_{2q}
⋮	⋮	⋮	…	…	⋮	…
i	y_{i1}	y_{i2}	…	y_{ij}	…	y_{iq}
⋮	⋮	⋮	…	…	⋮	…
k	y_{a1}	y_{a2}	…	y_{aj}	…	y_{aq}

表 3-18 单因子随机区组设计相关数据计算

处理	区组观察值(y_{ij})						$y_{i.}$	$\bar{y}_{i.}$	处理平方和($\sum_{j=1}^{q}y_{ij}^2$)	处理和之平方($y_{i.}^2$)
	Ⅰ	Ⅱ	…	j	…	q				
1	y_{11}	y_{12}	…	y_{1j}	…	y_{1q}	$y_{1.}$	$\bar{y}_{1.}$	$\sum_{j=1}^{q}y_{1j}^2$	$y_{1.}^2$
2	y_{21}	y_{22}	…	y_{2j}	…	y_{2q}	$y_{2.}$	$\bar{y}_{2.}$	$\sum_{j=1}^{q}y_{2j}^2$	$y_{2.}^2$
⋮	⋮	⋮	…	…	⋮	…	⋮	⋮	⋮	⋮
i	y_{i1}	y_{i2}	…	y_{ij}	…	y_{iq}	$y_{i.}$	$\bar{y}_{i.}$	$\sum_{j=1}^{q}y_{ij}^2$	$y_{i.}^2$
⋮	⋮	⋮	…	…	⋮	…	⋮	⋮	⋮	⋮
k	y_{k1}	y_{k2}	…	y_{kj}	…	y_{kq}	$y_{k.}$	$\bar{y}_{k.}$	$\sum_{j=1}^{q}y_{kj}^2$	$y_{k.}^2$

续表

处理	区组观察值(y_{ij})						$y_{i.}$	$\bar{y}_{i.}$	处理平方和($\sum_{j=1}^{q} y_{ij}^2$)	处理和之平方($y_{i.}^2$)
	Ⅰ	Ⅱ	…	j	…	q				
$y_{.j}$	$y_{.1}$	$y_{.2}$	…	$y_{.j}$	…	$y_{.q}$	$y_{..}$	$\bar{y}_{..}$	$\sum_{i=1}^{k}\sum_{j=1}^{q} y_{ij}^2$（平方总和）	$\sum_{i=1}^{k} y_{i.}^2$（处理和之平方总和）
$y_{.j}^2$	$y_{.1}^2$	$y_{.2}^2$	…	$y_{.j}^2$	…	$y_{.q}^2$	—	—		$\sum_{j=1}^{q} y_{.j}^2$（区组和之平方总和）

（2）数学模型

单因子随机区组实验中，第 i 个处理的第 j 个区组观察值（y_{ij}）的数学模型可表示为 $y_{ij}=\mu+\alpha_i+\beta_j+\varepsilon_{ij}$。其中，$\mu$ 为全部观测值的总体均数，$\mu=\sum_{i=1}^{k}\mu_i/k$；$\alpha_i$ 为第 i 个处理效应，表示处理 i 对实验结果产生的影响，$\sum_{i=1}^{k}\alpha_i=0$；β_j 为第 j 个区组效应，表示区组 j 对实验结果产生的影响，$\sum_{j=1}^{q}\beta_j=0$；ε_{ij} 是实验误差，相互独立，且服从正态分布 $N(0,\sigma^2)$。

（3）总变异分解

同样，随机区组设计的方差分析关键仍在于总变异分解，因随机区组设计可将区组间变异从完全随机设计的组内变异中分离出来以反映不同区组对结果的影响，故随机区组设计全部测量值总变异（T）相应地分成处理（t）、区组（q）与误差（e）三部分，即有 $SS_T=SS_t+SS_q+SS_e$，$df_T=df_t+df_q+df_e$。

① 总变异：反映全部实验数据间大小不等的状况。

$$SS_T=\sum_{i=1}^{k}\sum_{j=1}^{q}y_{ij}^2-CT\text{。其中，}CT=(\sum_{i=1}^{k}\sum_{j=1}^{q}y_{ij})^2/N=y_{..}^2/(k\times q)\text{；}df_T=k\times q-1$$

② 处理组间变异：反映处理组间测量值的均数大小不等。

$$SS_t=\sum_{i=1}^{k}y_{i.}^2/q-CT\text{；}df_t=k-1$$

③ 区组间变异：反映区组间测量值的均数大小不等。

$$SS_q=\sum_{j=1}^{q}y_{.j}^2/k-CT\text{；}df_q=q-1$$

④ 误差变异：反映随机误差产生的变异。

$$SS_e=SS_T-SS_t-SS_q\text{，}df_e=df_T-df_t-df_q=(k-1)\times(q-1)$$

（4）列方差分析表

见表 3-19，并作 F 检验。

表 3-19 方差分析表

变异来源	SS	df	MS	F	$F_{0.05}$	$F_{0.01}$
区组间	$SS_q=\sum_{j=1}^{q}y_{.j}^2/k-CT$	$df_q=q-1$	$MS_q=SS_q/df_q$	MS_q/MS_e		
处理间（因子 A）	$SS_t=\sum_{i=1}^{k}y_{i.}^2/q-CT$	$df_t=k-1$	$MS_t=SS_t/df_t$	MS_t/MS_e		

续表

变异来源	SS	df	MS	F	$F_{0.05}$	$F_{0.01}$
误差	$SS_e=SS_T-SS_t-SS_q$	$df_e=(k-1)\times(q-1)$	$MS_e=SS_e/df_e$			
总变异	$SS_T=\sum_{i=1}^{k}\sum_{j=1}^{q}y_{ij}^2-CT$	$df_T=k\times q-1$				

【例 3-3】研究甲、乙、丙三种改性剂对高聚物性能的影响，假定原料批次也设置为影响因子，以区组加以考虑。拟用 6 批原料，每批 3 份（500g/份），随机地安排实验，研究甲、乙、丙三种改性剂对高聚物拉伸强度的影响，结果见表 3-20。问：(1) 不同改性剂之间对高聚物拉伸强度提高是否相同？(2) 不同原料批次对高聚物拉伸强度的影响是否相同？

表 3-20 三种改性剂对高聚物拉伸强度的影响 单位：MPa

处理(改性剂)	区组(原料批次号)观察值(y_{ij})					
	Ⅰ	Ⅱ	Ⅲ	Ⅳ	Ⅴ	Ⅵ
甲	64	53	71	41	50	42
乙	65	54	68	46	58	40
丙	73	59	79	38	65	46

【解】①建立检验假设。

H_0：$\mu_甲=\mu_乙=\mu_丙$（三种改性剂对高聚物拉伸强度提高作用相同）

H_A：$\mu_甲$，$\mu_乙$，$\mu_丙$不全相等（三种改性剂对高聚物拉伸强度提高作用不全相同）

H_0：$\mu_1=\mu_2=\cdots=\mu_6$（原料批次对高聚物拉伸强度提高无影响）

H_A：μ_1，μ_2，…，μ_6 不全相等（原料批次对高聚物拉伸强度提高有影响）

② 相关数据计算。

a. 数据求和，见表 3-21。

表 3-21 三种改性剂对高聚物拉伸强度的影响的数据求和 单位：MPa

处理(改性剂)	区组(原料批次号)观察值(y_{ij})						$y_{i.}$	$\sum_{j=1}^{q}y_{ij}^2$	$\sum_{i=1}^{a}\sum_{j=1}^{q}y_{ij}^2$
	Ⅰ	Ⅱ	Ⅲ	Ⅳ	Ⅴ	Ⅵ			
甲	64	53	71	41	50	42	321	17891	
乙	65	54	68	46	58	40	331	18845	59572
丙	73	59	79	38	65	46	360	22836	
$y_{.j}$	202	166	218	125	173	128	1012($y_{..}$)	—	

b. 偏差平方和与自由度的计算。

$$CT=y_{..}^2/(k\times q)=1012^2/(3\times6)=56896.89$$

$$SS_T=\sum_{i=1}^{k}\sum_{j=1}^{q}y_{ij}^2-CT=59572-56896.89=2675.11;\ df_T=k\times q-1=3\times6-1=17$$

$SS_t=\sum_{i=1}^{k}y_{i.}^{\ 2}/q-CT=(321^2+331^2+360^2)/6-56896.89=136.78$；$df_t=k-1=3-1=2$

$SS_q=\sum_{j=1}^{q}y_{.j}^{\ 2}/k-CT=(202^2+166^2+\cdots+128^2)/3-56896.89=2377.11$；$df_q=q-1=6-1=5$

$SS_e=SS_T-SS_t-SS_q=2675.11-136.78-2377.11=161.22$；$df_e=(k-1)\times(q-1)=(3-1)\times(6-1)=10$

③ 列方差分析表，见表 3-22。

表 3-22 方差分析表

变异来源	SS	df	MS	F	$F_{0.05}$	$F_{0.01}$
区组（原料批次）间	2377.11	5	475.42	29.49**	3.33	5.64
处理（改性剂种类）间	136.78	2	68.39	4.24*	4.10	7.56
误差	161.22	10	16.12			
总变异	2675.11	17				

④ 检验并作出推断。

a. 处理因子。查附表 6 得 $F_{0.05,2,10}=4.10$，$F_{0.01,2,10}=7.56$。因 $F=4.24>F_{0.05,2,10}$ 而 $<F_{0.01,2,10}$，故按 $\alpha=0.05$ 检验水准，作出拒绝 H_0 的判断，即认为改性剂种类对高聚物拉伸强度提高有显著影响。

b. 区组因子。查附表 6 得 $F_{0.01,5,10}=5.64$，因 $F=29.49>F_{0.01,5,10}$，故按 $\alpha=0.01$ 检验水准，作出高度拒绝 H_0 的判断，即认为原料批次对高聚物拉伸强度提高有极显著影响。

值得注意的是，若不把此设计看成是完全随机区组设计，而是当作完全随机单因子设计，其方差分析见表 3-23。

表 3-23 方差分析表

变异来源	SS	df	MS	F	$F_{0.05}$	$F_{0.01}$
处理（改性剂）间	136.78	2	68.39	0.40	3.68	6.36
误差	2538.33	15	169.22			
总变异	2675.11	17				

结果表明：改性剂种类对高聚物拉伸强度提高并未达到显著的影响。

显然，这一结论与事实并不相符，因而是不正确的。

采用完全随机区组实验设计，减少了干扰成分，使得 3 种改性剂间高聚物拉伸强度提高的差异能够充分显示出来。

3.2 两因子实验设计及其方差分析

3.2.1 两因子完全随机设计及其方差分析

(1) 资料模式

设 A 因子有 a 种水平，B 因子有 b 种水平，含有 $a\times b$ 种完全组合，即有 $a\times b$ 个处理。每一处理均重复观察 n 次，其资料模式见表 3-24。

表 3-24 两因子完全随机化设计资料模式

因子A	因子B	重复观察值(y_{ihj}) 1	2	…	j	…	n	$y_{ih.}$	$y_{i..}$	$y_{.h.}$	$\bar{y}_{ih.}$	$\bar{y}_{i..}$	$\bar{y}_{.h.}$
	B_1	y_{111}	y_{112}	…	y_{11j}	…	y_{11n}	$y_{11.}$		$y_{.1.}$	$\bar{y}_{11.}$		$\bar{y}_{.1.}$
	B_2	y_{121}	y_{122}	…	y_{12j}	…	y_{12n}	$y_{12.}$		$y_{.2.}$	$\bar{y}_{12.}$		$\bar{y}_{.2.}$
	⋮	⋮	⋮	…	⋮	…	⋮	⋮		⋮	⋮		⋮
A_1	B_h	y_{1h1}	y_{1h2}	…	y_{1hj}	…	y_{1hn}	$y_{1h.}$	$y_{1..}$	$y_{.h.}$	$\bar{y}_{1h.}$	$\bar{y}_{1..}$	$\bar{y}_{.h.}$
	⋮	⋮	⋮	…	⋮	…	⋮	⋮		⋮	⋮		⋮
	B_b	y_{1b1}	y_{1b2}	…	y_{1bj}	…	y_{1bn}	$y_{1b.}$		$y_{.b.}$	$\bar{y}_{1b.}$		$\bar{y}_{.b.}$
	B_1	y_{211}	y_{212}	…	y_{21j}	…	y_{21n}	$y_{21.}$			$\bar{y}_{21.}$		
	B_2	y_{221}	y_{222}	…	y_{22j}	…	y_{22n}	$y_{22.}$			$\bar{y}_{22.}$		
	⋮	⋮	⋮	…	⋮	…	⋮	⋮			⋮		
A_2	B_h	y_{2h1}	y_{2h2}	…	y_{2hj}	…	y_{2hn}	$y_{2h.}$	$y_{2..}$		$\bar{y}_{2h.}$	$\bar{y}_{2..}$	
	⋮	⋮	⋮	…	⋮	…	⋮	⋮			⋮		
	B_b	y_{2b1}	y_{2b2}	…	y_{2bj}	…	y_{2bn}	$y_{2b.}$			$\bar{y}_{2b.}$		
⋮	⋮	⋮	⋮	…	⋮	…	⋮	⋮	⋮		⋮	⋮	
	B_1	y_{i11}	y_{i12}	…	y_{i1j}	…	y_{i1n}	$y_{i1.}$			$\bar{y}_{i1.}$		
	B_2	y_{i21}	y_{i22}	…	y_{i2j}	…	y_{i2n}	$y_{i2.}$			$\bar{y}_{i2.}$		
	⋮	⋮	⋮	…	⋮	…	⋮	⋮			⋮		
A_i	B_h	y_{ih1}	y_{ih2}	…	y_{ihj}	…	y_{ihn}	$y_{ih.}$	$y_{i..}$	—	$\bar{y}_{ih.}$	$\bar{y}_{i..}$	—
	⋮	⋮	⋮	…	⋮	…	⋮	⋮			⋮		
	B_b	y_{ib1}	y_{ib2}	…	y_{ibj}	…	y_{ibn}	$y_{ib.}$			$\bar{y}_{ib.}$		
⋮	⋮	⋮	⋮	…	⋮	…	⋮	⋮	⋮		⋮	⋮	
	B_1	y_{a11}	y_{a12}	…	y_{a1j}	…	y_{a1n}	$y_{a1.}$			$\bar{y}_{a1.}$		
	B_2	y_{a21}	y_{a22}	…	y_{a2j}	…	y_{a2n}	$y_{a2.}$			$\bar{y}_{a2.}$		
	⋮	⋮	⋮	…	⋮	…	⋮	⋮			⋮		
A_a	B_h	y_{ah1}	y_{ah2}	…	y_{ahj}	…	y_{ahn}	$y_{ah.}$	$y_{a..}$		$\bar{y}_{ah.}$	$\bar{y}_{a..}$	
	⋮	⋮	⋮	…	⋮	…	⋮	⋮			⋮		
	B_b	y_{ab1}	y_{ab2}	…	y_{abj}	…	y_{abn}	$y_{ab.}$			$\bar{y}_{ab.}$		

续表

因子A	因子B	重复观察值(y_{ihj})						$y_{ih.}$	$y_{i..}$	$y_{.h.}$	$\bar{y}_{ih.}$	$\bar{y}_{i..}$	$\bar{y}_{.h.}$
		1	2	…	j	…	n						
合计								$y_{...}$			$\bar{y}_{...}$		

注：1. 任一组合所有重复观察值之和 $y_{ih.}=\sum_{j=1}^{n}y_{ihj}$；相应的均值 $\bar{y}_{ih.}=\sum_{j=1}^{n}y_{ihj}/n$

2. 因子 A 某一水平所有观察值之和 $y_{i..}=\sum_{h=1}^{b}\sum_{j=1}^{n}y_{ihj}$；相应的均值 $\bar{y}_{i..}=\sum_{h=1}^{b}\sum_{j=1}^{n}y_{ihj}/(b\times n)$

3. 因子 B 某一水平所有观察值之和 $y_{.h.}=\sum_{i=1}^{a}\sum_{j=1}^{n}y_{ihj}$；相应的均值 $\bar{y}_{.h.}=\sum_{i=1}^{a}\sum_{j=1}^{n}y_{ihj}/(a\times n)$

4. 所有观察值之和 $y_{...}=\sum_{i=1}^{a}\sum_{h=1}^{b}\sum_{j=1}^{n}y_{ihj}$；相应的均值 $\bar{y}_{...}=\sum_{i=1}^{a}\sum_{h=1}^{b}\sum_{j=1}^{n}y_{ihj}/(a\times b\times n)$

（2）数学模型

两因子完全随机设计中，任一实验结果（y_{ihj}）的数学模型可表示为：

$y_{ihj}=\mu+\alpha_i+\beta_h+(\alpha\beta)_{ih}+\varepsilon_{ihj}(i=1,2,\cdots,a;h=1,2,\cdots,b;j=1,2,\cdots,n)$

其中，μ 为总体均数；α_i 为 A_i 的效应；β_h 为 B_h 的效应；$(\alpha\beta)_{ih}$ 为 A_i 与 B_h 的交互效应：

$$\alpha_i=\mu_{i.}-\mu,\ \beta_h=\mu_{.h}-\mu,\ (\alpha\beta)_{ih}=\mu_{ih}-\mu_{i.}-\mu_{.h}+\mu$$

其中，$\mu_{i.}$、$\mu_{.h}$、μ_{ih} 分别为 A_i、B_h、A_iB_h 观测值总体均数，且满足：

$$\sum_{i=1}^{a}\alpha_i=0,\ \sum_{h=1}^{b}\beta_h=0,\ \sum_{i=1}^{a}(\alpha\beta)_{ih}=\sum_{h=1}^{b}(\alpha\beta)_{ih}=\sum_{i=1}^{a}\sum_{h=1}^{b}(\alpha\beta)_{ih}=0$$

ε_{ihj} 为随机误差，相互独立，且都服从 $N(0,\sigma^2)$。

（3）列方差分析表

见表 3-25。

表 3-25　方差分析表

变异来源	SS	df	MS	F	$F_{0.05}$	$F_{0.01}$
A	$SS_A=\sum_{i=1}^{a}y_{i..}^2/(b\times n)-CT$	$df_A=a-1$	$MS_A=SS_A/df_A$	MS_A/MS_e		
B	$SS_B=\sum_{h=1}^{b}y_{.h.}^2/(a\times n)-CT$	$df_B=b-1$	$MS_B=SS_B/df_B$	MS_B/MS_e		
A×B	$SS_{A\times B}=SS_{AB}-SS_A-SS_B$	$df_{A\times B}=(a-1)\times(b-1)$	$MS_{A\times B}=SS_{A\times B}/df_{A\times B}$	$MS_{A\times B}/MS_e$		
误差 e	$SS_e=SS_T-SS_{AB}$	$df_e=a\times b\times(n-1)$	$MS_e=SS_e/df_e$			
总变异	$SS_T=\sum_{i=1}^{a}\sum_{h=1}^{b}\sum_{j=1}^{n}y_{ihj}^2-CT$	$df_T=a\times b\times n-1$				

注：$CT=y_{...}^2/(a\times b\times n)$；$SS_{AB}=\sum_{i=1}^{a}\sum_{h=1}^{b}y_{ih.}^2/n-CT$，代表 AB 水平组合的偏差平方和，称为“次总（AB）”。

【例 3-4】数字控制器中安装的切割具有效寿命，与切割角度及切割速度有关。今选择三种角度和三种速度，作重复 2 次实验，方案设计及其结果见表 3-26。试进行方差分析，作多重比较，并最终建立多项式方程。

表 3-26 方案设计及其结果

切割角度(A)	切割速度(B)	重复观察值(y_{ihj})	
		1	2
15	125	−2	−1
	150	−3	0
	175	2	3
20	125	0	2
	150	1	3
	175	4	6
25	125	−1	0
	150	5	6
	175	0	−1

【解】(1) 方差分析

① 数据求和 见表 3-27。

表 3-27 数据求和

切割角度(A)	切割速度(B)	重复观察值(y_{ihj})		$y_{ih.}$	$y_{i..}$	$y_{.h.}$	$\bar{y}_{ih.}$	$\bar{y}_{i..}$	$\bar{y}_{.h.}$
		1	2						
15	125	−2	−1	−3		−2	−1.5		−0.33
	150	−3	0	−3	−1	12	−1.5	−0.17	2.00
	175	2	3	5		14	2.5		2.33
20	125	0	2	2			1.0		
	150	1	3	4	16		2.0	2.67	
	175	4	6	10		—	5.0		—
25	125	−1	0	−1			−0.5		
	150	5	6	11	9		5.5	1.50	
	175	0	−1	−1			−0.5		
总计				24($y_{...}$)			1.33($\bar{y}_{...}$)		

② 偏差平方和与自由度计算。

$$CT = y_{...}{}^2/(a \times b \times n) = 24^2/(3 \times 3 \times 2) = 32$$

$$SS_T = \sum_{i=1}^{a}\sum_{h=1}^{b}\sum_{j=1}^{n} y_{ihj}{}^2 - CT = (-2)^2 + (-3)^2 + \cdots + (-1)^2 - 32 = 124$$

$$df_T = 3 \times 3 \times 2 - 1 = 17$$

$$SS_{AB} = \sum_{i=1}^{a}\sum_{h=1}^{b} y_{ih.}{}^2/n - CT = [(-3)^2 + (-3)^2 + \cdots + (-1)^2]/2 - 32 = 111$$

$$SS_A=\sum_{i=1}^{a}y_{i..}{}^2/(b\times n)-CT=[(-1)^2+16^2+9^2]/(3\times 2)-32=24.33$$

$df_A=3-1=2$

$$SS_B=\sum_{h=1}^{b}y_{.h.}{}^2/(a\times n)-CT=[(-2)^2+12^2+14^2]/(3\times 2)-32=25.33$$

$df_B=3-1=2$

$SS_{A\times B}=SS_{AB}-SS_A-SS_B=111-24.33-25.33=61.34$；$df_{A\times B}=2\times 2=4$

$SS_e=SS_T-SS_{AB}=124-111=13$；$df_e=a\times b\times(n-1)=3\times 3\times(2-1)=9$

③ 列方差分析表，见表 3-28。

表 3-28 方差分析表

变异来源	SS	df	MS	F	$F_{0.05}$	$F_{0.01}$
切割角度 A	24.33	2	12.17	8.45**	4.2565	8.0215
切割速度 B	25.33	2	12.67	8.80**	4.2565	8.0215
交互作用 A×B	61.34	4	15.33	10.65**	3.6331	6.4221
误差 e	13	9	1.44			
总变异	124	17				

最终，根据 A×B 总数的大小，应选因子 A 为第 3 水平，因子 B 为第 2 水平。即：在实验范围内，最适条件为切割角度选 25，切割速度选 150，所得数字控制器中安装的切割具有效寿命最长。

④ 绘趋势图。

a. 各种切割速度下切割角度与单元平均值关系图，见图 3-1。

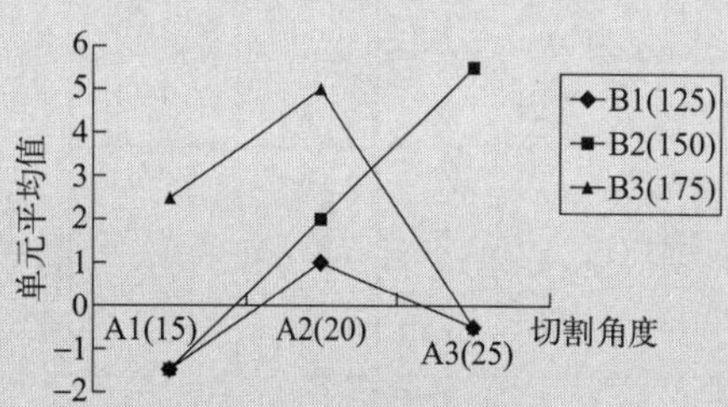

图 3-1 各种切割速度下切割角度与单元平均值关系图

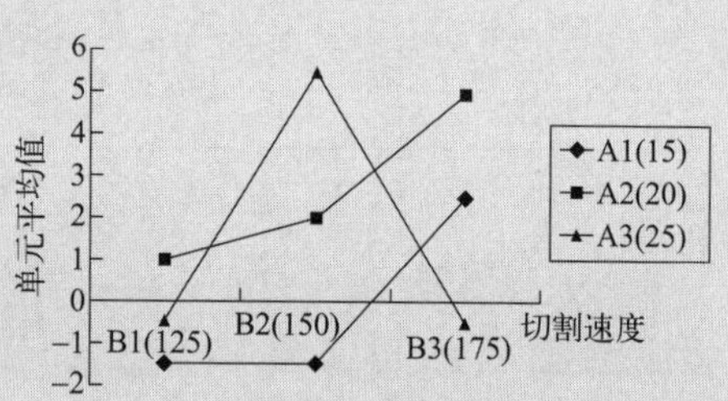

图 3-2 各种切割角度下切割速度与单元平均值关系图

b. 各种切割角度下切割速度与单元平均值关系图，见图 3-2。

通过方差分析及趋势图，可以得到：

ⅰ. 因子 A 与因子 B 两者之间存在交互作用；

ⅱ. 因子 A、B 且因子 A 与 B 之间交互作用均达到极显著；

ⅲ. 因子及交互作用的主次顺序依次为 A×B，B，A。

(2) 作多重比较

鉴于A、B和A×B处理均达到（极）显著，需对A、B和A×B作多重比较。

Ⅰ.对因子A作多重比较

① 列多重比较表。按 $\bar{y}_{i..}$ 大小，依次由上至下顺序排列因子A的处理号，计算差值，见表3-29。

表3-29 切割角度A的多重比较表（*SSR* 法）

A处理号	$\bar{y}_{i..}$	$\bar{y}_{i..}-(-0.17)$	$\bar{y}_{i..}-1.50$
A_2	2.67	2.84	1.17
A_3	1.50	1.67	
A_1	−0.17		

② 计算最小显著极差 *LSR*。

a. 依 $MS_e=1.44$，$n_a=b\times n=3\times2=6$，得 $S_{\bar{y}}=\sqrt{MS_e/n_a}=\sqrt{1.44/6}=0.49$。

b. 并据 $df_e=9$，秩次距 $k=2$，3，由附表7查 $\alpha=0.05$ 和 $\alpha=0.01$ 的 *SSR*，再乘以0.49，即得 *LSR*，见表3-30。

表3-30 *SSR* 值及 *LSR* 值

df_e	秩次距 k	$SSR_{0.05}$	$SSR_{0.01}$	$LSR_{0.05}$	$LSR_{0.01}$
9	2	3.20	4.60	1.57	2.25
	3	3.34	4.86	1.64	2.38

③ 检验：比较表3-29中差数与表3-30中相应的最小显著极差，标记检验结果，见表3-31。

表3-31 不同切割角度A对切割具有效寿命影响的多重比较结果表（*SSR* 法）

A处理号	$\bar{y}_{i..}$	$\bar{y}_{i..}-(-0.17)$	$\bar{y}_{i..}-1.50$
A_2	2.67	2.84**	1.17
A_3	1.50	1.67*	
A_1	−0.17		

Ⅱ.对因子B作多重比较

① 列多重比较表。按 $\bar{y}_{.h.}$ 大小，依次由上至下顺序排列因子B的处理号，计算差值，见表3-32。

表3-32 切割速度B的多重比较表（*SSR* 法）

B处理号	$\bar{y}_{.h.}$	$\bar{y}_{.h.}-(-0.33)$	$\bar{y}_{.h.}-2.00$
B_3	2.33	2.66	0.33
B_2	2.00	2.33	
B_1	−0.33		

② 计算最小显著极差 LSR。

a. 依 $MS_e=1.44$，$n_b=a\times n=3\times2=6$，得：$S_{\bar{y}}=\sqrt{MS_e/n_b}=\sqrt{1.44/6}=0.49$。

b. 并据 $df_e=9$，秩次距 $k=2$，3，由附表 7 查 $\alpha=0.05$ 和 $\alpha=0.01$ 的 SSR，再乘以 0.49，即得 LSR，见表 3-33。

表 3-33 SSR 值及 LSR 值

df_e	秩次距 k	$SSR_{0.05}$	$SSR_{0.01}$	$LSR_{0.05}$	$LSR_{0.01}$
9	2	3.20	4.60	1.57	2.25
	3	3.34	4.86	1.64	2.38

③ 检验：比较表 3-32 中差数与表 3-33 中相应的最小显著极差，标记检验结果，见表 3-34。

表 3-34 不同切割速度 B 对切割具有效寿命影响的多重比较结果表（SSR 法）

B处理号	$\bar{y}_{.h.}$	$\bar{y}_{.h.}-(-0.33)$	$\bar{y}_{.h.}-2.00$
B_3	2.33	2.66**	0.33
B_2	2.00	2.33**	
B_1	−0.33		

Ⅲ. 对交互作用 A×B 作多重比较

① 列多重比较表。按 $\bar{y}_{ih.}$ 大小，依次由上至下顺序排列组合 A×B 的处理号，计算差值，见表 3-35。

表 3-35 不同组合对切割具有效寿命影响的多重比较表（SSR 法）

处理组合	$\bar{y}_{ih.}$	$\bar{y}_{ih.}-(-1.5)$	$\bar{y}_{ih.}-(-1.5)$	$\bar{y}_{ih.}-(-0.5)$	$\bar{y}_{ih.}-(-0.5)$	$\bar{y}_{ih.}-1.0$	$\bar{y}_{ih.}-2.0$	$\bar{y}_{ih.}-2.5$	$\bar{y}_{ih.}-5.0$
A_3B_2	5.5	7.0	7.0	6.0	6.0	4.5	3.5	3.0	0.5
A_2B_3	5.0	6.5	6.5	5.5	5.5	4.0	3.0	2.5	
A_1B_3	2.5	4.0	4.0	3.0	3.0	1.5	0.5		
A_2B_2	2.0	3.5	3.5	2.5	2.5	1.0			
A_2B_1	1.0	2.5	2.5	1.5	1.5				
A_3B_1	−0.5	1.0	1.0	0.0					
A_3B_3	−0.5	1.0	1.0						
A_1B_1	−1.5	0.0							
A_1B_2	−1.5								

② 计算最小显著极差 LSR。

a. 依 $MS_e=1.44$，$n=2$，得 $S_{\bar{y}}=\sqrt{MS_e/n}=\sqrt{1.44/2}=0.85$。

b. 据 $df_e=9$，秩次距 $k=2$，3，…，9，由附表 7 查 $\alpha=0.05$ 和 $\alpha=0.01$ 的 SSR，再乘以 0.85，即得 LSR，见表 3-36。

表 3-36 *SSR* 值及 *LSR* 值

df_e	秩次距 k	$SSR_{0.05}$	$SSR_{0.01}$	$LSR_{0.05}$	$LSR_{0.01}$
9	2	3.20	4.60	2.72	3.91
	3	3.34	4.86	2.84	4.13
	4	3.41	4.99	2.90	4.24
	5	3.47	5.08	2.95	4.32
	6	3.50	5.17	2.98	4.39
	7	3.52	5.25	2.99	4.46
	8	3.52	5.32	2.99	4.52
	9	3.52	5.36	2.99	4.56

③ 检验：比较表 3-35 中差数与表 3-36 中相应的最小显著极差，标记检验结果，见表 3-37。

表 3-37 不同组合对切割具有效寿命影响的多重比较结果表（*SSR* 法）

处理组合	$\bar{y}_{ih.}$	$\bar{y}_{ih.}-(-1.5)$	$\bar{y}_{ih.}-(-1.5)$	$\bar{y}_{ih.}-(-0.5)$	$\bar{y}_{ih.}-(-0.5)$	$\bar{y}_{ih.}-1.0$	$\bar{y}_{ih.}-2.0$	$\bar{y}_{ih.}-2.5$	$\bar{y}_{ih.}-5.0$
A_3B_2	5.5	7.0**	7.0**	6.0**	6.0**	4.5**	3.5*	3.0*	0.5
A_2B_3	5.0	6.5**	6.5**	5.5**	5.5**	4.0*	3.0*	2.5	
A_1B_3	2.5	4.0*	4.0*	3.0*	3.0*	1.5	0.5		
A_2B_2	2.0	3.5*	3.5*	2.5	2.5	1.0			
A_2B_1	1.0	2.5	2.5	1.5	1.5				
A_3B_1	−0.5	1.0	1.0	0.0					
A_3B_3	−0.5	1.0	1.0						
A_1B_1	−1.5	0.0							
A_1B_2	−1.5								

多重比较结果表明：

a. 就切割角度 A 而言，除 A_2 与 A_3 差异不显著之外，其余均达到差异显著或极显著。

b. 就切割速度 B 而言，除 B_2 与 B_3 差异不显著之外，其余均达到差异极显著。

c. 就切割角度与切割速度两者共 36 个组合而言，彼此之间有 19 个组合达到显著或极显著，余下 17 个则并没有达到显著，具体的显著性差异情况参见表 3-37。

(3) 构建数学模型

拟构建的多项式方程可描述为：

$$y=\alpha_0+\alpha_{AL}p_1(x_1)+\alpha_{BL}p_1(x_2)+\alpha_{AQ}p_2(x_1)+\alpha_{BQ}p_2(x_2)+$$
$$\alpha_{AL\times BL}p_1(x_1)p_1(x_2)+\alpha_{AL\times BQ}p_1(x_1)p_2(x_2)+$$
$$\alpha_{AQ\times BL}p_2(x_1)p_1(x_2)+\alpha_{AQ\times BQ}p_2(x_1)p_2(x_2)+\varepsilon$$

① 因子的多项式效应，见表 3-38。

表 3-38　因子的多项式效应

切割角度 A($y_{i..}$)	正交对比系数 C		切割速度 B($y_{.h.}$)	正交对比系数 C	
	一次	二次		一次	二次
−1	−1	1	−2	−1	1
16	0	−2	12	0	−2
9	1	1	14	1	1
正交对比系数平方和 $Q_C=\sum C^2$	2	6	正交对比系数平方和 $Q_C=\sum C^2$	2	6
常数值 λ	1	3	常数值 λ	1	3
效应 $E=\sum_{i=1}^{a} y_{i..}\times C$	10	−24	效应 $E=\sum_{h=1}^{b} y_{.h.}\times C$	16	−12
平方和 $SS=E^2/(n_a\times Q_C)$	8.33	16	平方和 $SS=E^2/(n_b\times Q_C)$	21.33	4
模型参数 $\alpha=E/(n_a\times Q_C)$	0.83	−0.67	模型参数 $\alpha=E/(n_b\times Q_C)$	1.33	−0.33

② 交互作用的多项式效应，见表 3-39。

表 3-39　交互作用的多项式效应

$A_L\times B_L$ 交互作用系数 C						
$y_{ih.}$			A_L	B_L		
				−1	0	1
−3	−3	5	−1	1	0	−1
2	4	10	0	0	0	0
−1	11	−1	1	−1	0	1
正交对比系数平方和 $Q_C=\sum C^2$			4			
效应 $E_{AL\times BL}=\sum C\cdot y_{ih.}$			−8			
平方和 $SS_{(AL\times BL)}=E_{AL\times BL}{}^2/(n\times Q_C)$			8			
模型参数 $\alpha_{(AL\times BL)}=E_{AL\times BL}/(n\times Q_C)$			−1			

$A_L\times B_Q$ 交互作用系数 C						
$y_{ih.}$			A_L	B_Q		
				1	−2	1
−3	−3	5	−1	−1	2	−1
2	4	10	0	0	0	0
−1	11	−1	1	1	−2	1
正交对比系数平方和 $Q_C=\sum C^2$			12			
效应 $E_{AL\times BQ}=\sum C\cdot y_{ih.}$			−32			
平方和 $SS_{(AL\times BQ)}=E_{AL\times BQ}{}^2/(n\times Q_C)$			42.67			
模型参数 $\alpha_{(AL\times BQ)}=E_{AL\times BQ}/(n\times Q_C)$			−1.33			

$A_Q\times B_L$ 交互作用系数 C						
$y_{ih.}$			A_Q	B_L		
				−1	0	1
−3	−3	5	1	−1	0	1
2	4	10	−2	2	0	−2
−1	11	−1	1	−1	0	1
正交对比系数平方和 $Q_C=\sum C^2$			12			
效应 $E_{AQ\times BL}=\sum C\cdot y_{ih.}$			−8			
平方和 $SS_{(AQ\times BL)}=E_{AQ\times BL}{}^2/(n\times Q_C)$			2.67			
模型参数 $\alpha_{(AQ\times BL)}=E_{AQ\times BL}/(n\times Q_C)$			−0.33			

$A_Q\times B_Q$ 交互作用系数 C						
$y_{ih.}$			A_Q	B_Q		
				1	−2	1
−3	−3	5	1	1	−2	1
2	4	10	−2	−2	4	−2
−1	11	−1	1	1	−2	1
正交对比系数平方和 $Q_C=\sum C^2$			36			
效应 $E_{AQ\times BQ}=\sum C\cdot y_{ih.}$			−24			
平方和 $SS_{(AQ\times BQ)}=E_{AQ\times BQ}{}^2/(n\times Q_C)$			8			
模型参数 $\alpha_{(AQ\times BQ)}=E_{AQ\times BQ}/(n\times Q_C)$			−0.33			

③ 列拓展的方差分析表，见表 3-40。

表 3-40 拓展的方差分析表

变异来源	SS	df	MS	F	$F_{0.05}$	$F_{0.01}$
切割角度 A	24.33	2	12.17	8.45**	4.2565	8.0215
A_L	8.33	1	8.33	5.78*	5.1174	10.5614
A_Q	16	1	16	11.11**	5.1174	10.5614
切割速度 B	25.33	2	12.67	8.80**	4.2565	8.0215
B_L	21.33	1	21.33	14.81**	5.1174	10.5614
B_Q	4	1	4	2.78	5.1174	10.5614
交互作用 A×B	61.34	4	15.33	10.65**	3.6331	6.4221
$A_L\times B_L$	8	1	8	5.56*	5.1174	10.5614
$A_L\times B_Q$	42.67	1	42.67	29.63**	5.1174	10.5614
$A_Q\times B_L$	2.67	1	2.67	1.85	5.1174	10.5614
$A_Q\times B_Q$	8	1	8	5.56*	5.1174	10.5614
误差	13	9	1.44			
总变异	124	17				

④ 多项式方程的优化选择及其构建。

拓展的方差分析结果表明：B_Q、$A_Q\times B_L$ 并未达到显著，可忽略不计。因此，拟建的多项式方程可简化为：

$$y=\alpha_0+\alpha_{AL}p_1(x_1)+\alpha_{BL}p_1(x_2)+\alpha_{AQ}p_2(x_1)+\alpha_{AL\times BL}p_1(x_1)p_1(x_2)+\alpha_{AL\times BQ}p_1(x_1)p_2(x_2)+\alpha_{AQ\times BQ}p_2(x_1)p_2(x_2)+\varepsilon$$

其中，$\alpha_0=\bar{y}_{\dots}=y_{\dots}/(a\times b\times n)=24/(3\times3\times2)=1.33$；

$\alpha_{AL}=0.83$；$\alpha_{BL}=1.33$；$\alpha_{AQ}=-0.67$；$\alpha_{AL\times BL}=-1$；

$\alpha_{AL\times BQ}=-1.33$；$\alpha_{AQ\times BQ}=-0.33$；

$p_1(x_1)=\lambda_1(x_1-\bar{x}_1)/d_1=1\times(x_1-20)/5=0.2x_1-4$；

$p_1(x_2)=\lambda_1(x_2-\bar{x}_2)/d_2=1\times(x_2-150)/25=0.04x_2-6$；

$$p_2(x_1)=\lambda_2\{[(x_1-\bar{x}_1)/d_1]^2-(3^2-1)/12\}=3\times\{[(x_1-20)/5]^2-(3^2-1)/12\}=0.12{x_1}^2-4.8x_1+46;$$

$$p_2(x_2)=\lambda_2\{[(x_2-\bar{x}_2)/d_2]^2-(3^2-1)/12\}=3\times\{[(x_2-150)/25]^2-(3^2-1)/12\}=0.0048{x_2}^2-1.44x_2+106。$$

将上述参数或式子代入简化的多项式方程，得：

$$\hat{y}=1.33+0.83\times(0.2x_1-4)+1.33\times(0.04x_2-6)+(-0.67)\times(0.12{x_1}^2-4.8x_1+46)+(-1)\times(0.2x_1-4)\times(0.04x_2-6)+(-1.33)\times(0.2x_1-4)\times(0.0048{x_2}^2-1.44x_2+106)+(-0.33)\times(0.12{x_1}^2-4.8x_1+46)\times(0.0048{x_2}^2-1.44x_2+106)$$

整理得：

$$\hat{y}=-0.00019{x_1}^2{x_2}^2+0.057{x_1}^2x_2+0.0064x_1{x_2}^2-4.278{x_1}^2-0.0473{x_2}^2-1.906x_1x_2+14.412x_2+134.29x_1-1109.95$$

可利用 Excel 分析工具库直接进行回归分析构建多项式方程。参见第 7 章相关内容。

3.2.2 两因子随机区组设计及其方差分析

（1）资料模式

设 A 因子有 a 种水平，B 因子有 b 种水平，含有 $a \times b$ 种完全组合，即有 $a \times b$ 个处理。区组 R 有 q 个，每一处理随机分配在 q 个区组内，共有 $a \times b \times q$ 个观察值，其资料模式见表 3-41。

表 3-41 两因子随机区组设计资料模式

因子 A	因子 B	区组观察值(y_{ihj})						$y_{ih.}$	$y_{i..}$	$y_{.h.}$	$\bar{y}_{ih.}$	$\bar{y}_{i..}$	$\bar{y}_{.h.}$
		Ⅰ	Ⅱ	…	j	…	q						
	B_1	$y_{11Ⅰ}$	$y_{11Ⅱ}$	…	y_{11j}	…	y_{11q}	$y_{11.}$		$y_{.1.}$	$\bar{y}_{11.}$		$\bar{y}_{.1.}$
	B_2	$y_{12Ⅰ}$	$y_{12Ⅱ}$	…	y_{12j}	…	y_{12q}	$y_{12.}$		$y_{.2.}$	$\bar{y}_{12.}$		$\bar{y}_{.2.}$
	⋮	⋮	⋮	…	⋮	…	⋮	⋮		⋮	⋮		⋮
A_1	B_h	$y_{1hⅠ}$	$y_{1hⅡ}$	…	y_{1hj}	…	y_{1hq}	$y_{1h.}$	$y_{1..}$	$y_{.h.}$	$\bar{y}_{1h.}$	$\bar{y}_{1..}$	$\bar{y}_{.h.}$
	⋮	⋮	⋮	…	⋮	…	⋮	⋮		⋮	⋮		⋮
	B_b	$y_{1bⅠ}$	$y_{1bⅡ}$	…	y_{1bj}	…	y_{1bq}	$y_{1b.}$		$y_{.b.}$	$\bar{y}_{1b.}$		$\bar{y}_{.b.}$
	B_1	$y_{21Ⅰ}$	$y_{21Ⅱ}$	…	y_{21j}	…	y_{21q}	$y_{21.}$			$\bar{y}_{21.}$		
	B_2	$y_{22Ⅰ}$	$y_{22Ⅱ}$	…	y_{22j}	…	y_{22q}	$y_{22.}$			$\bar{y}_{22.}$		
	⋮	⋮	⋮	…	⋮	…	⋮	⋮			⋮		
A_2	B_h	$y_{2hⅠ}$	$y_{2hⅡ}$	…	y_{2hj}	…	y_{2hq}	$y_{2h.}$	$y_{2..}$		$\bar{y}_{2h.}$	$\bar{y}_{2..}$	
	⋮	⋮	⋮	…	⋮	…	⋮	⋮			⋮		
	B_b	$y_{2bⅠ}$	$y_{2bⅡ}$	…	y_{2bj}	…	y_{2bq}	$y_{2b.}$			$\bar{y}_{2b.}$		
⋮	⋮	⋮	⋮	…	⋮	…	⋮	⋮	⋮		⋮	⋮	
	B_1	$y_{i1Ⅰ}$	$y_{i1Ⅱ}$	…	y_{i1j}	…	y_{i1q}	$y_{i1.}$			$\bar{y}_{i1.}$		
	B_2	$y_{i2Ⅰ}$	$y_{i2Ⅱ}$	…	y_{i2j}	…	y_{i2q}	$y_{i2.}$			$\bar{y}_{i2.}$		
	⋮	⋮	⋮	…	⋮	…	⋮	⋮			⋮		
A_i	B_h	$y_{ihⅠ}$	$y_{ihⅡ}$	…	y_{ihj}	…	y_{ihq}	$y_{ih.}$	$y_{i..}$	—	$\bar{y}_{ih.}$	$\bar{y}_{i..}$	—
	⋮	⋮	⋮	…	⋮	…	⋮	⋮			⋮		
	B_b	$y_{ibⅠ}$	$y_{ibⅡ}$	…	y_{ibj}	…	y_{ibq}	$y_{ib.}$			$\bar{y}_{ib.}$		
⋮	⋮	⋮	⋮	…	⋮	…	⋮	⋮	⋮		⋮	⋮	
	B_1	$y_{a1Ⅰ}$	$y_{a1Ⅱ}$	…	y_{a1j}	…	y_{a1q}	$y_{a1.}$			$\bar{y}_{a1.}$		
	B_2	$y_{a2Ⅰ}$	$y_{a2Ⅱ}$	…	y_{a2j}	…	y_{a2q}	$y_{a2.}$			$\bar{y}_{a2.}$		
	⋮	⋮	⋮	…	⋮	…	⋮	⋮			⋮		
A_a	B_h	$y_{ahⅠ}$	$y_{ahⅡ}$	…	y_{ahj}	…	y_{ahq}	$y_{ah.}$	$y_{a..}$		$\bar{y}_{ah.}$	$\bar{y}_{a..}$	
	⋮	⋮	⋮	…	⋮	…	⋮	⋮			⋮		
	B_b	$y_{abⅠ}$	$y_{abⅡ}$	…	y_{abj}	…	y_{abq}	$y_{ab.}$			$\bar{y}_{ab.}$		
总计		$y_{..Ⅰ}$	$y_{..Ⅱ}$	…	$y_{..j}$	…	$y_{..q}$	$y_{...}$			$\bar{y}_{...}$		

(2) 数学模型

两因子随机区组设计中，任一实验结果（y_{ihj}）的数学模型可表示为：

$$y_{ihj}=\mu+\alpha_i+\beta_h+(\alpha\beta)_{ih}+q_j+\varepsilon_{ihj}$$
$$(i=1,2,\cdots,a;\ h=1,2,\cdots,b;\ j=1,2,\cdots,q)$$

其中，μ 为总体均数；α_i 为 A_i 的效应；β_h 为 B_h 的效应；$(\alpha\beta)_{ih}$ 为 A_i 与 B_h 的交互效应；q_j 为区组效应；ε_{ihj} 为随机误差，相互独立，且都服从 $N(0,\sigma^2)$。

(3) 列方差分析表

见表 3-42。

表 3-42 方差分析表

变异来源	SS	df	MS	F	$F_{0.05}$	$F_{0.01}$
区组	$SS_q=\sum_{j=1}^{q}y_{..j}^2/(a\times b)-CT$	$df_q=q-1$	$MS_q=SS_q/df_q$	MS_q/MS_e		
A	$SS_A=\sum_{i=1}^{a}y_{i..}^2/(b\times q)-CT$	$df_A=a-1$	$MS_A=SS_A/df_A$	MS_A/MS_e		
B	$SS_B=\sum_{h=1}^{b}y_{.h.}^2/(a\times q)-CT$	$df_B=b-1$	$MS_B=SS_B/df_B$	MS_B/MS_e		
A×B	$SS_{A\times B}=SS_{AB}-SS_A-SS_B$	$df_{A\times B}=(a-1)\times(b-1)$	$MS_{A\times B}=SS_{A\times B}/df_{A\times B}$	$MS_{A\times B}/MS_e$		
误差 e	$SS_e=SS_T-SS_q-SS_{AB}$	$df_e=(a\times b-1)\times(q-1)$	$MS_e=SS_e/df_e$			
总变异	$SS_T=\sum_{i=1}^{a}\sum_{h=1}^{b}\sum_{j=1}^{q}y_{ihj}^2-CT$	$df_T=a\times b\times q-1$				

注：$CT=y_{...}^2/(a\times b\times q)$；$SS_{AB}=\sum_{i=1}^{a}\sum_{h=1}^{b}y_{ih.}^2/q-CT$。

【例 3-5】某天然橡胶材料硫化促进剂并用配方实验，选取 3 种促进剂 A（A_1、A_2、A_3）与 4 种促进剂 B（B_1、B_2、B_3、B_4）完全搭配共有 12 种处理组合，检测所得胶膜性能（以 300%定伸应力计，MPa）。以不同批次天然橡胶原料进行随机区组设计，重复 3 次，每批实验量为 12.0kg。具体实验方案设计及其结果见表 3-43 所示。试进行方差分析，并作多重比较。

表 3-43 实验方案设计及其结果

促进剂 A	促进剂 B	区组观察值（300%定伸应力 y_{ihj}）/MPa		
		Ⅰ	Ⅱ	Ⅲ
A_1	B_1	5.0	5.1	4.9
	B_2	5.3	5.4	5.2
	B_3	5.6	5.7	5.4
	B_4	5.3	5.2	5.6
A_2	B_1	4.6	4.6	4.8
	B_2	5.6	5.4	5.2
	B_3	5.8	5.9	5.9
	B_4	5.4	5.1	5.0

续表

促进剂 A	促进剂 B	区组观察值(300%定伸应力 y_{ihj})/MPa		
		Ⅰ	Ⅱ	Ⅲ
A_3	B_1	4.6	4.4	4.8
	B_2	5.9	5.2	6.0
	B_3	7.4	6.2	7.0
	B_4	5.4	5.4	4.6

【解】(1) 方差分析

① 相关数据计算，见表 3-44。

表 3-44　相关数据计算

促进剂 A	促进剂 B	区组观察值(300%定伸应力 y_{ihj})/MPa			$y_{ih.}$	$y_{i..}$	$y_{.h.}$	$\bar{y}_{ih.}$	$\bar{y}_{i..}$	$\bar{y}_{.h.}$
		Ⅰ	Ⅱ	Ⅲ						
A_1	B_1	5.0	5.1	4.9	15.0	63.7	42.8	5.00	5.31	4.76
	B_2	5.3	5.4	5.2	15.9		49.2	5.30		5.47
	B_3	5.6	5.7	5.4	16.7		54.9	5.57		6.10
	B_4	5.3	5.2	5.6	16.1		47.0	5.37		5.22
A_2	B_1	4.6	4.6	4.8	14.0	63.3	—	4.67	5.28	—
	B_2	5.6	5.4	5.2	16.2			5.40		
	B_3	5.8	5.9	5.9	17.6			5.87		
	B_4	5.4	5.1	5.0	15.5			5.17		
A_3	B_1	4.6	4.4	4.8	13.8	66.9		4.60	5.58	
	B_2	5.9	5.2	6.0	17.1			5.70		
	B_3	7.4	6.2	7.0	20.6			6.87		
	B_4	5.4	5.4	4.6	15.4			5.13		
$y_{..j}$		65.9	63.6	64.4	193.9($y_{...}$)			5.39($\bar{y}_{...}$)		

② 偏差平方和与自由度计算。

$$CT = y_{...}^2/(a\times b\times q) = 193.9^2/(3\times 4\times 3) = 1044.37$$

$$SS_T = \sum_{i=1}^{a}\sum_{h=1}^{b}\sum_{j=1}^{q} y_{ihj}{}^2 - CT = 5.0^2 + 5.1^2 + \cdots + 4.6^2 - 1044.37 = 13.88$$

$$df_T = a\times b\times q - 1 = 3\times 4\times 3 - 1 = 35$$

$$SS_{AB} = \sum_{i=1}^{a}\sum_{h=1}^{b} y_{ih.}{}^2/q - CT = (15.0^2 + 15.9^2 + \cdots + 15.4^2)/3 - 1044.37 = 11.88$$

$$SS_q = \sum_{j=1}^{q} y_{..j}{}^2/(a\times b) - CT = (65.9^2 + 63.6^2 + 64.4^2)/(3\times 4) - 1044.37 =$$

$0.23 df_q = q - 1 = 3 - 1 = 2$

$$SS_A=\sum_{i=1}^{a}y_{i..}{}^2/(b\times q)-CT=(63.7^2+63.3^2+66.9^2)/(4\times 3)-1044.37=0.65$$

$df_A=a-1=3-1=2$

$$SS_B=\sum_{h=1}^{b}y_{.h.}{}^2/(a\times q)-CT=(42.8^2+49.2^2+54.9^2+47.0^2)/(3\times 3)-1044.37=8.46$$

$df_B=b-1=4-1=3$

$SS_{A\times B}=SS_{AB}-SS_A-SS_B=11.88-0.65-8.46=2.77$

$df_{A\times B}=(a-1)\times(b-1)=(3-1)\times(4-1)=6$

$SS_e=SS_T-SS_q-SS_{AB}=13.88-0.23-11.88=1.77$

$df_e=(a\times b-1)\times(q-1)=(3\times 4-1)\times(3-1)=22$

③ 列方差分析表，见表 3-45。

表 3-45 方差分析表

变异来源	SS	df	MS	F	$F_{0.05}$	$F_{0.01}$
区组间	0.23	2	0.12	1.50	3.4434	5.7190
处理间：						
A	0.65	2	0.33	4.13*	3.4434	5.7190
B	8.46	3	2.82	35.25**	3.0491	4.8166
A×B	2.77	6	0.46	5.75**	2.5491	3.7583
误差 e	1.77	22	0.08			
总变异	13.88	35				

结果表明：促进剂 A、促进剂 B 分别对 300%定伸应力有显著、极显著影响，且两者之间存在极显著的交互效应；而不同批次原料间的差异对 300%定伸应力而言并未达到显著。

(2) 多重比较

因 A、B 和 A×B 均达到（极）显著，需对 A、B 和 A×B 进一步作多重比较。

a. 对 A 作多重比较。

第一步对 A 处理号，按所得均数 $\bar{y}_{i..}$ 的大小顺序，依次由上至下顺序排列，计算差数，列多重比较设计表，见表 3-46。

表 3-46 促进剂 A 的多重比较设计（*SSR* 法）

A 处理号	$\bar{y}_{i..}$	$\bar{y}_{i..}-5.28$	$\bar{y}_{i..}-5.31$
A_3	5.58	0.30	0.27
A_1	5.31	0.03	
A_2	5.28		

第二步依 $MS_e=0.08$，$b\times q=12$，得 $S_{\bar{y}}=\sqrt{MS_e/(b\times q)}=\sqrt{0.08/12}=0.08$

并据 $df_e=22$，秩次距 $k=2$，3，由附表 7 查 $\alpha=0.05$ 和 $\alpha=0.01$ 的 SSR，再乘以 0.08，即得 LSR，见表 3-47。

表 3-47 *SSR* 值及 *LSR* 值

df_e	秩次距 k	$SSR_{0.05}$	$SSR_{0.01}$	$LSR_{0.05}$	$LSR_{0.01}$
22	2	2.93	3.99	0.23	0.32
	3	3.08	4.17	0.25	0.33

第三步检验：比较表 3-46 中差数与表 3-47 中相应的最小显著极差，标记检验结果，见表 3-48。

表 3-48 促进剂 A 的多重比较设计（*SSR* 法）

A 处理号	$\bar{y}_{i..}$	$\bar{y}_{i..}-5.28$	$\bar{y}_{i..}-5.31$
A_3	5.58	0.30*	0.27*
A_1	5.31	0.03	
A_2	5.28		

结果表明：除 A_1 与 A_2 之间的差异未达到显著外，其余各均数之间的差异均达显著。

b. 对 B 作多重比较。

第一步对 B 处理号，按所得均数 $\bar{y}_{.h.}$ 的大小顺序，依次由上至下顺序排列，计算差数，列多重比较设计表，见表 3-49。

表 3-49 促进剂 B 的多重比较设计（*SSR* 法）

B 处理号	$\bar{y}_{.h.}$	$\bar{y}_{.h.}-4.76$	$\bar{y}_{.h.}-5.22$	$\bar{y}_{.h.}-5.47$
B_3	6.10	1.34	0.88	0.63
B_2	5.47	0.71	0.25	
B_4	5.22	0.46		
B_1	4.76			

第二步依 $MS_e=0.08$，$a\times q=9$，得 $S_{\bar{y}}=\sqrt{MS_e/(a\times q)}=\sqrt{0.08/9}=0.09$

并据 $df_e=22$，秩次距 $k=2$，3，4，由附表 7 查 $\alpha=0.05$ 和 $\alpha=0.01$ 的 *SSR*，再乘以 0.09，即得 *LSR*，见表 3-50。

表 3-50 *SSR* 值及 *LSR* 值

df_e	秩次距 k	$SSR_{0.05}$	$SSR_{0.01}$	$LSR_{0.05}$	$LSR_{0.01}$
22	2	2.93	3.99	0.26	0.36
	3	3.08	4.17	0.28	0.38
	4	3.17	4.28	0.29	0.39

第三步检验：比较表 3-49 中差数与表 3-50 中相应的最小显著极差，标记检验结果，见表 3-51。

表 3-51 促进剂 B 的多重比较结果（*SSR* 法）

B处理号	$\bar{y}_{.h.}$	$\bar{y}_{.h.}-4.76$	$\bar{y}_{.h.}-5.22$	$\bar{y}_{.h.}-5.47$
B_3	6.10	1.34**	0.88**	0.63**
B_2	5.47	0.71**	0.25	
B_4	5.22	0.46**		
B_1	4.76			

结果表明：除 B_2 与 B_4 之间的差异未达到显著外，其余各均数之间的差异均达极显著。

c. 对 A_i 中的 B 间作多重比较。

第一步相关数据计算。

依 $MS_e=0.08$，$q=3$，得 $S_y=\sqrt{MS_e/q}=\sqrt{0.08/3}=0.16$

并据 $df_e=22$，秩次距 $k=2$，3，4，由附表 7 查 $\alpha=0.05$ 和 $\alpha=0.01$ 的 *SSR*，再乘以 0.16，即得 *LSR*，见表 3-52。

表 3-52 *SSR* 值及 *LSR* 值

df_e	秩次距 k	$SSR_{0.05}$	$SSR_{0.01}$	$LSR_{0.05}$	$LSR_{0.01}$
22	2	2.93	3.99	0.47	0.64
	3	3.08	4.17	0.49	0.67
	4	3.17	4.28	0.51	0.68

第二步判断促进剂 A_1 下，促进剂 B_h 间显著性差异，见表 3-53。

表 3-53 促进剂 A_1 下，促进剂 B_h 间的多重比较设计及其结果（*SSR* 法）

处理号	$\bar{y}_{1h.}$	$\bar{y}_{1h.}-5.00$	$\bar{y}_{1h.}-5.30$	$\bar{y}_{1h.}-5.37$
B_3	5.57	0.57*	0.27	0.20
B_4	5.37	0.37	0.07	
B_2	5.30	0.30		
B_1	5.00			

结果表明：A_1 下，只有 B_3 与 B_1 之间的差异达到显著，而其余各均数之间的差异均未达到显著。

第三步判断促进剂 A_2 下，促进剂 B_h 间显著性差异，见表 3-54。

表 3-54 促进剂 A_2 下，促进剂 B_h 间的多重比较设计及其结果（*SSR* 法）

处理号	$\bar{y}_{2h.}$	$\bar{y}_{2h.}-4.67$	$\bar{y}_{2h.}-5.17$	$\bar{y}_{2h.}-5.40$
B_3	5.87	1.20**	0.70**	0.47
B_2	5.40	0.73**	0.23	
B_4	5.17	0.50*		
B_1	4.67			

结果表明：A_2 下，除 B_2 与 B_4、B_3 与 B_2 之间的差异未达到显著外，其余各均数之间的差异均达到（极）显著。

第四步判断促进剂 A_3 下，促进剂 B_h 间显著性差异，见表 3-55。

表 3-55 促进剂 A_3 下，促进剂 B_h 间的多重比较设计及其结果（*SSR* 法）

处理号	$\bar{y}_{3h.}$	$\bar{y}_{3h.}-4.60$	$\bar{y}_{3h.}-5.13$	$\bar{y}_{3h.}-5.70$
B_3	6.87	2.27**	1.74**	1.17**
B_2	5.70	1.10**	0.57*	
B_4	5.13	0.53*		
B_1	4.60			

结果表明：A_3 下，B 的不同水平彼此之间的差异均达到（极）显著。

d. 所有组合间的多重比较。

第一步相关数据计算。

依 $MS_e=0.08$，$q=3$，得 $S_{\bar{y}}=\sqrt{MS_e/q}=\sqrt{0.08/3}=0.16$

并据 $df_e=22$，秩次距 $k=2$，3，…，12，由附表 7 查 $\alpha=0.05$ 和 $\alpha=0.01$ 的 *SSR*，再乘以 0.16，即得 *LSR*，见表 3-56。

表 3-56 *SSR* 值及 *LSR* 值

df_e	秩次距 k	$SSR_{0.05}$	$SSR_{0.01}$	$LSR_{0.05}$	$LSR_{0.01}$
22	2	2.93	3.99	0.47	0.64
	3	3.08	4.17	0.49	0.67
	4	3.17	4.28	0.51	0.68
	5	3.24	4.36	0.52	0.70
	6	3.29	4.42	0.53	0.71
	7	3.32	4.48	0.53	0.72
	8	3.35	4.53	0.54	0.72
	9	3.37	4.57	0.54	0.73
	10	3.39	4.60	0.54	0.74
	11	3.41	4.63	0.55	0.74
	12	3.42	4.65	0.55	0.74

第二步判断所有组合间的显著性差异，见表 3-57。

表 3-57 所有组合间的多重比较设计及其结果（*SSR* 法）

处理组合	$\bar{y}_{ih.}$	$\bar{y}_{ih.}-4.60$	$\bar{y}_{ih.}-4.67$	$\bar{y}_{ih.}-5.00$	$\bar{y}_{ih.}-5.13$	$\bar{y}_{ih.}-5.17$	$\bar{y}_{ih.}-5.30$	$\bar{y}_{ih.}-5.37$	$\bar{y}_{ih.}-5.40$	$\bar{y}_{ih.}-5.57$	$\bar{y}_{ih.}-5.70$	$\bar{y}_{ih.}-5.87$
A_3B_3	6.87	2.27**	2.20**	1.87**	1.74**	1.70**	1.57**	1.50**	1.47**	1.30**	1.17**	1.00**
A_2B_3	5.87	1.27**	1.20**	0.87**	0.74*	0.70*	0.57*	0.50	0.47	0.30	0.17	
A_3B_2	5.70	1.10**	1.03**	0.70*	0.57*	0.53	0.40	0.33	0.30	0.13		
A_1B_3	5.57	0.97**	0.90**	0.57*	0.44	0.40	0.27	0.20	0.17			

续表

处理组合	$\bar{y}_{ih.}$	$\bar{y}_{ih.}-4.60$	$\bar{y}_{ih.}-4.67$	$\bar{y}_{ih.}-5.00$	$\bar{y}_{ih.}-5.13$	$\bar{y}_{ih.}-5.17$	$\bar{y}_{ih.}-5.30$	$\bar{y}_{ih.}-5.37$	$\bar{y}_{ih.}-5.40$	$\bar{y}_{ih.}-5.57$	$\bar{y}_{ih.}-5.70$	$\bar{y}_{ih.}-5.87$
A_2B_2	5.40	0.80**	0.73*	0.40	0.27	0.23	0.10	0.03				
A_1B_4	5.37	0.77**	0.70*	0.37	0.24	0.20	0.07					
A_1B_2	5.30	0.70*	0.63*	0.30	0.17	0.13						
A_2B_4	5.17	0.57*	0.50	0.17	0.04							
A_3B_4	5.13	0.53*	0.46	0.13								
A_1B_1	5.00	0.40	0.33									
A_2B_1	4.67	0.07										
A_3B_1	4.60											

至于三因子及更多因子实验设计及其方差分析，因方案设计及其处理过程过于复杂而多采用后续章节介绍的正交实验设计或均匀实验设计等不完全实验设计方法。

思考题

s3-1 对于 k（$k\geqslant3$）个样本均数，能否仍套用 u 或 t 检验进行两两独立比较？为什么？

s3-2 查阅文献资料，完全随机化设计与随机完全区组设计有何异同？

s3-3 关于方差分析，是基于什么原因而提出的，并由谁提出？其基本思想方法及实质是什么？使用方差分析，必须满足哪些条件？

s3-4 方差分析时，如何理解总变异的分解问题？

习题

x3-1 以吸光度为考察指标，研究无机絮凝剂（三氯化铁）用量（x，mL）对天然橡胶加工废水脱色效果（吸光度 y，×100）的影响，实验结果如表 1 所示。

（1）推断三氯化铁用量是否对吸光度有显著影响？

（2）作新复极差法，检验三氯化铁用量之间是否存在差异？

（3）对实验资料作反应曲线拟合，建立三氯化铁用量与吸光度之间的数学模型。

表 1 三氯化铁用量对天然橡胶加工废水脱色效果（吸光度）的影响

实验号(i)	三氯化铁用量(x_i)/mL	重复观察值(吸光度 y_{ij},×100)				
		1	2	3	4	5
1	2.0	15	20	20	20	25
2	4.0	5	15	10	15	15
3	6.0	10	10	5	5	5
4	8.0	15	5	10	10	10
5	10.0	10	15	10	10	10

x3-2 为了研究纳米粒子改性天然橡胶的效果，着重考察纳米粒子用量对所得改性天然橡胶硫化胶膜性能（以撕裂强度为考察指标）的影响，并以不同天然橡胶来源作为区组，采用随机区组化重复实验设计，具体结果见表2。

表2 纳米粒子改性天然橡胶的效果

实验号(i)	纳米粒子用量(x_i)/%	区组观察值(撕裂强度 y_{ij})/(kN/m)					
		Ⅰ	Ⅱ	Ⅲ	Ⅳ	Ⅴ	Ⅵ
1	1.5	17	18	25	22	19	20
2	2.0	22	27	32	28	28	29
3	2.5	24	28	28	29	29	27
4	3.0	29	35	32	30	33	34
5	3.5	17	20	21	25	21	21

(1) 推断纳米粒子用量是否对所得硫化胶膜的撕裂强度有显著影响？并指出不同天然橡胶来源之间是否有差异？

(2) 对实验资料作反应曲线拟合，建立纳米粒子用量与撕裂强度之间的数学模型。

x3-3 为研究胶乳制品硫化配方中促M与BZ并用对其硫化胶膜性能的影响，将促M(A)与BZ(B)在硫化配方中的含量各分4个水平进行完全随机化实验。取48kg浓缩胶乳，随机分成16组，每组3kg，用硫磺含量及工艺条件相同的硫化体系在促M与BZ并用不同搭配下进行硫化实验，所得硫化胶膜性能（拉伸强度，MPa）见表3。试采用方差分析胶乳制品硫化配方中促M与BZ并用对其硫化胶膜性能（拉伸强度，MPa）的影响，指出因子及其交互作用的显著性，确定最适水平组合，指出优化方案；绘制趋势图，并最终建立数学模型。

表3 硫化配方中促M与BZ并用对天然橡胶硫化胶膜性能（拉伸强度，MPa）的影响

促M(A)	促BZ(B)	重复观察值(拉伸强度 y_{ihj})/MPa		
		1	2	3
A_1(1.0)	B_1(0.8)	23.5	26.5	24.4
	B_2(0.6)	29.5	27.5	26.2
	B_3(0.4)	32.4	26.5	27.3
	B_4(0.2)	30.5	27.4	25.1
A_2(0.8)	B_1(0.8)	23.5	25.8	27.8
	B_2(0.6)	33.2	28.5	30.1
	B_3(0.4)	38.1	35.5	33.5
	B_4(0.2)	26.5	24.8	24.9
A_3(0.6)	B_1(0.8)	30.5	26.8	25.5
	B_2(0.6)	36.5	34.6	33.5
	B_3(0.4)	28.8	30.5	24.6
	B_4(0.2)	20.5	22.5	19.5

续表

促 M(A)	促 BZ(B)	重复观察值(拉伸强度 y_{ihj})/MPa		
		1	2	3
A_4(0.4)	B_1(0.8)	34.5	31.4	29.3
	B_2(0.6)	29.4	27.5	28.7
	B_3(0.4)	27.5	26.3	28.5
	B_4(0.2)	18.5	20.3	19.2

x3-4 软饮料制造商研究每瓶饮料碳化百分率（A）、填料操作压力（B）、碳化容积线速度（C）的效应，其中碳化分 3 个水平，压力及线速度各取 2 个水平，并设两个重复，24 个观察值按随机顺序取得，实验结果如表 4 所示。

（1）试作方差分析，确定因子及其交互作用的显著性，指出最优工艺条件；

（2）作多重比较；

（3）利用回归分析构建数学模型。

表 4 软饮料制造工艺研究

碳化率(A)/%	操作压力(B)/(磅/寸^{2}❶)	线速度(C)	重复观察值(y_{ihj})/MPa	
			1	2
A_1(10)	B_1(25)	C_1(200)	−3	−1
		C_2(250)	−1	0
	B_2(30)	C_1(200)	−1	0
		C_2(250)	1	1
A_2(12)	B_1(25)	C_1(200)	0	1
		C_2(250)	2	1
	B_2(30)	C_1(200)	2	3
		C_2(250)	6	5
A_3(14)	B_1(25)	C_1(200)	5	4
		C_2(250)	7	6
	B_2(30)	C_1(200)	7	9
		C_2(250)	10	11

❶ 1 磅(lb)=0.45359237kg；1 寸=3.333333 厘米.

4

正交实验设计及其分析

学习指导

通过本章学习，了解正交实验设计基本概念及其必要性与应用价值，掌握正交实验设计基本原理，学会利用正交表来安排实验，掌握极差分析与方差分析，为生产实践提供基础。

本章重点在于利用正交表来安排正交实验，针对不同情形，通过极差分析与方差分析，确定因子（及交互作用）的主次顺序，挑选最优水平组合（即优化方案），预测指标估计值，绘制趋势图等；本章难点在于有交互作用、有重复、水平不等或多指标等情形的正交设计及其分析，并就所得结果加以判断与解释。

4.1 正交实验设计原理与方法

正交实验设计最早由日本质量管量专家田口玄一提出，是一种利用“正交表”来安排与分析多因子实验的设计方法。

数学上，两向量 $\boldsymbol{A}(a_1, a_2, \cdots, a_n)$ 和 $\boldsymbol{B}(b_1, b_2, \cdots, b_n)$ 若满足 $\boldsymbol{A} \cdot \boldsymbol{B} = a_1b_1 + a_2b_2 + \cdots + a_nb_n = 0$，即两向量的内积和等于零，则称向量 $\boldsymbol{A}$ 与向量 $\boldsymbol{B}$ 正交。而正交表构造过程中正好应用这一原理。

所谓正交实验设计，就是利用正交表，从全部实验水平组合中，挑选部分有代表性的水平组合进行实验，并通过对这部分实验结果进行统计分析，了解全面实验的情况，找出最适水平组合，也就是获得优化实验方案，并可预测该优化条件下的实验结果。当然，最终仍需通过严格的验证实验加以确定。

4.1.1 为何要做正交实验设计

如工艺上，影响橡胶力学性能的因子主要包括时间（A）、压力（B）、温度（C）等三个。若 A 取 A_1、A_2、A_3 3 种水平，B 取 B_1、B_2、B_3 3 种水平，C 取 C_1、C_2、C_3 3 种水

平，则全部可能的实验组合共有 3×3×3=27（或写成 3^3）种。如能进行全面实验，当然可得到各因子效应及其交互效应，并直接选定最优水平组合，即可直接获得优化方案。

鉴于全面实验所包含的实验组合数较多，只是受实验条件、人力、物力、财力、时间等限制而将难于实施，甚至根本无法实施。为此，必须采用一些特殊的实验设计方法，试图最大限度地降低实验次数，而又能达到预期的实验目的。而正交实验设计正好是能够实现安排多因子并寻求最适水平组合的一种高效的实验设计方法。

4.1.2 正交表及其设计原理

（1）正交表设计思路

实验安排中，每个因子在研究范围内选几种水平，就好比在选优区内打上网格，若网上的每个点都做实验，就是全面实验。

正交实验设计就是从全面实验点中挑选出有代表性的部分实验点来进行实验。需指出的是，正交实验设计正因只是采用部分实验（尽管具有代表性）来代替全面实验，故不可能像全面实验那样能对因子效应、交互效应作出一一分析，特别是当交互作用存在时，有可能出现交互作用的混杂。虽然正交实验设计存有不足，但是它能通过部分实验便找到最优水平组合，因而得到了广泛应用。

图 4-1 给出了三因子三水平正交实验设计原理示意图。三个因子的选优区可用一个立方体表示，三个因子各取三种水平，把立方体划分成 27 个格点，反映在图 4-1 上就是立方体内的 27 个“•”。若这 27 个网格点都进行实验，就是全面实验。若只是从中有代表性地挑选出一些，如图 4-1 中的 9 个“•”，就是从 27 个全部实验点中有代表性地挑选出来 9 个实验组合，即 $A_1B_1C_1$，$A_2B_1C_2$，$A_3B_1C_3$，$A_1B_2C_2$，$A_2B_2C_3$，$A_3B_2C_1$，$A_1B_3C_3$，$A_2B_3C_1$，$A_3B_3C_2$。这种挑选的结果，保证了 A 因子的每种水平与 B 因子、C 因子的各种水平在实验中各搭配一次。对于 A、B、C 这三因子而言，是在 27 个全面实验点中选择 9 个实验点，仅是全面实验的三分之一。显然，这 9 个实验点在选优区中分布是均衡的，在立方体每个平面上，都恰好是 3 个实验点；在立方体每条线上也恰好有 1 个实验点。

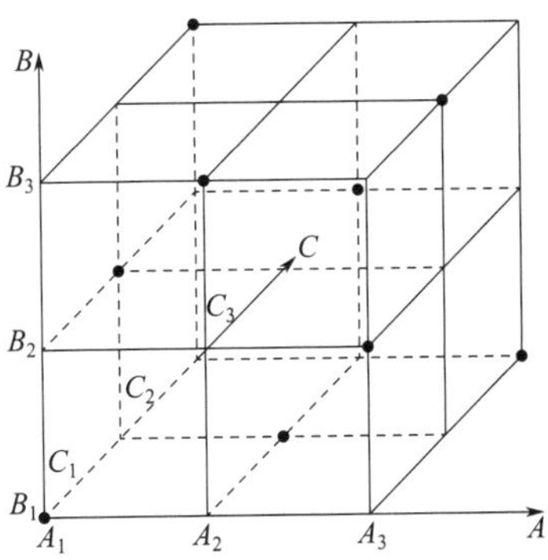

图 4-1 三因子三水平正交实验设计原理示意图

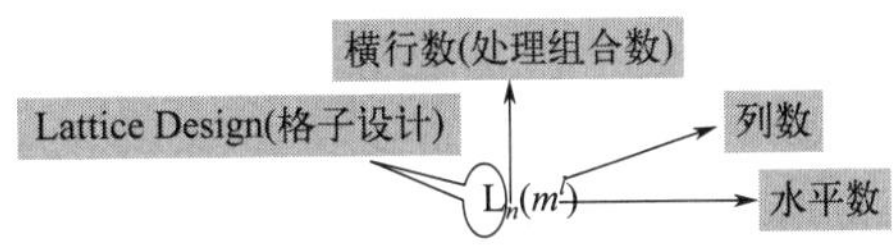

图 4-2 正交表的一般表达形式

图 4-2 给出了正交表的一般表达形式，如 $L_9(3^4)$ 正交表，4 为列数，代表能最多安排 4 个因子，3 为水平数，代表每个因子可选取三种水平，9 为处理组合数代表需要进行 9 次实验。若是采用全面实验的话，则需进行 $3^4=81$ 次实验。

（2）正交表设计原则

那到底是如何从全面实验点中去挑选出有代表性的部分实验点？为此，正交表设计时，需遵循两个原则。一是任一列中，不同数字出现的次数相等；二是任两列中，同一横行所组成的数字对出现的次数相等。也就是说，每个因子的一种水平与另一因子的各种水平互碰次数相等，表明任意两列各个数字之间的搭配是均匀的。

（3）正交表设计特点

① 均衡分散　即所挑选出来的各因子水平组合在全部水平组合中分布是均匀的。

② 整齐可比　即每一因子的各水平间具有可比性。

因正交表中每一因子的任一水平下都均衡地包含着另外因子的各种水平，故当比较某因子不同水平时，其它因子的效应都彼此抵消。

根据正交表设计原则与特点，可得到如下变换：

a. 列间置换　正交表中任意两列可以相互交换；

b. 行间置换　正交表中任意两行可以相互交换；

c. 水平置换　正交表中任意一列中的水平数字可以相互交换（如“3”↔“4”）。

若用关于零对称的数字表示不同水平（如二水平用－1、1表示；三水平用－1、0、1表示；四水平用－2、－1、1、2表示），则任意两列数字的内积和为零（正交表也由此得名）。

（4）正交表设计类别

① 等水平正交表　各列中出现的最大数字相同的正交表。如$L_4(2^3)$、$L_8(2^7)$、$L_{16}(2^{15})$等正交表各列中最大数字为2，称为二水平正交表；$L_9(3^4)$、$L_{18}(3^7)$、$L_{27}(3^{13})$等正交表各列中最大数字为3，称为三水平正交表。

② 混合水平正交表　各列中出现的最大数字不完全相同的正交表。如$L_8(4\times2^4)$正交表中有一列最大数字为4，有4列最大数字为2，也就是说，该表可安排一个4水平因子和四个2水平因子；再如$L_{12}(3^1\times2^4)$、$L_{18}(2\times3^7)$等都为混合水平正交表。

附表9给出了常用正交实验设计表。

4.1.3　如何安排正交实验

以聚苯乙烯乳液（PS）补强天然胶乳（NRL）研究为例，阐析正交实验是如何安排的。

首先，应该根据研究目标确定因子和水平，列出因子水平表，见表4-1。

表4-1　因子水平表

水平	因子		
	A(PS/NRL配比)	B(引发剂用量)/g	C(乳化剂用量)/g
1	5/95	1.5	0.5
2	10/90	2.0	1.0
3	15/85	2.5	1.5

其次，选用合适的正交表。

选用原则是既要能安排实验全部因子，又要使部分水平组合数（即处理数）尽可能少。具体要求包括如下几点：

① 因子的水平数应恰好等于正交表括号内的底数。

② 因子数及其交互作用数应不大于正交表括号内的指数。

③ 因子及交互作用的自由度之和要小于所选正交表的总自由度，以便估计实验误差。

④ 若因子及交互作用的自由度之和等于所选正交表的总自由度，则需采用有重复实验才能估计实验误差（否则，一般只能采用极差分析而难以采用方差分析）。

针对上面所举例子，可选 $L_9(3^4)$ 正交表。

最后，进行表头设计。也就是需要将挑选出的因子和要考察的交互作用分别排入正交表表头适当的列上。此时，需要考虑如下两种情形。

【情形一】 不考虑交互作用

此时，各因子可随机安排在各列上。针对上面所举例子，并没有考虑交互作用，可将 PS/NRL 配比（A）、引发剂用量（B）和乳化剂用量（C）依次安排在 $L_9(3^4)$ 正交表的第 1、2、3 列上，余下第 4 列为空列，见表 4-2。

表 4-2 表头设计

列号	1	2	3	4
因子	A(PS/NRL 配比)	B(引发剂用量)/g	C(乳化剂用量)/g	空列

【情形二】 要考虑交互作用

此时，应严格按该正交表的交互作用列表安排因子及交互作用。

以乙酰胺苯磺化反应实验为例，来阐析带交互作用的正交设计如何进行实验安排。

首先，应该明确实验目的是提高乙酰胺苯的收率。

其次，选定因子及其水平，见表 4-3。

表 4-3 因子水平表

水平	因子			
	A(反应温度)/℃	B(反应时间)/h	C(硫酸浓度)/%	D(操作方法)
1	$A_1=50$	$B_1=1$	$C_1=17$	D_1=搅拌
2	$A_2=70$	$B_2=2$	$C_2=27$	D_2=不搅拌

考虑到反应温度 A 与反应时间 B 可能会有交互作用，反应温度 A 与硫酸浓度 C 也可能有交互作用，两者可分别用代号 A×B 和 A×C 表示。

再次，选择合适的正交表。因四个因子均为 2 水平，则两个交互作用需占 2×(2−1)=2 列；另外，为能进行方差分析，还应至少留一个空列作为误差列，故可选择 $L_8(2^7)$ 正交表。

最后，进行表头设计。此时，关键是要弄清各个交互作用该放在哪一列。这里，主要有如下两种方法：

(1) 使用“$L_8(2^7)$ 二列间交互作用表”

因考虑的交互作用是 A×B 和 A×C，故宜先考虑 A、B、C 及其交互作用的安排，暂不考虑 D 的安排。具体方案选择，见表 4-4（至少有 2 种方案）。

表 4-4 表头设计结果

可选方案	第 1 列	第 2 列	第 3 列	第 4 列	第 5 列	第 6 列	第 7 列
方案 1	A	B	A×B	C	A×C	D	误差
方案 2	A×B	A×C	误差	D	C	B	A

方案 1 的设计思路：

① 将因子 A、B 分别放在第 1、2 列。

② 第 1 列和第 2 列的交互作用 A×B 的位置选择。

在 $L_8(2^7)$ 二列间交互作用表中，从最左边的列号“(1)”向右画水平线，从最上面的列号“2”向下画垂直线，所画两直线交点处的“3”就是交互作用 A×B 的列号。

③ 将因子 C 放在第 4 列。

④ 第 1 列和第 4 列的交互作用 A×C 的位置选择。

在 $L_8(2^7)$ 二列间交互作用表中，从最左边的列号“(1)”向右画水平线，从最上面的列号“4”向下画垂直线，所画两直线交点处的“5”就是交互作用 A×C 的列号。

⑤ 余下因子 D 因其未与其他因子有相关的交互作用，故可随意放在第 6（或第 7）列。

⑥ 最后，空余的第 7（或第 6）列当作误差列。

方案 2 的设计思路：

① 将 A、B 分别放在第 7、6 列。

② 由 $L_8(2^7)$ 二列间交互作用表知第 6、7 列的交互作用 A×B 应放在第 1 列。

③ 将 C 放在第 5 列。

④ 将第 5、7 列的交互作用 A×C 放在第 2 列。

⑤ 将 D 随意放在第 4（或第 3）列。

⑥ 最后，空余的第 3（或第 4）列当作误差列。

(2) 采用“$L_8(2^7)$ 表头设计”表

见表 4-5。

表 4-5 $L_8(2^7)$ 表头设计表

因子数	列(g)						
	1	2	3	4	5	6	7
3	A	B	A×B	C	A×C	B×C	
4*	A	B	A×B C×D	C	A×C B×D	B×C A×D	D
4	A	B C×D	A×B	C B×D	A×C	D B×C	A×D
5	A D×E	B C×D	A×B C×E	C B×D	A×C B×E	D A×E B×C	E A×D

此例因子数为 4，应取表 4-5 中因子数为 4 的上行还是下行？这需取决于实验者研究的重点。

① 若实验者认为对实验指标影响最大的四个因子 A、B、C、D 和交互作用 A×B、A×C 是实验研究的重点，应尽量避免因表头设计混杂而影响实验结果的分析，则宜取表中因子数为 4 的上一行，作为表头设计。此例即属于这种情况。

② 若实验者认为交互作用 A×B、A×C、A×D 对实验指标的影响远大于其它交互作用，特别希望得到它们对指标影响的较可靠信息，则宜取表中因子数为 4 的下一行，作为表头设计。

③ 若实验者希望能够不受干扰地考察四个因子及所有两两交互作用（共 6 个）对实验指标的影响，则选 $L_8(2^7)$ 正交表是不适宜的。为此，可改选 $L_{16}(2^{15})$ 正交表。

由附表 9 中 $L_{16}(2^{15})$ 的表头设计得知，因子数为 4 时的表头设计见表 4-6。

表 4-6　四因子表头设计

列号	1	2	3	4	5	6	7	8	9	10	11	12	13	14	15
符号	A	B	A×B	C	A×C	B×C	空列	D	A×D	B×D	空列	C×D	空列	空列	空列

须指出的是，2 水平两因子之间的交互作用只占 1 列；3 水平两因子之间的交互作用要占 2 列；m 水平两因子间的交互作用则要占 $m-1$ 列。表 4-7 给出 $L_{27}(3^{13})$ 表头设计的一部分。

表 4-7　$L_{27}(3^{13})$ 表头设计的一部分

因子数	列(g)												
	1	2	3	4	5	6	7	8	9	10	11	12	13
3	A	B	$(A\times B)_1$	$(A\times B)_2$	C	$(A\times C)_1$	$(A\times C)_2$	$(B\times C)_1$	空列	空列	$(B\times C)_2$	空列	空列

注：鉴于因子数和水平数均为 3 时，交互作用 $(B\times C)_1$ 和 $(B\times C)_2$ 分别在第 8 和第 11 列，因而交互作用 B×C 对指标影响的大小应由第 8 和第 11 这两列进行计算。

4.1.4　列出正交实验方案

将正交表中的因子列（不包括交互列和空白列）中的数字换成该因子的实际水平，就得到一个完整的正交实验设计方案。

像上面所举 PS 补强 NRL 这个例子，其正交实验设计方案见表 4-8。

表 4-8　$L_9(3^4)$ 正交实验设计方案

实验号(i)	因子			空列
	A(PS/NRL 配比)	B(引发剂用量)/g	C(乳化剂用量)/g	
1	1(5/95)	1(1.5)	1(0.5)	1
2	1	2(2.0)	2(1.0)	2
3	1	3(2.5)	3(1.5)	3
4	2(10/90)	1	2	3
5	2	2	3	1
6	2	3	1	2
7	3(15/85)	1	3	2
8	3	2	1	3
9	3	3	2	1

4.1.5　正交实验操作时需注意的几个问题

① 分区组　若要使用几台不同的机器，或要使用几种不同的原料来进行一批实验，为防止机器或原料的不同而带来误差，从而干扰实验的分析，可在开始做实验之前，用正交表中一个空列来安排机器或原料。

若实验指标的检验需要几个人（或仪器）来做一批实验，为消除不同人（或仪器）检验的水平不同给实验分析带来干扰，也可采用在正交表中用一空列来安排的办法。

② 因子水平表排列顺序的随机化　习惯上，每个因子的水平序号从小到大时，因子的水平值总是按由小到大或由大到小的顺序排列。这样，所有的 1 水平要碰在一起，而这种极端的情况有时是不希望出现的，有时也没有实际意义。

因此，在排列因子水平表时，最好不要简单地完全按因子的水平值由小到大或由大到小的顺序排列。

理论上讲，最好能使用一种称为“随机化”的方法，即通过抽签或查随机数值表的办法来决定排列顺序。

③ 实验次序没有必要完全按照正交表上实验号顺序进行为减少实验中由于先后实验操作熟练的程度不匀带来的误差干扰，理论上推荐用“抽签”来决定实验的次序。

④ 确定每一个实验的实验条件时，只需考虑所确定的几个因子和分区组该如何取值，而不需要（其实也无法）考虑交互作用列和误差列怎么办的问题。

交互作用列和误差列的取值问题由实验本身的客观规律来确定，它们对实验指标影响的大小会在方差分析时给出。

⑤ 做实验时，对实验条件的控制力求做到十分严格。关于这一点，在因子各水平下的数值差别不大时更为重要。

例如，若实验因子 C（如单体用量，mL）的 $C_1=2.0$，$C_2=2.5$，$C_3=3.0$，在以 $C=C_2=2.5$ 为条件的某一个实验中，就必须严格认真地控制 $C=2.5$。若因粗心大意而不负责任，造成 $C=2.2$ 或 $C=3.0$，那就将使整个实验失去正交实验设计方法的特点，使极差分析或方差分析丧失必要的前提条件，因而得不到正确的结果并作出明确的结论。

4.1.6 正交实验设计指标估计

对于选定的优化组合 $A_iB_hC_v\cdots$，各因子及交互作用的效应有：

$$a_i=k_{A_i}-\bar{y};\ b_h=k_{B_h}-\bar{y};\ c_v=k_{C_v}-\bar{y};\ \cdots$$

$$a_ib_h=\overline{A_iB_h}-k_{A_i}-k_{B_h}+\bar{y}=\overline{A_iB_h}-a_i-b_h-\bar{y};$$

$$a_ic_v=\overline{A_iC_v}-k_{A_i}-k_{C_v}+\bar{y}=\overline{A_iC_v}-a_i-c_v-\bar{y};$$

$$b_hc_v=\overline{B_hC_v}-k_{B_h}-k_{C_v}+\bar{y}=\overline{B_hC_v}-b_h-c_v-\bar{y};\ \cdots$$

其中，

a_i 是指因子 A 在 i 水平下的指标值与总均值之差，代表因子 A 在 i 水平下的“贡献”；

b_h 是指因子 B 在 h 水平下的指标值与总均值之差，代表因子 B 在 h 水平下的“贡献”；

c_v 是指因子 C 在 v 水平下的指标值与总均值之差，代表因子 C 在 v 水平下的“贡献”；

a_ib_h 是指两因子 A 与 B 在某一搭配（A_iB_h）下的效应值，代表 $A\times B$ 的交互效应；

a_ic_v 是指两因子 A 与 C 在某一搭配（A_iC_v）下的效应值，代表 $A\times C$ 的交互效应；

b_hc_v 是指两因子 B 与 C 在某一搭配（B_hC_v）下的效应值，代表 $B\times C$ 的交互效应。

因此，在优化组合 $A_iB_hC_v\cdots$下，指标估计 $\hat{y}=\bar{y}+a_i+b_h+c_v+\cdots+a_ib_h+a_ic_v+b_hc_v+\cdots$。

4.2 正交实验设计的结果分析

4.2.1 极差分析法

4.2.1.1 单指标正交实验设计的极差分析

【情形一】 水平相等

(1) 不考虑交互作用

① 资料一般模型。选取 $L_n(m^l)$ 正交表，作 k 次重复实验，其一般模型及其实验结果见表 4-9。

表 4-9 $L_n(m^l)$ 正交实验设计一般模型及其实验结果

实验处理号(i)	列(g)						重复观察值(y_{ij})					
	1	2	…	g	…	l	1	2	…	j	…	k
1	1						y_{11}	y_{12}	…	y_{1j}	…	y_{1k}
2	1						y_{21}	y_{22}	…	y_{2j}	…	y_{2k}
⋮	⋮						⋮	⋮	…	⋮	…	⋮
i	⋮						y_{i1}	y_{i2}	…	y_{ij}	…	y_{ik}
⋮	⋮						⋮	⋮	…	⋮	…	⋮
n	m						y_{n1}	y_{n2}	…	y_{nj}	…	y_{nk}

② 相关数据计算，并列出极差分析表。

a. 计算每一处理观察值之和 $y_{i.}=\sum_{j=1}^{k} y_{ij}$（$k$ 为重复观察数）。

b. 计算观察值总和 $y_{..}=\sum_{i=1}^{n}\sum_{j=1}^{k} y_{ij}$ 及总均值 $\bar{y}=y_{..}/(k\times n)$（$n$ 为实验处理数）。

c. 计算每列（g）同一水平（p）所对应观察值之和 K_{gp} 及均值 k_{gp}。

ⅰ. 关于 K_{gp} 如何计算，参考例 4-1。

ⅱ. $k_{gp}=K_{gp}/(r\times k)$（$r$ 为水平重复数）。

d. 计算每列极差 $R_g=(k_{gp})_{\max}-(k_{gp})_{\min}$。

e. 列极差分析表，见表 4-10。

表 4-10 $L_n(m^l)$ 正交实验设计结果（y_{ij}）及其极差分析表

实验处理号(i)	列(g)						重复观察数(y_{ij})						$y_{i.}$
	1	2	…	g	…	l	1	2	…	j	…	k	
1	1						y_{11}	y_{12}	…	y_{1j}	…	y_{1k}	$y_{1.}$
2	1						y_{21}	y_{22}	…	y_{2j}	…	y_{2k}	$y_{2.}$
⋮	⋮						⋮	⋮	…	⋮	…	⋮	⋮
i	⋮						y_{i1}	y_{i2}	…	y_{ij}	…	y_{ik}	$y_{i.}$
⋮	⋮						⋮	⋮	…	⋮	…	⋮	⋮
n	m						y_{n1}	y_{n2}	…	y_{nj}	…	y_{nk}	$y_{n.}$

续表

实验处理号(i)		列(g)						重复观察数(y_{ij})						$y_{i.}$
		1	2	…	g	…	l	1	2	…	j	…	k	
K_{gp}	K_{g1}													$y_{..}$
	K_{g2}													
	⋮													
	K_{gp}													
	⋮													
	K_{gm}													
k_{gp}	k_{g1}													$\bar{y}$
	k_{g2}													
	⋮													
	k_{gp}													
	⋮													
	k_{gm}													
极差 R_g														

③ 结果分析与方案优化。

a. 确定因子主次顺序。R_g 越大，说明该因子的水平变化对实验结果影响越大，因而这个因子对实验指标就越重要，故在主次顺序排列时，应该完全根据 R_g 大小，依次确定因子的主次顺序。

b. 选取优化实验方案。当实验指标越大越好时，以每列 k_{gp} 中数值最大的水平为最优水平；当实验指标越小越好时，以每列 k_{gp} 中数值最小的水平为最优水平。

④ 绘制趋势图。以各个因子与其水平为横坐标，以 k_{gp} 为纵坐标，绘制趋势图，可采用折线图或柱形图等表示。

⑤ 指标估计。在最适水平组合 $A_i B_h C_v \cdots$ 下，所得指标估计值可以描述为 $\hat{y}=\bar{y}+a_i+b_h+c_v+\cdots$。

⑥ 验证实验。若采用极差分析所得最适水平组合并未包括在已经做过的 n 个实验中，则应按照所选定的这个最适水平组合确定实验方案后再做一次验证实验，看是否比从直接分析所得的最适水平组合的实验结果更好，从而真正达到最优实验方案的选定。

若采用极差分析所得最适水平组合已包括在已经做过的 n 个实验中，且其结果也表现出最优，则无需再做进一步的验证实验。但是，如果采用极差分析所得最适水平组合的实际结果甚至比其他某一组合的结果还要差的话，则应该重新检讨整个实验方案，看看是否在操作、测试或记录、计算等环节出了严重的错误，必要时，需重新进行实验。

【例 4-1】 试用减水剂以节约水泥的研究。

已知在节约水泥 10%条件下试用减水剂对脱模强度影响有益，希望通过正交实验找出较好配方。

【解】 ① 明确实验目的及实验指标　实验目的在于水泥掺用减水剂以节约水泥；选定的实验指标为脱模强度（kgf/cm^2），其值越高越好。

② 制订因子水平表　根据以往经验、资料及实验需要、专业知识判断分析制订，见表 4-11。

表 4-11 因子水平表

水平	因子			
	A(水灰比/%)	B(含砂率/%)	C(减水剂含量/%)	D(水泥用量/kg)
1	0.28	0.27	0.30	370
2	0.30	0.28	0.50	380
3	0.32	0.29	0.70	390

③ 选用合适的正交表并设计实验方案 针对所选的四个因子，每个因子均取 3 种水平，在不考虑交互作用的情况下，可选择 $L_9(3^4)$ 正交表，并完成表头设计和方案设计，见表 4-12。

表 4-12 $L_9(3^4)$ 正交实验方案

实验号(i)	列(g)			
	A(水灰比/%)	B(含砂率/%)	C(减水剂含量/%)	D(水泥用量/kg)
1	1(0.28)	1(0.27)	1(0.30)	1(370)
2	1	2(0.28)	2(0.50)	2(380)
3	1	3(0.29)	3(0.70)	3(390)
4	2(0.30)	1	2	3
5	2	2	3	1
6	2	3	1	2
7	3(0.32)	1	3	2
8	3	2	1	3
9	3	3	2	1

④ 实施实验方案，测试并记录结果，见表 4-13。

表 4-13 $L_9(3^4)$ 正交实验结果

实验号(i)	列(g)				脱模强度 y_i/(kgf/cm^2)
	A(水灰比/%)	B(含砂率/%)	C(减水剂含量/%)	D(水泥用量/kg)	
1	1(0.28)	1(0.27)	1(0.30)	1(370)	333
2	1	2(0.28)	2(0.50)	2(380)	368
3	1	3(0.29)	3(0.70)	3(390)	362
4	2(0.30)	1	2	3	367
5	2	2	3	1	336
6	2	3	1	2	333
7	3(0.32)	1	3	2	358
8	3	2	1	3	349
9	3	3	2	1	362

⑤ 进行相关数据的计算[1]，并列极差分析表。

a. 计算观察值总和 $y_.$ 及总均值 $\bar{y}$。

$$y_. = \sum_{i=1}^{n} y_i = 3168,\quad \bar{y} = y_./n = 3168/9 = 352.0$$

[1] 为计算之便，计算中省略单位。

b. 计算每列（g）同一水平（p）所对应实验结果之和 K_{gp} 及其均值 k_{gp}。

对第 1 列（因子 A）而言：

$K_{11}=333+368+362=1063$；$K_{12}=367+336+333=1036$；$K_{13}=358+349+362=1069$

k_{A1} 或 $k_{11}=K_{11}/3=1063/3=354.3$；$k_{A2}$ 或 $k_{12}=K_{12}/3=1036/3=345.3$；

k_{A3} 或 $k_{13}=K_{13}/3=1069/3=356.3$

对第 2 列（因子 B）而言：

$K_{21}=333+367+358=1058$；$K_{22}=368+336+349=1053$；$K_{23}=362+333+362=1057$

k_{B1} 或 $k_{21}=K_{21}/3=1058/3=352.7$；$k_{B2}$ 或 $k_{22}=K_{22}/3=1053/3=351.0$；

k_{B3} 或 $k_{23}=K_{23}/3=1057/3=352.3$

对第 3 列（因子 C）而言：

$K_{31}=333+333+349=1015$；$K_{32}=368+367+362=1097$；$K_{33}=362+336+358=1056$

k_{C1} 或 $k_{31}=K_{31}/3=1015/3=338.3$；$k_{C2}$ 或 $k_{32}=K_{32}/3=1097/3=365.7$；

k_{C3} 或 $k_{33}=K_{33}/3=1056/3=352.0$

对第 4 列（因子 D）而言：

$K_{41}=333+336+362=1031$；$K_{42}=368+333+358=1059$；$K_{43}=362+367+349=1078$

k_{D1} 或 $k_{41}=K_{41}/3=1031/3=343.7$；$k_{D2}$ 或 $k_{42}=K_{42}/3=1059/3=353.0$；

k_{D3} 或 $k_{43}=K_{43}/3=1078/3=359.3$

c. 计算各列极差 R_g。

$R_1=k_{13}-k_{12}=356.3-345.3=11.0$；$R_2=k_{21}-k_{22}=352.7-351.0=1.7$；

$R_3=k_{32}-k_{31}=365.7-338.3=27.4$；$R_4=k_{43}-k_{41}=359.3-343.7=15.6$

d. 列极差分析表，见表 4-14。

表 4-14 极差分析表

实验号 (i)		列(g)				脱模强度 y_i /(kgf/cm²)
		A(水灰比/%)	B(含砂率/%)	C(减水剂含量/%)	D(水泥用量/kg)	
1		1(0.28)	1(0.27)	1(0.30)	1(370)	333
2		1	2(0.28)	2(0.50)	2(380)	368
3		1	3(0.29)	3(0.70)	3(390)	362
4		2(0.30)	1	2	3	367
5		2	2	3	1	336
6		2	3	1	2	333
7		3(0.32)	1	3	2	358
8		3	2	1	3	349
9		3	3	2	1	362
K_{gp}	K_{g1}	1063	1058	1015	1031	3168 ($y.$)
	K_{g2}	1036	1053	1097	1059	
	K_{g3}	1069	1057	1056	1078	
k_{gp}	k_{g1}	354.3	352.7	338.3	343.7	352.0 ($\bar{y}$)
	k_{g2}	345.3	351.0	365.7	353.0	
	k_{g3}	356.3	352.3	352.0	359.3	
R_g		11.0	1.7	27.4	15.6	

⑥ 结果分析与方案优化。

a. 确定因子的主次顺序。直接依据 R_A、R_B、R_C、R_D 大小，确定因子的主次顺序为C、D、A、B。

b. 选取最优水平组合，确定优化方案。依据指标值越高越好，因子 A 中 k_{13} 最大，最优水平选水平 3；因子 B 中 k_{21} 最大，最优水平选水平 1；因子 C 中 k_{32} 最大，最优水平选水平 2；因子 D 中 k_{43} 最大，最优水平选水平 3，从而得最适水平组合为 $A_3B_1C_2D_3$，即优化方案为水灰比 0.32%、含砂率 0.27%、减水剂含量 0.50%、水泥用量 390kg。

⑦ 画趋势图，见图 4-3。

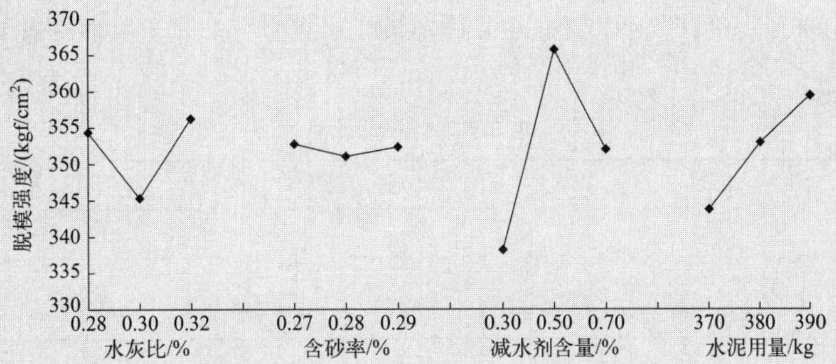

图 4-3 趋势图

⑧ 指标估计 以最优水平组合 $A_3B_1C_2D_3$ 为例：

$\bar{y}=352.0$；

$a_3=k_{A3}-\bar{y}=356.3-352.0=4.3$；$b_1=k_{B1}-\bar{y}=352.7-352.0=0.7$；

$c_2=k_{C2}-\bar{y}=365.7-352.0=13.7$；$d_3=k_{D3}-\bar{y}=359.3-352.0=7.3$；

$\hat{y}=\bar{y}+a_3+b_1+c_2+d_3=352.0+4.3+0.7+13.7+7.3=378.0$ (kgf/cm^2)。

⑨ 验证实验 因 $A_3B_1C_2D_3$ 并未包括在 9 个实验中，故应做一次验证实验，看看是否比直接观察所得的实验号 2 的实验结果（368）更好，从而确定真正的优化方案。

(2) 考虑交互作用

若考察因子彼此之间存在交互作用，在严格按照具有交互作用的正交实验设计方案的基础上，进行统计分析时，涉及交互列的计算，应与因子列的计算方法完全一致。

先根据求得的极差大小，确定因子及交互作用的主次顺序。

再作交互因子搭配效应计算（如 A×B 交互搭配效应示意表，见表 4-15），并根据搭配效应，挑选优化组合。而且，检查前面已经确定的最优水平，应该保持前后的一致。

最后，指标估计应充分考虑交互效应。

表 4-15 A×B 交互搭配效应示意表

交互因子(A×B)	B_1	B_2	…	B_p	…	B_m
A_1						

续表

交互因子(A×B)	B_1	B_2	…	B_p	…	B_m
A_2						
⋮						
A_p						
⋮						
A_m						

【例 4-2】假设影响实验结果的因子有 A、B、C、D 四个，并考虑因子之间存在一阶交互作用，采用重复实验，试通过正交实验确定最优水平组合。因子水平见表 4-16。指标值越大越好。

表 4-16 因子与水平

水平	因子			
	A	B	C	D
1	10	0.1	3	8
2	20	0.3	6	14

【解】① 选取合适的正交表，并进行表头设计；实施实验方案并记录结果。

据因子水平表及因子彼此之间存在一阶交互作用，可选 $L_{16}(2^{15})$ 正交表；根据实验要求，进行表头设计与方案设计，通过方案实施，记录实验结果，具体见表 4-17。

表 4-17 $L_{16}(2^{15})$ 正交设计方案及其结果

实验号(i)	列(g)															重复观察值	
	A	B	A×B	C	A×C	B×C	空列1	D	A×D	B×D	空列2	C×D	空列3	空列4	空列5	y_1	y_2
1	10	0.1	1	3	1	1	1	8	1	1	1	1	1	1	1	0.72	0.78
2	10	0.1	1	3	1	1	1	14	2	2	2	2	2	2	2	1.23	1.35
3	10	0.1	1	6	2	2	2	8	1	1	1	2	2	2	2	2.48	2.67
4	10	0.1	1	6	2	2	2	14	2	2	2	1	1	1	1	3.85	3.24
5	10	0.3	2	3	1	2	2	8	1	2	2	1	1	2	2	4.87	4.65
6	10	0.3	2	3	1	2	2	14	2	1	1	2	2	1	1	2.48	2.65
7	10	0.3	2	6	2	1	1	8	1	2	2	2	2	1	1	8.43	8.01
8	10	0.3	2	6	2	1	1	14	2	1	1	1	1	2	2	7.48	6.53
9	20	0.1	2	3	2	1	2	8	2	1	2	1	2	1	2	9.44	6.87
10	20	0.1	2	3	2	1	2	14	1	2	1	2	1	2	1	8.67	8.44
11	20	0.1	2	6	1	2	1	8	2	1	2	2	1	2	1	6.34	6.56
12	20	0.1	2	6	1	2	1	14	1	2	1	1	2	1	2	9.38	9.88
13	20	0.3	1	3	2	2	1	8	2	2	1	1	2	2	1	8.67	8.45
14	20	0.3	1	3	2	2	1	14	1	1	2	2	1	1	2	6.35	6.03
15	20	0.3	1	6	1	1	2	8	2	2	1	2	1	1	2	7.46	7.89
16	20	0.3	1	6	1	1	2	14	1	1	2	1	2	2	1	5.68	5.98

② 计算相关数据，列极差分析表，见表 4-18。

表 4-18 $L_{16}(2^{15})$ 极差分析表

实验号 (i)	列(g)															重复观察值		$y_{i.}$
	A	B	A×B	C	A×C	B×C	空列 1	D	A×D	B×D	空列 2	C×D	空列 3	空列 4	空列 5	y_1	y_2	
1	10	0.1	1	3	1	1	1	8	1	1	1	1	1	1	1	0.72	0.78	1.50
2	10	0.1	1	3	1	1	1	14	2	2	2	2	2	2	2	1.23	1.35	2.58
3	10	0.1	1	6	2	2	2	8	1	1	1	2	2	2	2	2.48	2.67	5.15
4	10	0.1	1	6	2	2	2	14	2	2	2	1	1	1	1	3.85	3.24	7.09
5	10	0.3	2	3	1	2	2	8	1	2	2	1	1	2	2	4.87	4.65	9.52
6	10	0.3	2	3	1	2	2	14	2	1	1	2	2	1	1	2.48	2.65	5.13
7	10	0.3	2	6	2	1	1	8	1	2	2	2	2	1	1	8.43	8.01	16.44
8	10	0.3	2	6	2	1	1	14	2	1	1	1	1	2	2	7.48	6.53	14.01
9	20	0.1	2	3	2	1	2	8	2	1	2	1	2	1	2	9.44	6.87	16.31
10	20	0.1	2	3	2	1	2	14	1	2	1	2	1	2	1	8.67	8.44	17.11
11	20	0.1	2	6	1	2	1	8	2	1	2	2	1	2	1	6.34	6.56	12.90
12	20	0.1	2	6	1	2	1	14	1	2	1	1	2	1	2	9.38	9.88	19.26
13	20	0.3	1	3	2	2	1	8	2	2	1	1	2	2	1	8.67	8.45	17.12
14	20	0.3	1	3	2	2	1	14	1	1	2	2	1	1	2	6.35	6.03	12.38
15	20	0.3	1	6	1	1	2	8	2	2	1	2	1	1	2	7.46	7.89	15.35
16	20	0.3	1	6	1	1	2	14	1	1	2	1	2	2	1	5.68	5.98	11.66
K_{gp} K_{g1}	61.42	81.90	72.83	81.65	77.90	94.96	96.19	94.29	93.02	79.04	94.63	96.47	89.86	93.46	88.95			183.52
K_{gp} K_{g2}	122.09	101.61	110.68	101.86	105.61	88.55	87.32	89.22	90.49	104.47	88.88	87.04	93.65	90.05	94.56			($y_{..}$)
k_{gp} k_{g1}	3.839	5.119	4.552	5.103	4.869	5.935	6.012	5.893	5.814	4.940	5.914	6.029	5.616	5.841	5.559			5.735
k_{gp} k_{g2}	7.631	6.351	6.918	6.366	6.601	5.534	5.458	5.576	5.656	6.529	5.555	5.440	5.853	5.628	5.910			($\bar{y}$)
R_g	3.792	1.232	2.366	1.263	1.732	0.401	0.554	0.317	0.158	1.589	0.359	0.589	0.237	0.213	0.351			

注：计算表采用作者自编 Excel 公式取得结果，书中因保留小数的有效位数与原 Excel 不同，故计算数值有偏差，仅作为计算过程示例。（下同）

③ 结果分析与方案优化。

a. 根据 R_g 大小，因子及交互作用的主次顺序为 A，A×B，A×C，B×D，C，B，C×D，B×C，D，A×D。

b. 根据 k_{gp} 大小，并作两因子交互搭配效应计算，最终挑选出最优的处理组合。

ⅰ. 按指标值越大越好，因子 A 应选第二水平 A_2。

ⅱ. 作 A×B 搭配效应计算（见表 4-19），确定 A、B 最优水平组合为 A_2B_1。

表 4-19 A×B 搭配效应

交互因子(A×B)	B_1	B_2
A_1	2.040	5.638
A_2	8.198	7.064

【A×B 搭配效应计算说明】

对 A_1B_1，有 (1.50+2.58+5.15+7.09)/8=2.040

对 A_1B_2，有 (9.52+5.13+16.44+14.01)/8=5.638

对 A_2B_1，有 (16.31+17.11+12.90+19.26)/8=8.198

对 A_2B_2，有 (17.12+12.38+15.35+11.66)/8=7.064

ⅲ.作 A×C 搭配效应计算（见表 4-20），确定 A、C 最优水平组合为 A_2C_1。

表 4-20 A×C 搭配效应

交互因子(A×C)	C_1	C_2
A_1	2.341	5.336
A_2	7.865	7.396

【A×C 搭配效应计算说明】

对 A_1C_1，有 (1.50+2.58+9.52+5.13)/8=2.341

对 A_1C_2，有 (5.15+7.09+16.44+14.01)/8=5.336

对 A_2C_1，有 (16.31+17.11+17.12+12.38)/8=7.865

对 A_2C_2，有 (12.90+19.26+15.35+11.66)/8=7.396

ⅳ.作 B×D 搭配效应计算（见表 4-21），确定 B、D 最优水平组合为 B_2D_1。

表 4-21 B×D 搭配效应

交互因子(B×D)	D_1	D_2
B_1	4.483	5.755
B_2	7.304	5.398

【B×D 搭配效应计算说明】

对 B_1D_1，有 (1.50+5.15+16.31+12.90)/8=4.483

对 B_1D_2，有 (2.58+7.09+17.11+19.26)/8=5.755

对 B_2D_1，有 (9.52+16.44+17.12+15.35)/8=7.304

对 B_2D_2，有 (5.13+14.01+12.38+11.66)/8=5.398

但为确保与前面已选定的 B_1 最优水平相一致，只能在 B_1D_1 与 B_1D_2 中加以选择。通过比较 B_1D_1 与 B_1D_2 的搭配效应，最终确定 B_1D_2 为最适水平组合。

进而最终确定的最优水平组合为 $A_2B_1C_1D_2$。

④ 指标估计　以最适水平组合 $A_2B_1C_1D_2$ 为例：

$\bar{y}=5.735$；

$a_2=k_{A2}-\bar{y}=7.631-5.735=1.896$；$b_1=k_{B1}-\bar{y}=5.119-5.735=-0.616$；

$c_1=k_{C1}-\bar{y}=5.103-5.735=-0.632$；$d_2=k_{D2}-\bar{y}=5.576-5.735=-0.159$；

$a_2b_1=\overline{A_2B_1}-a_2-b_1-\bar{y}=8.198-1.896-(-0.616)-5.735=1.183$；

$a_2c_1=\overline{A_2C_1}-a_2-c_1-\bar{y}=7.865-1.896-(-0.632)-5.735=0.866$；

$b_1d_2=\overline{B_1D_2}-b_1-d_2-\bar{y}=5.755-(-0.616)-(-0.159)-5.735=0.795$；

$c_1d_2=\overline{C_1D_2}-c_1-d_2-\bar{y}$

$=(2.58+5.13+17.11+12.38)/8-(-0.632)-(-0.158)-5.735$

$=-0.294$；

$b_1c_1=\overline{B_1C_1}-b_1-c_1-\bar{y}$

$=(1.50+2.58+16.31+17.11)/8-(-0.616)-(-0.632)-5.735$

$=0.200$；

$a_2d_2=\overline{A_2D_2}-a_2-d_2-\bar{y}$

$=(17.11+19.26+12.38+11.66)/8-1.896-(-0.159)-5.735$

$=0.079$；

$\hat{y}=\bar{y}+a_2+b_1+c_1+d_2+a_2b_1+a_2c_1+a_2d_2+b_1c_1+b_1d_2+c_1d_2$

$=5.735+1.896+(-0.616)+(-0.632)+(-0.159)+1.183+0.866+0.079+0.200+0.795+(-0.294)$

$=9.053$

需指出的是，尽管所得最适水平组合 $A_2B_1C_1D_2$ 的预测估计值（9.053）不如实验号 12 所得的结果（9.63），但却无法否认所作出的最优判断。原因可能包括：一是实验号 12 本身是否存在严重的实验误差，甚至是人为误差，或仪器设备、原料等存在重大缺陷；二是尚存在一些其他实验因子或二阶、三阶等交互效应。为此，建议进行严格的重复对比和验证实验。

⑤ 验证实验　直接观察可知，在 16 个组合中，实验号 12 的组合（$A_2B_1C_2D_2$）效果最好，这与采用极差分析所得的最适水平组合（$A_2B_1C_1D_2$）并不一致，因此，可通过对采用极差分析法所选的最适水平组合作验证实验，最终加以确定。

【情形二】 水平不等

若涉及各因子的水平数并不完全相等的实验，除可采用拟水平法之外，更多的是采用混合型正交表来安排实验，其数据处理过程与等水平的相一致，只是在求得 R_g 之后，须进行适当的调整，计算调整极差（R'_g），因为当两个因子对指标有同等影响时，水平多的极差偏大。最终根据 R'_g 的大小来确定因子及交互作用的主次顺序。

调整极差 $R'_g=\sqrt{每水平小区总数}\times R_g\times d=\sqrt{r\times k}\times R_g\times d$。

其中，r 为水平重复数；k 为重复观察数；d 为调整系数（与水平数 m 有关，见表 4-22）。

表 4-22　调整系数

水平数 m	2	3	4	5	6	7	8	9	10
调整系数 d	0.71	0.52	0.45	0.40	0.37	0.35	0.34	0.32	0.31

（1）直接利用混合型正交表

【例 4-3】钛合金退火工艺实验研究。

钛合金在冷加工工艺中需进行退火处理，以降低硬度，便于校直、冷拉。要求根据冷加工变形量，在钛合金技术要求范围内，硬度越低越好。

【解】① 明确实验目的及实验指标　实验目的是寻求降低硬度的退火工艺参数，便于校直、冷拉；而拟定实验指标为洛氏硬度（HRC），其值越低越好。

② 制订因子水平表　根据以往经验、资料及实验需要、专业知识判断分析制订，见表4-23。

表 4-23　因子水平表

水平	因子		
	A(退火温度)/℃	B(保温时间)/h	C(冷却介质)
1	730	1	空气
2	760	2	水
3	790		
4	820		

③ 选用合适的正交表，设计并实施实验方案，测试、记录实验结果。

针对因子 A 有 4 种水平，而因子 B、C 均只有 2 种水平，采用混合型正交实验设计，选择 $L_8(4^1\times2^4)$ 正交表，设计并实施实验方案，完成测试与记录，见表 4-24。

表 4-24　$L_8(4^1\times2^4)$ 实验方案及其结果

实验号(i)	列(g)					洛氏硬度(y_{ij})		
	A(退火温度/℃)	B(保温时间/h)	C(冷却介质)	空列 1	空列 2	1	2	3
1	1(730)	1(1)	1(空气)	1	1	33.0	31.0	31.0
2	1	2(2)	2(水)	2	2	31.0	30.0	32.0
3	2(760)	1	1	2	2	31.8	31.0	32.0
4	2	2	2	1	1	30.5	30.0	31.0
5	3(790)	1	2	1	2	30.5	31.0	31.0
6	3	2	1	2	1	31.0	30.0	32.0
7	4(820)	1	2	2	1	33.0	32.0	34.0
8	4	2	1	1	2	30.0	30.0	31.0

④ 相关数据计算，列极差分析，具体见表 4-25。

表 4-25　极差分析

实验号(i)	列(g)					洛氏硬度（y_{ij}）			$y_{i.}$
	A（退火温度/℃）	B（保温时间/h）	C（冷却介质）	空列 1	空列 2	1	2	3	
1	1（730）	1（1）	1（空气）	1	1	33.0	31.0	31.0	95.0
2	1	2（2）	2（水）	2	2	31.0	30.0	32.0	93.0
3	2（760）	1	1	2	2	31.8	31.0	32.0	94.8
4	2	2	2	1	1	30.5	30.0	31.0	91.5
5	3（790）	1	2	1	2	30.5	31.0	31.0	92.5
6	3	2	1	2	1	31.0	30.0	32.0	93.0

续表

实验号 (i)		列 (g)					洛氏硬度 (y_{ij})			$y_{i.}$
		A（退火温度/℃）	B（保温时间/h）	C（冷却介质）	空列 1	空列 2	1	2	3	
7		4 (820)	1	2	2	1	33.0	32.0	34.0	99.0
8		4	2	1	1	2	30.0	30.0	31.0	91.0
K_{gp}	K_{g1}	188.0	381.3	373.8	370.0	378.5				749.8 ($y_{..}$)
	K_{g2}	186.3	368.5	376.0	379.8	371.3				
	K_{g3}	185.5	\	\	\	\				
	K_{g4}	190.0	\	\	\	\				
k_{gp}	k_{g1}	31.33	31.78	31.15	30.83	31.54				31.24 ($\bar{y}$)
	k_{g2}	31.05	30.71	31.33	31.65	30.94				
	k_{g3}	30.92	\	\	\	\				
	k_{g4}	31.67	\	\	\	\				
R_g		0.75	1.07	0.18	0.82	0.60				
R'_g		0.83	2.63	0.44	2.02	1.48				

【关于调整极差 R'_g 的计算说明】

$R'_A = \sqrt{\text{每水平小区总数}} \times R_A \times d = \sqrt{2\times 3} \times 0.75 \times 0.45 = 0.83$

$R'_B = \sqrt{\text{每水平小区总数}} \times R_B \times d = \sqrt{4\times 3} \times 1.07 \times 0.71 = 2.63$

$R'_C = \sqrt{\text{每水平小区总数}} \times R_C \times d = \sqrt{4\times 3} \times 0.18 \times 0.71 = 0.44$

$R'_{\text{空}1} = \sqrt{\text{每水平小区总数}} \times R_{\text{空}1} \times d = \sqrt{4\times 3} \times 0.82 \times 0.71 = 2.02$

$R'_{\text{空}2} = \sqrt{\text{每水平小区总数}} \times R_{\text{空}2} \times d = \sqrt{4\times 3} \times 0.60 \times 0.71 = 1.48$

⑤ 结果分析与方案优化

a. 采用直接观察，在 8 个实验号中，按指标值越低越好的要求，实验号 8 的洛氏硬度最小，为最适水平组合，即 $A_4B_2C_1$。

b. 采用极差分析，直接根据 R'_g 大小，确定因子的主次顺序依次为 B（保温时间）、A（退火温度）、C（冷却介质）；依洛氏硬度越低越好的要求，根据 k_{gp} 大小，选定最优水平组合为 $B_2A_3C_1$，即优化方案为保温时间 2h，退火温度 790℃，冷却介质为空气。

⑥ 指标估计　以最优水平组合 $B_2A_3C_1$ 为例：

$\bar{y}=31.24$；

$a_3=k_{A3}-\bar{y}=30.92-31.24=-0.32$；$b_2=k_{B2}-\bar{y}=30.71-31.24=-0.53$；

$c_1=k_{C1}-\bar{y}=31.15-31.24=-0.09$；

$\hat{y}=\bar{y}+a_3+b_3+c_1=31.24+(-0.32)+(-0.53)+(-0.09)=30.30$。

⑦ 验证实验　因最适水平组合 $B_2A_3C_1$ 并未包括在 8 个实验中，故应做一次验证实验，看看是否比直接观察所得实验号 8 的结果（$\bar{y}_{8.}=30.33$）更好，从而确定真正的优化方案。

⑧ 进一步实验 初步结果表明，鉴于空列 1、空列 2 的调整极差还比较大，有理由相信一定还存在其他因子或交互作用对实验结果有影响，其程度甚至比因子 C、因子 A 还要大，有待进一步研究。

（2）拟水平法

将各因子水平不等的问题通过“虚拟水平”转化为等水平来处理的一种方法。

【例 4-4】制药厂为提高药品合成率，拟对缩合工序进行优化，因子水平见表 4-26，不考虑因子彼此之间的交互作用。

表 4-26 因子水平表

水平	因子			
	A（温度）/℃	B（甲醇钠量）/mL	C（醛状态）	D（缩合剂量）/mL
1	35	3	固	0.9
2	25	5	液	1.2
3	45	4		1.5

【解】①正交表选择及其方案设计、实施结果。

因子 C（醛状态）只有两种水平（固或液），与其他因子的水平数并不相同。因此，利用拟水平法，即对因子 C 虚拟增加一种水平（比如“液”，当然，也可以为“固”），具体正交实验设计方案及其结果见表 4-27。

表 4-27 $L_9(3^4)$ 正交实验方案与结果

实验号（i）	列（g）				合成率 y_i/%
	A（温度/℃）	B（甲醇钠量/mL）	C（醛状态）	D（缩合剂量/mL）	
1	1（35）	1（3）	1（固）	1（0.9）	69.2
2	1	2（4）	2（液）	2（1.2）	71.8
3	1	3（5）	2	3（1.5）	78.0
4	2（25）	1	2	3	74.1
5	2	2	2	1	77.6
6	2	3	1	2	66.5
7	3（45）	1	2	2	69.2
8	3	2	1	3	69.7
9	3	3	2	1	78.8

② 列极差分析表，具体见表 4-28。

鉴于因子 C 的第 3 水平实际上与其第 2 水平一致，应重新安排正交表第 3 列中因子 C 的水平，将 3 水平改为 2 水平，于是因子 C 所在的第 3 列只有 1、2 两种水平，其中，2 水平出现了 6 次。因此，求和时只有 K_{g1}、K_{g2}，求均值时，则有 $k_{g1}=K_{g1}/3$，$k_{g2}=K_{g2}/6$。

表 4-28 极差分析表

实验号 (i)		列 (g)				合成率 y_i/%
		A（温度/℃）	B（甲醇钠量/mL）	C（醛状态）	D（缩合剂量/mL）	
1		1（35）	1（3）	1（固）	1（0.9）	69.2
2		1	2（4）	2（液）	2（1.2）	71.8
3		1	3（5）	2	3（1.5）	78.0
4		2（25）	1	2	3	74.1
5		2	2	2	1	77.6
6		2	3	1	2	66.5
7		3（45）	1	2	2	69.2
8		3	2	1	3	69.7
9		3	3	2	1	78.8
K_{gp}	K_{g1}	219.0	212.5	205.4	225.6	654.9（$y_.$）
	K_{g2}	218.2	219.1	449.5	207.5	
	K_{g3}	217.7	223.3	—	221.8	
k_{gp}	k_{g1}	73.00	70.83	68.47	75.20	72.77（$\bar{y}$）
	k_{g2}	72.73	73.03	74.92	69.17	
	k_{g3}	72.57	74.43	—	73.93	
R_g		0.43	3.60	6.45	6.03	

③ 结果分析与方案优化

a. 确定因子主次顺序。直接根据 R_g 大小，确定因子的主次顺序依次为 C、D、B、A。

b. 选取优化方案。鉴于指标值（合成率）越高越好，因此，对因子 A、B、C、D 的最优水平宜根据 k_{gp} 大小加以确定，取较大的 k_{gp} 所对应的水平为最优水平。最终确定所选的最适水平组合为 $C_2D_1B_3A_1$，即优化方案为醛取液态，缩合剂量 0.9mL，甲醇钠量 5mL，温度 35℃。

④ 指标估计　以最优水平组合 $C_2D_1B_3A_1$ 为例：

$\bar{y}=72.77$；

$a_1=k_{A1}-\bar{y}=73.00-72.77=0.23$；$b_3=k_{B3}-\bar{y}=74.43-72.77=1.66$；

$c_2=k_{C2}-\bar{y}=74.92-72.77=2.15$；$d_1=k_{D1}-\bar{y}=75.20-72.77=2.43$；

$\hat{y}=\bar{y}+a_1+b_3+c_2+d_1=72.77+0.23+1.66+2.15+2.43=79.24$。

值得注意的是，拟水平法并不能保证整个正交表均衡搭配，只具有部分均衡搭配的性质。此法不仅可对一个因子虚拟水平，也可对多个因子虚拟水平，使正交表的选用更加方便、灵活。

4.2.1.2 多指标正交实验设计的极差分析

（1）综合平衡法

通常采用专业综合平衡法。即首先分别找出各个指标最优或较优的生产条件，然后将这些生产条件（从专业角度）进行综合平衡，最终找出兼顾每个指标都尽可能好的生产条件。此法在实验方案和计算分析上与单指标的完全一样。

【例 4-5】胶清橡胶品质提升的制备工艺优化的研究。

【解】① 明确实验目的和检验标准　实验目的是确定胶清橡胶品质提升的制备优化工艺；选定的实验指标为天然生胶六项理化指标，特别是其中的氮含量、P_0、PRI。要求氮含量越低越好，P_0、PRI 越高越好。

② 了解实验原理及方法　采用蛋白酶处理与抗氧化（草酸硫脲混合液浸泡）处理。

③ 确定实验设计方案　根据专业知识，影响酶脱蛋白质的效果，关键在于酶用量、消化温度与消化时间等。拟采用 $L_9(3^4)$ 正交表，具体方案设计见表 4-29。

表 4-29　酶脱蛋白质的 $L_9(3^4)$ 正交方案设计

实验号(i)	A(消化温度/℃)	B(酶用量/mL/kg)	C(消化时间/h)
1	1(40)	1(0.35)	1(12)
2	1	2(0.55)	2(18)
3	1	3(0.75)	3(24)
4	2(50)	1	2
5	2	2	3
6	2	3	1
7	3(60)	1	3
8	3	2	1
9	3	3	2

④ 实施实验方案，测试并记录结果，见表 4-30。

表 4-30　经酶处理与抗氧化处理胶清的理化性能

实验号(i)	杂质含量 DIRT/%	灰分含量 ASH/%	挥发物含量 VM/%	氮含量 w(N)/%	塑性初值 P_0	塑性保持率 PRI%
1	0.023	0.392	0.369	0.587	44.0	93.0
2	0.050	0.436	0.436	0.388	43.0	93.0
3	0.021	0.401	0.450	0.496	45.0	73.3
4	0.039	0.490	0.466	0.337	40.0	97.5
5	0.012	0.546	0.530	0.256	43.0	79.1
6	0.037	0.587	0.453	0.318	43.0	76.7
7	0.021	0.485	0.427	0.325	42.0	88.1
8	0.028	0.470	0.430	0.330	43.0	83.7
9	0.044	0.456	0.424	0.316	42.0	90.5
5# 标准胶(对照)	0.015	0.227	0.393	0.437	45.0	74.1

⑤ 极差分析与方案优化。

a. 以氮含量 w(N) 为考察指标，具体数据计算及其结果见表 4-31。

表 4-31 经酶处理与抗氧化处理胶清氮含量的极差分析

实验号 (i)		列(g)				氮含量 w(N)/%(y_i)
		A(消化温度/℃)	B(酶用量/mL/kg)	C(消化时间/h)	D(空列)	
1		1(40)	1(0.35)	1(12)	1	0.587
2		1	2(0.55)	2(18)	2	0.388
3		1	3(0.75)	3(24)	3	0.496
4		2(50)	1	2	3	0.337
5		2	2	3	1	0.256
6		2	3	1	2	0.318
7		3(60)	1	3	2	0.325
8		3	2	1	3	0.330
9		3	3	2	1	0.316
K_{gp}	K_{g1}	1.471	1.249	1.235	1.159	3.353($y_.$)
	K_{g2}	0.911	0.974	1.041	1.031	
	K_{g3}	0.971	1.130	1.077	1.163	
k_{gp}	k_{g1}	0.4903	0.4163	0.4117	0.3863	0.3726($\bar{y}$)
	k_{g2}	0.3037	0.3247	0.3470	0.3437	
	k_{g3}	0.3237	0.3767	0.3590	0.3877	
R_g		0.1866	0.0916	0.0647	0.0440	
因子主次顺序		A、B、C				
优化组合		$A_2B_2C_2$				

b. 以塑性初值 P_0 为考察指标，具体数据计算及其结果见表 4-32。

表 4-32 经酶处理与抗氧化处理胶清塑性初值的极差分析

实验号 (i)		列(g)				塑性初值 P_0 (y_i)
		A(消化温度/℃)	B(酶用量/mL/kg)	C(消化时间/h)	D(空列)	
1		1(40)	1(0.35)	1(12)	1	44.0
2		1	2(0.55)	2(18)	2	43.0
3		1	3(0.75)	3(24)	3	45.0
4		2(50)	1	2	3	40.0
5		2	2	3	1	43.0
6		2	3	1	2	43.0
7		3(60)	1	3	2	42.0
8		3	2	1	3	43.0
9		3	3	2	1	42.0
K_{gp}	K_{g1}	132.0	126.0	130.0	129.0	385.0($y_.$)
	K_{g2}	126.0	129.0	125.0	128.0	
	K_{g3}	127.0	130.0	130.0	128.0	
k_{gp}	k_{g1}	44.00	42.00	43.33	43.00	42.78($\bar{y}$)
	k_{g2}	42.00	43.00	41.67	42.67	
	k_{g3}	42.33	43.33	43.33	42.67	

续表

实验号 (i)	列 (g)				塑性初值 P_0 (y_i)
	A(消化温度/℃)	B(酶用量/mL/kg)	C(消化时间/h)	D(空列)	
R_g	2.00	1.33	1.66	0.33	
因子主次顺序	A、C、B				
优化组合	$A_1C_{1或3}B_3$				

c. 以塑性保持率 PRI 为考察指标，具体数据计算及其结果见表 4-33。

表 4-33　经酶处理与抗氧化处理胶清塑性保持率的极差分析

实验号 (i)		列 (g)				塑性保持率 PRI /% (y_i)
		A(消化温度/℃)	B(酶用量/mL/kg)	C(消化时间/h)	D(空列)	
1		1(40)	1(0.35)	1(12)	1	93.0
2		1	2(0.55)	2(18)	2	93.0
3		1	3(0.75)	3(24)	3	73.3
4		2(50)	1	2	3	97.5
5		2	2	3	1	79.1
6		2	3	1	2	76.7
7		3(60)	1	3	2	88.1
8		3	2	1	3	83.7
9		3	3	2	1	90.5
K_{gp}	K_{g1}	259.3	278.6	253.4	262.6	774.9$(y_.)$
	K_{g2}	253.3	255.8	281.0	257.8	
	K_{g3}	262.3	240.5	240.5	254.5	
k_{gp}	k_{g1}	86.43	92.87	84.47	87.53	86.10$(\bar{y})$
	k_{g2}	84.43	85.27	93.67	85.93	
	k_{g3}	87.43	80.17	80.17	84.83	
R_g		3.00	12.70	13.50	2.70	
因子主次顺序		C、B、A				
优化组合		$C_2B_1A_3$				

⑥ 专业分析与选择。

a. 列出考察指标与优化组合比较表，见表 4-34。

表 4-34　考察指标与优化组合比较

考察指标	优化组合	优化方案
氮含量 w (N)	$A_2B_2C_2$	消化温度 50℃，酶用量 0.55mL/kg，消化时间 18h
塑性初值 P_0	$A_1C_{1或3}B_3$	消化温度 40℃，酶用量 0.75mL/kg，消化时间 12h 或 24h
塑性保持率 PRI	$C_2B_1A_3$	消化温度 60℃，酶用量 0.35mL/kg，消化时间 18h

结果表明：A、B、C 三个因子的水平选择并没有明显的规律，这与考察指标的选定有关。

b. 专业分析。

ⅰ. 就因子 C（消化时间）而言，在满足氮含量达标的情况下（除实验号 1 稍大一些外），应注重 P_0、PRI，特别是 PRI，应以 PRI 为主，P_0 为辅，而氮含量为次。选择 C_2 会更适合一些。

ⅱ. 就因子 B（酶用量）而言，可以考虑选择 B_2 或 B_1。而若选择 B_1，意味着所需酶用量更少一些，对生产成本降低则更为有利一些。

ⅲ. 就因子 A（消化温度）而言，可以考虑选择 A_1 或 A_2。而若选择 A_1，意味着所需消化温度更低一些，同样对生产操作及其成本是有利的。

综上分析，最后选择的优化组合为 $A_1B_1C_2$。因挑选的组合 $A_1B_1C_2$ 并未出现在 9 个组合当中，如有必要的话，可做一次验证实验。

⑦ 指标估计　以选定的优化组合 $A_1B_1C_2$ 分别对氮含量 $w(\mathrm{N})$、塑性初值 P_0、塑性保持率 PRI 作指标估计。

a. 氮含量 $w(\mathrm{N})$。

$\bar{y}=0.3726$；

$a_1=k_{\mathrm{A1}}-\bar{y}=0.4903-0.3726=0.1177$；$b_1=k_{\mathrm{B1}}-\bar{y}=0.4163-0.3726=0.0437$；$c_2=k_{\mathrm{C2}}-\bar{y}=0.3470-0.3726=-0.0256$；

$\hat{y}=\bar{y}+a_1+b_1+c_2=0.3726+0.1177+0.0437+(-0.0256)=0.5084$

b. 塑性初值 P_0。

$\bar{y}=42.78$；

$a_1=k_{\mathrm{A1}}-\bar{y}=44.00-42.78=1.22$；$b_1=k_{\mathrm{B1}}-\bar{y}=42.00-42.78=-0.78$；$c_2=k_{\mathrm{C2}}-\bar{y}=41.67-42.78=-1.11$；

$\hat{y}=\bar{y}+a_1+b_1+c_2=42.78+1.22+(-0.78)+(-1.11)=42.11$

c. 塑性保持率 PRI。

$\bar{y}=86.10$；

$a_1=k_{\mathrm{A1}}-\bar{y}=86.43-86.10=0.33$；$b_1=k_{\mathrm{B1}}-\bar{y}=92.87-86.10=6.77$；$c_2=k_{\mathrm{C2}}-\bar{y}=93.67-86.10=7.57$；

$\hat{y}=\bar{y}+a_1+b_1+c_2=86.10+0.33+6.77+7.57=100.77$

综上计算分析，在优化组合 $A_1B_1C_2$ 及随后经抗氧化处理，所得胶清橡胶理化性能指标估计值为 $w(\mathrm{N})=0.5084\%$，$P_0=42.11$，$\mathrm{PRI}=100.77\%$，完全能满足 $5^{\#}$ 标准胶的要求。

（2）综合评分法

对于多个指标彼此为不同类型、不同单位时，通常采用指标隶属度加权评分法，以便进行综合分计算，依照综合分越高越好挑选最适水平组合，获得最优方案。

① 指标隶属度计算。

a. 对于指标值越高越好：隶属度=(指标值－最小值)/(最大值－最小值)

b. 对于指标值越低越好：隶属度=(最大值－指标值)/(最大值－最小值)

c. 对于指标值以中值、均值或某指定值为好。

ⅰ. 在小于等于中值、均值或某指定值时：

隶属度＝(指标值－最小值)/(中值、均值或某指定值－最小值)

ⅱ. 在大于等于中值、均值或某指定值时：

隶属度＝(最大值－指标值)/(最大值－中值、均值或某指定值)

② 综合分计算。

综合分＝指标$_1$ 权重×指标$_1$ 隶属度＋指标$_2$ 权重×指标$_2$ 隶属度＋…

【例 4-6】胶清橡胶品质提升的制备工艺优化的研究。

【解】① 实验设计及其测试结果，见例 4-5。

② 极差分析，采用指标隶属度加权评分法（假定各指标权重均为 1/3），见表 4-35。

表 4-35　极差分析

实验号(i)		列(g) A(消化温度/℃)	B(酶用量/mL/kg)	C(消化时间/h)	空列	实验结果(y_i) 氮含量/%	塑性初值	塑性保持率/%	隶属度 氮含量/%	塑性初值	塑性保持率/%	综合分
1		1(40)	1(0.35)	1(12)	1	0.587	44.0	93.0	0.000	0.800	0.814	0.5380
2		1	2(0.55)	2(18)	2	0.388	43.0	93.0	0.601	0.600	0.814	0.6718
3		1	3(0.75)	3(24)	3	0.496	45.0	73.3	0.275	1.000	0.000	0.4250
4		2(50)	1	2	3	0.337	40.0	97.5	0.755	0.000	1.000	0.5851
5		2	2	3	1	0.256	43.0	79.1	1.000	0.600	0.240	0.6132
6		2	3	1	2	0.318	43.0	76.7	0.813	0.600	0.141	0.5177
7		3(60)	1	3	2	0.325	42.0	88.1	0.792	0.400	0.612	0.6010
8		3	2	1	3	0.330	43.0	83.7	0.776	0.600	0.430	0.6021
9		3	3	2	1	0.316	42.0	90.5	0.819	0.400	0.711	0.6432
氮含量	K_{g1}	1.471	1.249	1.235								
	K_{g2}	0.911	0.974	1.041		3.353 ($y_.$)						
	K_{g3}	0.971	1.130	1.077								
	k_{g1}	0.4903	0.4163	0.4117								
	k_{g2}	0.3037	0.3247	0.3470		0.3726 ($\bar{y}$)						
	k_{g3}	0.3237	0.3767	0.3590								
塑性初值	K_{g1}	132.0	126.0	130.0								
	K_{g2}	126.0	129.0	125.0			385.0 ($y_.$)					
	K_{g3}	127.0	130.0	130.0								
	k_{g1}	44.00	42.00	43.33								
	k_{g2}	42.00	43.00	41.67			42.78 ($\bar{y}$)					
	k_{g3}	42.33	43.33	43.33								
塑性保持率	K_{g1}	259.3	278.6	253.4								
	K_{g2}	253.3	255.8	281.0				774.9 ($y_.$)				
	K_{g3}	262.3	240.5	240.5								
	k_{g1}	86.43	92.87	84.47								
	k_{g2}	84.43	85.27	93.67				86.10 ($\bar{y}$)				
	k_{g3}	87.43	80.17	80.17								

续表

实验号(*i*)		列(*g*)				实验结果(y_i)			隶属度			综合分
		A(消化温度/℃)	B(酶用量/mL/kg)	C(消化时间/h)	空列	氮含量/%	塑性初值	塑性保持率/%	氮含量/%	塑性初值	塑性保持率/%	
综合分	K_{g1}	1.6347	1.7241	1.6578	1.7944							
	K_{g2}	1.7160	1.8870	1.9000	1.7905							5.1971($y_.$)
	K_{g3}	1.8463	1.5859	1.6392	1.6121							
	k_{g1}	0.5449	0.5747	0.5526	0.5981							
	k_{g2}	0.5720	0.6290	0.6333	0.5968							0.5775($\bar{y}$)
	k_{g3}	0.6154	0.5286	0.5464	0.5374							
R_g		0.0705	0.1004	0.0869	0.0607							

根据综合评分法，按 R_g 大小，确定因子的主次顺序依次为 B、C、A；根据综合分越高越好的原则，选 k_{gp} 最大所对应的水平为优化水平，最终可以确定最适水平组合 $B_2C_2A_3$、即优化工艺为酶用量 0.55mL/kg、消化时间 18h、消化温度 60℃。

③ 指标估计　以最适水平组合 $A_3B_2C_2$ 为例：

a. 氮含量 $w(N)$。

$\bar{y}=0.3726$；

$a_3=k_{A3}-\bar{y}=0.3237-0.3726=-0.0489$；$b_2=k_{B2}-\bar{y}=0.3247-0.3726=-0.0479$；$c_2=k_{C2}-\bar{y}=0.3470-0.3726=-0.0256$；

$\hat{y}=\bar{y}+a_3+b_2+c_2=0.3726+(-0.0489)+(-0.0479)+(-0.0256)=0.2502$

b. 塑性初值 P_0。

$\bar{y}=42.78$；

$a_3=k_{A3}-\bar{y}=42.33-42.78=-0.45$；$b_2=k_{B2}-\bar{y}=43.00-42.78=0.22$；$c_2=k_{C2}-\bar{y}=41.67-42.78=-1.11$；

$\hat{y}=\bar{y}+a_3+b_2+c_2=42.78+(-0.45)+0.22+(-1.11)=41.44$

c. 塑性保持率 PRI。

$\bar{y}=86.10$；

$a_3=k_{A3}-\bar{y}=87.43-86.10=1.33$；$b_2=k_{B2}-\bar{y}=85.27-86.10=-0.83$；$c_2=k_{C2}-\bar{y}=93.67-86.10=7.57$；

$\hat{y}=\bar{y}+a_3+b_2+c_2=86.10+1.33+(-0.83)+7.57=94.17$

④ 验证实验　因最适水平组合 $A_3B_2C_2$ 并未包括在 9 个实验中，故应做一次验证实验，看看是否比表 4-30 中的实验结果更好，进而确定真正的优化方案。

对比例 4-5 与例 4-6，鉴于对所采用多指标处理方法的不同，因而所得最适水平组合并不相同，指标估计也并不相同。究竟哪一种水平组合更为理想，应该完全由实验者根据实际需要加以选择和进一步优化，必要时作验证实验最终做出选择。

4.2.2 方差分析法

极差分析（也称“直观分析”）所体现出的优点在于简单直观、计算量少；根据指标值的要求，直接依据极差 R_g（或调整极差 R'_g）大小，便可确定因子及交互作用的主次顺序；依据 k_{gp} 大小，结合搭配效应，最终选定优化方案。但是，极差分析无法给出误差大小的估计，进而无法对因子及交互作用做出显著性判断。而方差分析在达成与极差分析相同效果的基础上，还能给予显著性判断，体现“更为精准”这一优点，尽管数据处理过程相对比较复杂。

第一步：一般资料模式。

以水平相等（饱和型）的 $L_n(m^l)$ 正交设计为例，表 4-36 给出其一般资料模式。

表 4-36 $L_n(m^l)$ 正交设计资料模式

实验号 (i)		列(g,包含因子、交互作用及空列)						实验结果 y_i	y_i^2
		1(A)	2(B)	…	g	…	l		
1		1	…	…	…	…	…	y_1	y_1^2
2		1	…	…	…	…	…	y_2	y_2^2
…		…	…	…	…	…	…	…	…
…		…	…	…	…	…	…	…	…
n		m	…	…	…	…	…	y_n	y_n^2
K_{gp}	K_{g1}	K_{11}	K_{21}	…	K_{g1}	…	K_{l1}	$\sum_{i=1}^{n} y_i$ ($y_.$)	$\sum_{i=1}^{n} y_i^2$ (Q_T)
	K_{g2}	K_{12}	K_{22}	…	K_{g2}	…	K_{l2}		
	…	…	…	…	…	…	…		
	K_{gm}	K_{1m}	K_{2m}	…	K_{gm}	…	K_{lm}		
K_{gp}^2	K_{g1}^2	K_{11}^2	K_{21}^2	…	K_{g1}^2	…	K_{l1}^2		
	K_{g2}^2	K_{12}^2	K_{22}^2	…	K_{g2}^2	…	K_{l2}^2		
	…	…	…	…	…	…	…		
	K_{gm}^2	K_{1m}^2	K_{2m}^2	…	K_{gm}^2	…	K_{lm}^2		
SS_g		SS_1	SS_2	…	SS_g	…	SS_l		

【符号解释】

n 代表实验总数（$i=1, 2, \cdots, n$）；m 代表水平数（$p=1, 2, \cdots, m$）；

r 代表水平重复数（$s=1, 2, \cdots, r$），显然，有 $r=n/m$；

K_{gp} 代表第 g 列某一水平 p 对应的观察值之和（$p=1, 2, \cdots, m$；$g=1, 2, \cdots, l$）；

y_i 代表第 i 个实验号的观察值（$i=1, 2, \cdots, n$）；$y_.$ 代表所有观察值之和。

总偏差平方和 $SS_T=\sum_{i=1}^{n} y_i^2 - y_.^2/n = Q_T - CT$，$Q_T$ 代表平方总和，CT 代表矫正数；

第 g 列偏差平方和 $SS_g=\sum_{p=1}^{m} K_{gp}^2/r - y_.^2/n=(K_{g1}^2+K_{g2}^2+\cdots+K_{gm}^2)/r - y_.^2/n = Q_g/r - CT$，$Q_g$ 代表第 g 列在不同水平下对应观察值和之平方的总和。

第二步：列出方差分析表（见表 4-37），并进行显著性检验。

表 4-37 方差分析表

变异来源	SS	df	MS	F	$F_{0.05}$	$F_{0.01}$
A	$SS_A=S_1$	$df_A=m-1$	$MS_A=SS_A/df_A$	$F_A=MS_A/MS_e$		
B	$SS_B=S_2$	$df_B=m-1$	$MS_B=SS_B/df_B$	$F_B=MS_B/MS_e$		

续表

变异来源	SS	df	MS	F	$F_{0.05}$	$F_{0.01}$
A×B … 误差 e	$SS_{A\times B}=S_3$ … SS_e	$df_{A\times B}=df_A\times df_B$ … df_e	$MS_{A\times B}=SS_{A\times B}/df_{A\times B}$ … $MS_e=SS_e/df_e$	$F_{A\times B}=MS_{A\times B}/MS_e$ …		
总变异 T	SS_T	$df_T=n-1$				

【说明】①SS_A、SS_B 为 A、B 两因子所占列的偏差平方和。

② $SS_{A\times B}$ 为交互作用所占列的偏差平方和之和。

若 $m=2$，交互作用只占一列；若 $m=3$，交互作用占两列；若 $m=4$，交互作用要占三列，如在 $L_{16}(4^5)$ 表中，如 A、B 分别占第 1、2 列，则 $SS_{A\times B}=SS_3+SS_4+SS_5$，以此类推。

③ SS_e 为误差所占列的偏差平方和之和，即除因子及交互作用所占列之外的所有空列的偏差平方和之和。

每列的自由度为 $m-1$，各列偏差平方和的自由度等于其所占列的自由度之和。

对于混合型 $L_n(m_1^{l1}\times m_2^{l2})$ 正交表，也可按上述方法进行相关计算，但要换上相应 m、l。

第三步：结果分析及方案优化。

a. 根据方差分析表中的 F 大小，确定因子及交互作用的主次顺序。这与极差分析表中采用 R_g 大小所确定的结果是一致的。

b. 比较 F 与 $F_{0.05}$、$F_{0.01}$ 的大小，确定因子及交互作用的显著性。

关于这一点，确实是极差分析法所不能及的，也正是体现其“更为精准”。

无论采用极差分析还是方差分析，对因子及交互作用，总是可以根据 R_g 或 F 确定因子及交互作用的主次顺序。但能否断定排在前面的因子及交互作用就对实验结果有（极）显著影响，或能否排除排在后面的因子及交互作用就对实验结果没有（极）显著影响，则只有通过方差分析才能作出正确的判断。

c. 选定最优方案。

根据因子的显著性及其主次顺序（若交互作用显著，需进行因子水平搭配效应计算），并考虑实验指标值的要求，是越大越好还是越小越好，最终依据 K_{gp}（或结合搭配效应）选定最适水平组合，即获得优化方案。

【情形一】 水平相等

（1）不考虑交互作用

Ⅰ. 无重复

无重复正交实验结果的方差分析，其误差是由“空列”来估计的。然而，“空列”并不空，实际上是被未考察的交互作用所占据。这种误差既包含实验误差，也包含交互作用，称“模型误差”。

若交互作用不存在，用模型误差估计实验误差是可行的；

若因子之间存在交互作用，则模型误差会夸大实验误差，有可能掩盖被考察因子的显著性。这时，实验误差应通过重复实验来估计。所以，进行正交实验最好能有 2 次以上的重复。

【例 4-7】高吸水树脂的合成及其应用。

高吸水树脂是一种吸水、保水能力强的新型功能高分子材料，在工业、农林园艺、生理卫生、医药食品、土木工程、日用化工等方面有着广泛应用。如何获得吸水率较高，吸水后凝胶强度、分散性及均匀性好的高吸水树脂，是高分子材料重要的研究课题之一。影响聚丙烯酰胺类吸水树脂吸水率的主要因子包括丙烯酰胺与丙烯酸摩尔比（$n_{AM}:n_{AA}$）中和度、引发剂量与交联剂量、反应温度、反应时间等。

【解】① 明确实验目的，确定考察指标。实验目的是聚丙烯酰胺类吸水树脂制备工艺的优化；选定的实验指标为吸水率（g/g），且其值越高越好。

② 制订因子水平表，见表4-38。

表4-38 因子与水平表

水平	因子					
	A ($n_{AM}:n_{AA}$)/%	B (中和度)/%	C(交联剂量，$\times10^{-4}$)/g	D(引发剂量，$\times10^{-5}$)/g	E(反应时间)/h	F(反应温度)/℃
1	29.5	68.5	2.06	8.34	0.5	54
2	30.0	70.5	2.74	12.50	1.0	58
3	30.5	72.5	3.43	16.67	1.5	62

③ 选用合适的正交表并设计实验方案，见表4-39。

表4-39 $L_{18}(3^7)$ 正交实验设计方案

实验号(i)	列(g)						
	A ($n_{AM}:n_{AA}$/%)	B(中和度)/%	C(交联剂量，$\times10^{-4}$/g)	D(引发剂量，$\times10^{-5}$/g)	E(反应时间)/h	F(反应温度)/℃	空列
1	1(29.5)	1(68.5)	1(2.06)	1(8.34)	1(0.5)	1(54)	1
2	1	2(70.5)	2(2.74)	2(12.50)	2(1.0)	2(58)	2
3	1	3(72.5)	3(3.43)	3(16.67)	3(1.5)	3(62)	3
4	2(30.0)	1	1	2	2	3	3
5	2	2	2	3	3	1	1
6	2	3	3	1	1	2	2
7	3(30.5)	1	2	1	3	2	3
8	3	2	3	2	1	3	1
9	3	3	1	3	2	1	2
10	1	1	3	3	2	2	1
11	1	2	1	1	3	3	2
12	1	3	2	2	1	1	3
13	2	1	2	3	1	3	2
14	2	2	3	1	2	1	3
15	2	3	1	2	3	2	1
16	3	1	3	2	3	1	2
17	3	2	1	3	1	2	3
18	3	3	2	1	2	3	1

④ 实施实验方案，测试并记录结果，见表4-40。

表4-40 吸水性能

实验号(i)	列(g)							吸水率 y_i(g/g)	
	A ($n_{AM}:n_{AA}$/%)	B (中和度/%)	C(交联剂量，$\times10^{-4}$/g)	D(引发剂量，$\times10^{-5}$/g)	E(反应时间/h)	F(反应温度/℃)	空列	常压	加压
1	1(29.5)	1(68.5)	1(2.06)	1(8.34)	1(0.5)	1(54)	1	37	18
2	1	2(70.5)	2(2.74)	2(12.50)	2(1.0)	2(58)	2	47	18

续表

实验号 (i)	列(g)							吸水率 y_i(g/g)	
	A (n_{AM} : n_{AA}/%)	B (中和度/%)	C(交联剂量，$\times10^{-4}$/g)	D(引发剂量，$\times10^{-5}$/g)	E(反应时间/h)	F(反应温度/℃)	空列	常压	加压
3	1	3(72.5)	3(3.43)	3(16.67)	3(1.5)	3(62)	3	51	12
4	2(30.0)	1	1	2	2	3	3	56	8
5	2	2	2	3	3	1	1	51	18
6	2	3	3	1	1	2	2	42	21
7	3(30.5)	1	2	1	3	2	3	39	22
8	3	2	3	2	1	3	1	48	18
9	3	3	1	3	2	1	2	58	20
10	1	1	3	3	2	2	1	60	13
11	1	2	1	1	3	3	2	47	15
12	1	3	2	2	1	1	3	45	18
13	2	1	2	3	1	3	2	55	15
14	2	2	3	1	2	1	3	48	17
15	2	3	1	2	3	2	1	58	11
16	3	1	3	2	3	1	2	46	18
17	3	2	1	3	1	2	3	49	19
18	3	3	2	1	2	3	1	54	15

⑤ 数据计算及其方差分析。

a. 以常压吸水率为考核指标，综合考虑各实验因子对聚丙烯酰胺类吸水树脂吸水性能的影响，采用方差分析法优化制备工艺，相关数据计算见表 4-41，方差分析表见表 4-42。

表 4-41 相关数据计算

实验号 (i)	列(g)							常压吸水率 y_i (g/g)
	A (n_{AM} : n_{AA}/%)	B (中和度/%)	C(交联剂量，$\times10^{-4}$/g)	D(引发剂量，$\times10^{-5}$/g)	E(反应时间/h)	F(反应温度/℃)	空列	
1	1(29.5)	1(68.5)	1(2.06)	1(8.34)	1(0.5)	1(54)	1	37
2	1	2(70.5)	2(2.74)	2(12.50)	2(1.0)	2(58)	2	47
3	1	3(72.5)	3(3.43)	3(16.67)	3(1.5)	3(62)	3	51
4	2(30.0)	1	1	2	2	3	3	56
5	2	2	2	3	3	1	1	51
6	2	3	3	1	1	2	2	42
7	3(30.5)	1	2	1	3	2	3	39
8	3	2	3	2	1	3	1	48
9	3	3	1	3	2	1	2	58
10	1	1	3	3	2	2	1	60
11	1	2	1	1	3	3	2	47
12	1	3	2	2	1	1	3	45
13	2	1	2	3	1	3	2	55
14	2	2	3	1	2	1	3	48
15	2	3	1	2	3	2	1	58
16	3	1	3	2	3	1	2	46
17	3	2	1	3	1	2	3	49
18	3	3	2	1	2	3	1	54

续表

实验号 (i)		列(g) A ($n_{AM}:n_{AA}$/%)	B (中和度/%)	C(交联剂量，$\times10^{-4}$/g)	D(引发剂量，$\times10^{-5}$/g)	E(反应时间/h)	F(反应温度/℃)	空列	常压吸水率 y_i (g/g)
K_{gp}	K_{g1}	287	293	305	267	276	285	308	891 ($y.$)
	K_{g2}	310	290	291	300	323	295	295	
	K_{g3}	294	308	295	324	292	311	288	
k_{gp}	k_{g1}	47.8	48.8	50.8	44.5	46.0	47.5		49.5 ($\bar{y}$)
	k_{g2}	51.7	48.3	48.5	50.0	53.8	49.2		
	k_{g3}	49.0	51.3	49.2	54.0	48.7	51.8		
K_{gp}^2	K_{g1}^2	82369	85849	93025	71289	76176	81225	94864	44829 (Q_T)
	K_{g2}^2	96100	84100	84681	90000	104329	87025	87025	
	K_{g3}^2	86436	94864	87025	104976	85264	96721	82944	
SS_g		46.333	31.000	17.333	273.000	190.333	57.333	34.333	

表 4-42　方差分析表

变异来源	SS	df	MS	F	$F_{0.05}$	$F_{0.01}$
A($n_{AM}:n_{AA}$)	46.333	2	23.1665	1.0611	5.7861	13.2739
B(中和度)/%	31.000	2	15.5000	0.7099		
C(交联剂量，$\times10^{-4}$)/g	17.333	2	8.6667	0.3969		
D(引发剂量，$\times10^{-5}$)/g	273.000	2	136.5000	6.2519*		
E(反应时间)/h	190.333	2	95.1667	4.3588		
F(反应温度)/℃	57.333	2	28.6667	1.3130		
误差 e(空列)	109.167	5	21.8333			
总变异	724.500	17				

结果表明：ⅰ.以常压下吸水率为指标，各因子作用主次为 D>E>F>A>B>C，并依据指标值越高越好的原则，选取的优化方案为 $A_2B_3C_1D_3E_2F_3$；ⅱ.除因子 D（引发剂用量）对指标影响达到显著外，其余因子均未达到显著。

b. 以加压吸水率为考核指标，综合考虑各实验因子对聚丙烯酰胺类吸水树脂吸水性能的影响，采用方差分析法优化制备工艺，相关数据计算见表 4-43，方差分析表见表 4-44。

表 4-43　相关数据计算

实验号 (i)	列(g) A ($n_{AM}:n_{AA}$/%)	B(中和度)/%	C(交联剂量，$\times10^{-4}$/g)	D(引发剂量，$\times10^{-5}$/g)	E(反应时间/h)	F(反应温度/℃)	空列	加压吸水率 y_i (g/g)
1	1(29.5)	1(68.5)	1(2.06)	1(8.34)	1(0.5)	1(54)	1	18
2	1	2(70.5)	2(2.74)	2(12.50)	2(1.0)	2(58)	1	18
3	1	3(72.5)	3(3.43)	3(16.67)	3(1.5)	3(62)	1	12
4	2(30.0)	1	1	2	2	3	1	8
5	2	2	2	3	3	1	1	18
6	2	3	3	1	1	2	1	21
7	3(30.5)	1	2	1	3	2	2	22
8	3	2	3	2	1	3	2	18

续表

实验号 (i)		列(g) A ($n_{AM}:n_{AA}$/%)	B(中和度)/%	C(交联剂量，$\times10^{-4}$/g)	D(引发剂量，$\times10^{-5}$/g)	E(反应时间/h)	F(反应温度/℃)	空列	加压吸水率 y_i (g/g)
9		3	3	1	3	2	1	2	20
10		1	1	3	3	2	2	2	13
11		1	2	1	1	3	3	2	15
12		1	3	2	2	1	1	2	18
13		2	1	2	3	1	3	3	15
14		2	2	3	1	2	1	3	17
15		2	3	1	2	3	2	3	11
16		3	1	3	2	3	1	3	18
17		3	2	1	3	1	2	3	19
18		3	3	2	1	2	3	3	15
K_{gp}	K_{g1}	94	94	91	108	109	109	93	296 ($y_.$)
	K_{g2}	90	105	106	91	91	104	107	
	K_{g3}	112	97	99	97	96	83	96	
k_{gp}	k_{g1}	15.7	15.7	15.2	18.0	18.2	18.2		16.4 ($\bar{y}$)
	k_{g2}	15.0	17.5	17.7	15.2	15.2	17.3		
	k_{g3}	18.7	16.2	16.5	16.2	16.0	13.8		
K_{gp}^2	K_{g1}^2	8836	8836	8281	11664	11881	11881	8649	5092 (Q_T)
	K_{g2}^2	8100	11025	11236	8281	8281	10816	11449	
	K_{g3}^2	12544	9409	9801	9409	9216	6889	9216	
SS_g		45.778	10.778	18.778	24.778	28.778	63.444	18.111	

表 4-44　方差分析表

变异来源	SS	df	MS	F	$F_{0.05}$	$F_{0.01}$
A($n_{AM}:n_{AA}$/%)	45.778	2	22.8889	3.5640	5.7861	13.2739
B(中和度)/%	10.778	2	5.3889	0.8391		
C(交联剂量，$\times10^{-4}$/g)	18.778	2	9.3889	1.4619		
D(引发剂量，$\times10^{-5}$/g)	24.778	2	12.3889	1.9291		
E(反应时间/h)	28.778	2	14.3889	2.2405		
F(反应温度/℃)	63.444	2	31.7222	4.9394		
误差 e(空列)	32.111	5	6.4222			
总变异	224.444	17				

结果表明：ⅰ.以加压下吸水率为指标，各因子作用主次为 F＞A＞E＞D＞C＞B，并依据指标值越高越好的原则，选取的优化方案为 $A_3B_2C_2D_1E_1F_1$；ⅱ.所有实验因子对指标影响均未达到显著。

⑥ 指标估计。

a. 以最适水平组合 $A_2B_3C_1D_3E_2F_3$ 为例，对常压下吸水率进行估计。

$\bar{y}=49.5$；

$a_2=k_{A2}-\bar{y}=51.7-49.5=2.2$；$b_3=k_{B3}-\bar{y}=51.3-49.5=1.8$；$c_1=k_{C1}-\bar{y}=50.8-49.5=1.3$；

$d_3=k_{D3}-\bar{y}=54.0-49.5=4.5$；$e_2=k_{E2}-\bar{y}=53.8-49.5=4.3$；$f_3=k_{F3}-\bar{y}=51.8-49.5=2.3$；

$\hat{y}=\bar{y}+a_2+b_3+c_1+d_3+e_2+f_3=49.5+2.2+1.8+1.3+4.5+4.3+2.3=65.9$。

b. 以最适水平组合 $A_3B_2C_2D_1E_1F_1$ 为例，对加压下吸水率进行估计。

$\bar{y}=16.4$；

$a_3=k_{A3}-\bar{y}=18.7-16.4=2.3$；$b_2=k_{B2}-\bar{y}=17.5-16.4=1.1$；$c_2=k_{C2}-\bar{y}=17.7-16.4=1.3$；

$d_1=k_{D1}-\bar{y}=18.0-16.4=1.6$；$e_1=k_{E1}-\bar{y}=18.2-16.4=1.8$；$f_1=k_{F1}-\bar{y}=18.2-16.4=1.8$；

$\hat{y}=\bar{y}+a_3+b_2+c_2+d_1+e_1+f_1=16.4+2.3+1.1+1.3+1.6+1.8+1.8=26.3$。

⑦ 验证实验。分别选取优化组合（$A_2B_3C_1D_3E_2F_3$ 或 $A_3B_2C_2D_1E_1F_1$）进行验证实验，结果显示：常压优化方案的吸水率为 69g/g，加压优化方案的吸水率为 23g/g，较正交表中各水平因子下所得结果好。

须指出的是，以最适水平组合 $A_2B_3C_1D_3E_2F_3$ 作验证实验所得常压下吸水率甚至比预测估计值还要高，其原因可能包括验证实验误差较大，甚至是人为误差；前后实验条件已经无法做到严格的一致；因子之间也许存在交互作用等。

⑧ 结果讨论。以常压吸水率为指标，最优方案为 $A_2B_3C_1D_3E_2F_3$；以加压吸水率为指标，最优方案为 $A_3B_2C_2D_1E_1F_1$。而在实际应用中，要求产品在加压和常压下同时具有较高吸水率，因此，上述两种方案均仅具参考价值，不能作为产品综合性能好的制备工艺。

由前面分析可知：中和度和交联剂用量对吸水树脂吸水率影响相对较小，其余因子影响较大，这说明可采用高（或低）水平的交联剂用量和高水平的中和度使产品在常压和加压下在盐溶液中有尽可能高的吸水率；鉴于引发剂用量对加压下吸水率影响较小，而对常压吸水率影响较大，故在制备产品时，可采用高水平的引发剂用量来提高常压吸水率而尽量避免加压吸水率减小，也可采用较低水平的反应温度和高水平的丙烯酰胺用量使产品加压下吸水率提高而尽量避免常压吸水率减小。

综上分析，采用 $A_3B_3C_3D_3E_3F_2$ 工艺条件，经进一步验证实验，所得高吸水树脂的常压吸水率、加压吸水率分别为 60g/g、18g/g。结合表 4-40 的实验号 9，说明在制备综合性能均较好的高吸水树脂时，上述考量是合理的。

Ⅱ. 有重复

用正交表安排实验时，为提高精密度和可靠性，通常采用重复实验和重复取样。

所谓重复实验是指安排实验时，将同号实验重复做若干次进行测试。所谓重复取样是指在一个实验中，同时抽取若干个样品进行测试。

① 重复实验　正交表安排实验时，往往会遇到如下两种情形：

a. 正交表各列已被因子及其交互作用所占满，没有空列，为估计实验误差，一般除选用更大正交表外，还可采用重复实验，并将重复实验误差作为实验误差。

b. 尽管正交表的所有列并未被因子及其交互作用所完全占满，但出于实验本身需要，也可采用重复实验。

关于重复实验的方差分析，与无重复实验的方差分析基本相同。须特别注意的是：

a. 计算 K_{gp} 时，是直接以实验号所有重复数据之和（无需求均数）进行计算。

b. 偏差平方和计算式中的“水平重复数 r'”等于“无重复实验时的水平重复数 $r\times$重复观察数 k”，即 $SS_g=(K_{g1}{}^2+K_{g2}{}^2+\cdots K_{gm}{}^2)/r'-CT=(K_{g1}{}^2+K_{g2}{}^2+\cdots+K_{gm}{}^2)/(r\times k)-CT$ 。

重复实验又可包括“完全随机重复实验”和“随机区组化重复实验”这两种情形，两者处理及其方差分析也有一些差异。

a. 完全随机重复实验。因总误差同时包括空列（模型）误差和重复误差，故须合并计算得到“合并误差 e^*”，再作方差分析。

ⅰ. 空列误差的计算：与无重复实验的基本相同，只是需增加考虑水平重复数 r。

$SS_{e1}=(K_{空列1}{}^2+K_{空列2}{}^2+\cdots+K_{空列m}{}^2)/(r\times k)-y_{..}{}^2/(n\times k)$；$df_{e1}=r-1$

ⅱ. 重复误差的计算：

$$SS_{e2}=SS_T-SS_t=\sum_{i=1}^{n}\sum_{j=1}^{k}(y_{ij})^2-\sum_{i=1}^{n}(\sum_{j=1}^{k}y_{ij})^2/k=Q_T-Q_t/k；df_{e2}=n\times(k-1)$$

式中，Q_t 代表任一处理和之平方的和。

则：合并误差平方和 $SS_{e*}=SS_{e1}+SS_{e2}$；合并误差自由度 $df_{e*}=df_{e1}+df_{e2}$。

【例 4-8】烟灰砖实验（完全随机重复实验）。

经验可知，影响烟灰砖干坯扯断力（kgf/cm^2）的主要因子有三个，并均取三种水平，具体是 A（成型水分含量，%）：$A_1=9$、$A_2=10$、$A_3=11$；B（碾压时间，min）：$B_1=8$、$B_2=10$、$B_3=12$；C（盘料重，kg）：$C_1=330$、$C_2=365$、$C_3=400$；交互作用可不考虑。选用 $L_9(3^4)$ 正交表，因实验本身需要，实验重复 5 次，采用完全随机设计，具体安排及所得结果如表 4-45 所示。试进行方差分析，确定最优工艺，并预测指标估计值（假定干坯扯断力越高越好）。

表 4-45 烟灰砖 $L_9(3^4)$ 正交实验设计及其结果

实验号(i)	列(g)				干坯扯断力(y_{ij})/(kgf/cm^2)❶				
	A(成型水分含量/%)	B(碾压时间/min)	C(盘料重/kg)	空列 e_1	1	2	3	4	5
1	1(9)	1(8)	1(330)	1	16.8	16.2	18.3	17.9	15.5
2	1	2(10)	2(365)	2	17.0	15.6	18.2	25.3	19.3
3	1	3(12)	3(400)	3	16.7	17.7	17.6	17.4	14.3
4	2(10)	1	2	3	18.2	21.3	18.6	18.8	12.1
5	2	2	3	1	24.5	21.0	27.2	24.7	21.0
6	2	3	1	2	17.1	18.4	20.9	20.6	18.1
7	3(11)	1	3	2	25.7	19.3	23.0	38.6	19.7
8	3	2	1	3	23.6	15.2	19.4	22.0	21.8
9	3	3	2	1	22.0	23.4	27.0	22.4	20.5

❶ $1kgf/cm^2=0.1MPa$。

【解】a. 相关数据计算，见表 4-46。

表 4-46 $L_9(3^4)$ 正交实验设计与结果及其相关计算

实验号(i)	列(g) A(成型水分含量/%)	B(碾压时间/min)	C(盘料重/kg)	空列 e_1	干坯扯断力(y_{ij})/(kgf/cm²) 1	2	3	4	5	$y_{i.}$
1	1(9)	1(8)	1(330)	1	16.8	16.2	18.3	17.9	15.5	84.7
2	1	2(10)	2(365)	2	17.0	15.6	18.2	25.3	19.3	95.4
3	1	3(12)	3(400)	3	16.7	17.7	17.6	17.4	14.3	83.7
4	2(10)	1	2	3	18.2	21.3	18.6	18.8	12.1	89.0
5	2	2	3	1	24.5	21.0	27.2	24.7	21.0	118.4
6	2	3	1	2	17.1	18.4	20.9	20.6	18.1	95.1
7	3(11)	1	3	2	25.7	19.3	23.0	38.6	19.7	126.3
8	3	2	1	3	23.6	15.2	19.4	22.0	21.8	102.0
9	3	3	2	1	22.0	23.4	27.0	22.4	20.5	115.3
K_{gp} K_{g1}	263.8	300.0	281.8	318.4						
K_{g2}	302.5	315.8	299.7	316.8						909.9 ($y_{..}$)
K_{g3}	343.6	294.1	328.4	274.7						
k_{gp} k_{g1}	17.59	20.00	18.79	21.23						
k_{g2}	20.17	21.05	19.98	21.12						20.22 ($\bar{y}$)
k_{g3}	22.91	19.61	21.89	18.31						
K_{gp}^2 K_{g1}^2	69590.44	90000.00	79411.24	101378.56						
K_{g2}^2	91506.25	999729.64	89820.09	100362.24						
K_{g3}^2	118060.96	86494.81	107846.56	75460.09						
SS_g	212.3320	16.7853	73.6813	81.8813						

b. 由重复实验产生的误差平方和 SS_{e2} 及其自由度 df_{e2} 的计算。

$SS_{e2}=\sum_{i=1}^{n}\sum_{j=1}^{k}y_{ij}^{\,2}-\sum_{i=1}^{n}y_{i.}^{\,2}/k=[16.8^2+16.2^2+\cdots+20.5^2]-[84.7^2+95.4^2+\cdots+115.3^2]/5=471.6120$

$df_{e2}=n\times(k-1)=9\times(5-1)=9\times4=36$

则：合并误差平方和 $SS_{e*}=SS_{e1}+SS_{e2}=81.8813+471.6120=553.4933$

合并误差自由度 $df_{e*}=df_{e1}+df_{e2}=2+36=38$

c. 列方差分析表，见表 4-47。

表 4-47 方差分析表

变异来源	SS	df	MS	F	$F_{0.05}$	$F_{0.01}$
A(成型水分含量/%)	212.3320	2	106.1660	7.2888**	3.2448	5.2112
B(碾压时间/min)	16.7853	2	8.3927	0.5762		
C(盘料重/kg)	73.6813	2	36.8407	2.5293		
合并误差 e^*	553.4933	38				
总变异	856.2920	44				

d. 结果分析及方案优化。

ⅰ. 依据 F 大小，确定因子的主次顺序依次为 A、C、B。

ⅱ. 因子显著性及其水平选取：因子 A 影响极显著，且 k_{A3} 最大，故取第三水平，A_3；因子 B、C 均不显著，通常情况下可任选一种水平，记为 B_0C_0。

最终，可以确定最适水平组合为 $A_3B_0C_0$，若取 $A_3B_2C_3$，即优化方案为成型水分含量 11%、碾压时间 10min、盘料重 400kg。

e. 指标估计。以最适水平组合 $A_3B_2C_3$ 为例：

$\bar{y}=20.22$；

$a_3=k_{A3}-\bar{y}=22.91-20.22=2.69$；$b_2=k_{B2}-\bar{y}=21.05-20.22=0.83$；$c_3=k_{C3}-\bar{y}=21.89-20.22=1.67$；

$\hat{y}=\bar{y}+a_3+b_2+c_3=20.22+2.69+0.83+1.67=25.41$。

f. 验证实验。直接观察可知，实验号 7 指标均值（25.26）最大，而 $A_3B_2C_3$ 并未出现在表 4-45 的 9 个实验之中，为此，还需进行验证实验。

b. 随机区组化重复实验。其总变异可划分为处理、区组、重复误差三部分。其中，总变异、处理的偏差平方和及自由度的计算，与情形一完全随机化的相同，关键在于区组偏差平方和及自由度的计算：

$$SS_q=\sum_{j=1}^{q}y_{.j}^{\ 2}/n-y_{..}^{\ 2}/(n\times q)\ ;\ df_q=q-1$$

进而重复误差有：$SS_{e2}=SS_T-SS_t-SS_q$；$df_{e2}=df_T-df_t-df_q$。

【例 4-9】烟灰砖实验（随机区组化重复实验）。

实验设计及其结果仍按例 4-8，假定采用随机区组化重复实验设计，试进行方差分析。

【解】①相关数据计算，见表 4-48。

表 4-48 相关数据计算

实验号 (i)	列(g)				重复观察值（干坯扯断力 y_{ik}）/(kgf/cm^2)					$y_{i.}$
	A(成型水分含量/%)	B(碾压时间/min)	C(盘料重/kg)	空列 e_1	Ⅰ	Ⅱ	Ⅲ	Ⅳ	Ⅴ	
1	1	1	1	1	16.8	16.2	18.3	17.9	15.5	84.7
2	1	2	2	2	17.0	15.6	18.2	25.3	19.3	95.4
3	1	3	3	3	16.7	17.7	17.6	17.4	14.3	83.7
4	2	1	2	3	18.2	21.3	18.6	18.8	12.1	89.0
5	2	2	3	1	24.5	21.0	27.2	24.7	21.0	118.4
6	2	3	1	2	17.1	18.4	20.9	20.6	18.1	95.1
7	3	1	3	2	25.7	19.3	23.0	38.6	19.7	126.3
8	3	2	1	3	23.6	15.2	19.4	22.0	21.8	102.0
9	3	3	2	1	22.0	23.4	27.0	22.4	20.5	115.3

续表

实验号(i)		列(g)：A(成型水分含量/%)	B(碾压时间/min)	C(盘料重/kg)	空列 e_1	重复观察值(干坯扯断力 y_{ik})/(kgf/cm²)：Ⅰ	Ⅱ	Ⅲ	Ⅳ	Ⅴ	$y_{i.}$
$y_{.j}$						181.6	168.1	190.2	207.7	162.3	
K_{gp}	K_{g1}	263.8	300.0	281.8	318.4						909.9 ($y_{..}$)
	K_{g2}	302.5	315.8	299.7	316.8						
	K_{g3}	343.6	294.1	328.4	274.7						
K_{gp}^2	K_{g1}^2	69590.44	90000.00	79411.24	101378.56						
	K_{g2}^2	91506.25	99729.64	89820.09	100362.24						
	K_{g3}^2	118060.96	86494.81	107846.56	75460.09						
SS_g		212.3320	16.7853	73.6813	81.8813						

$CT=y_{..}^{\ 2}/(k\times n)=909.9^2/(5\times 9)=18398.1780$

$SS_T=\sum_{i=1}^{9}\sum_{j=1}^{5}y_{ij}^{\ 2}-CT=16.8^2+16.2^2+\cdots+20.5^2-18398.1780=856.2920$；$df_T=k\times n-1=5\times 9-1=44$

$SS_q=\sum_{j=1}^{q}y_{.j}^{\ 2}/n-CT=(181.6^2+168.1^2+\cdots+162.3^2)/9-18398.1780=145.4653$；$df_q=q-1=5-1=4$

$SS_t=\sum_{i=1}^{n}y_{i.}^{\ 2}/k-CT=(84.7^2+95.4^2+\cdots+115.3^2)/5-18398.1780=384.6800$；$df_t=n-1=9-1=8$

$SS_{e2}=SS_T-SS_q-SS_t=856.2920-145.4653-384.6800=326.1467$；$df_{e2}=df_T-df_q-df_t=44-4-8=32$

② 列出方差分析表，进行 F 检验。

应先利用 F 检验空列误差与重复误差的显著性差异，以便确定两者是否可以合并。若经 F 检验，两者差异不显著，则可将两者合并，按合并误差计，类似例 4-8，再进行 F 检验与多重比较，以提高分析的精度；若经 F 检验，两者差异达成（极）显著，说明存在交互作用，不能将两者合并，此时只能以重复误差进行 F 检验与多重比较。

针对本例，因 $F=MS_{e1}/MS_{e2}=(81.8813/2)/(326.1447/32)=4.017$，查 $F_{0.05,2,32}=3.2945$，表明空列误差与重复误差的差异达到显著，故不能合并，只能以重复误差进行检验。具体见表 4-49。

表 4-49 方差分析表

变异来源	SS	df	MS	F	$F_{0.05}$	$F_{0.01}$
区组间	145.4653	4	36.3663	3.5681*	2.6684	3.9695
处理间:	384.6800	8				
A(成型水分含量/%)	212.3320	2	106.1660	10.4165**	3.2945	5.3363
B(碾压时间/min)	16.7853	2	8.3927	0.8234		
C(盘料重/kg)	73.6813	2	36.8407	3.6146*		
空列误差 e_1	81.8813	2	40.9407	4.0169*		
重复误差 e_2	326.1467	32	10.1921			
总变异	856.2920	44				

③ 结果分析及方案优化。

a. 依据 F 大小，因子的主次顺序依次为 A、C、B。

b. 显著性判断：区组间差异显著；因子 A（成型水分含量）对烟灰砖干坯扯断力有极显著影响，因子 C（盘料重）对烟灰砖干坯扯断力有显著影响，而因子 B（碾压时间）对烟灰砖干坯扯断力影响不显著。鉴于空列误差达到显著，表明 A、B、C 三个因子之间可能存在交互效应。当然，由于方案设计是并未考虑交互问题，因此难以确定到底是哪两个因子之间存在交互效应。

因子 A 影响极显著，且 K_{A3} 最大，故取第三水平，A_3；因子 C 影响显著，且 K_{C3} 最大，故取第三水平，C_3；因子 B 影响不显著，可任选一种水平，记为 B_0。进而得最优水平组合为 $A_3B_0C_3$，若取 $A_3B_2C_3$，即优化实验方案为成型水分含量 11%、碾压时间 10min、盘料重 400kg。

④ 验证实验　直接观察可知，实验号 7 指标均值（25.26）最大，而 $A_3B_2C_3$ 并未出现在表 4-48 的 9 个实验之中，为此，还需进行验证实验。

② 重复取样　因重复实验使实验次数成倍增加，进而增加实验费用和延长实验时间，故可用“重复取样”来提高可靠性。

关于重复取样的方差分析，与前面重复实验的相比，主要有如下几点加以注意：

a. 两者在偏差平方和计算完全一样。

b. 重复取样误差反映的是原料和产品的不均匀性与试样的测量误差，因而是局部误差。

通常局部误差比整体误差要小，原则上不能用以检验各因子水平间是否存在差异，否则，会得到几乎全部因子及交互作用都是显著的不正确结论。

c. 若符合下列两种情况，可将重复取样误差当作实验误差。

ⅰ. 正交表中，各列已占满，此时，为了减少实验次数而用重复取样误差 e_2 作为实验误差以检验各因子及交互作用的显著性：若检验结果有一半左右的因子及交互作用不显著，就可认为这种检验是合理的。

ⅱ. 正交表中，有空列提供空列误差，此时，先要对重复取样误差 e_2 与整体误差 e_1（即空列及均方低于空列均方的各列之和）进行比较，求出两者比值 $F=(SS_{e1}/df_{e1})/(SS_{e2}/df_{e2})$，再作如下讨论：

若 $F \leqslant F_{\alpha,dfe1,dfe2}$，说明整体误差 e_1、重复取样误差 e_2 的差异不显著，可直接将 e_1 与 e_2 合并作为总误差（e）：$SS_e=SS_{e1}+SS_{e2}$，$df_e=df_{e1}+df_{e2}$，按合并后的总误差进行分析。

若 $F>F_{\alpha,dfe1,dfe2}$，说明整体误差 e_1、重复取样误差 e_2 的差异达到显著，则不能将 e_1 与 e_2 合并使用，仍然用重复取样误差 e_2 进行分析。

【例 4-10】烟灰砖实验（重复取样）。

实验设计及其结果仍按例 4-8，假定采用重复取样设计，试进行方差分析。

【解】①实验方案设计与其结果及相关计算　与例 4-8 完全一致，见表 4-46。

② 列方差分析表

a. 因 $MS_B<MS_{空列}$，$MS_C<MS_{空列}$，故应将因子 B、因子 C 与空列三者合并，共同构成整体误差（e_1），即有：

$SS_{e1}=SS_B+SS_C+SS_{空列e}=16.7853+73.6813+81.8813=172.3480$；$df_{e1}=df_B+df_C+df_{空列e}=2+2+2=6$。

b. 作整体误差 e_1 与重复取样误差 e_2 的比较。

先计算 $F=(SS_{e1}/df_{e1})/(SS_{e2}/df_{e2})=(172.3480/6)/(471.6120/36)=2.1927$

再利用 Excel 工具查出 $F_{0.05,6,36}=2.3638$

因 $F=2.1927<F_{0.05,6,36}=2.3638$，故需将 e_1、e_2 合并：

$SS_{e*}=SS_{e1}+SS_{e2}=172.3480+471.6120=643.9600$；$df_{e*}=df_{e1}+df_{e2}=6+36=42$

c. 用 F 检验因子的显著性。具体见表 4-50。

表 4-50　方差分析表

变异来源	SS	df	MS	F	$F_{0.05}$	$F_{0.01}$
A(成型水分含量/%)	212.3320	2	106.1660	6.9243**	3.2199	5.1491
B(碾压时间/min)	16.7853	2	8.3927			
C(盘料重/kg)	73.6813	2	36.8407			
空列误差 e	81.8813	2	40.9407			
整体误差 e_1	172.3480	6	28.7247			
重复误差 e_2	471.6120	36	13.1003			
合并误差 e^*	643.9600	42	15.3324			
总变异	856.2920	44				

③ 结果分析与方案优化

a. 因子的主次顺序依次为 A、C、B。

b. 因子 A 达到极显著，而因子 B、C 均未达到显著。

c. 仍考虑实验指标越高越好，最终确定最适水平组合为 $A_3B_2C_3$。其余结果与例 4-8 相同。

④ 验证实验　直接观察可知，实验号 7（$A_3B_1C_3$）效果最好。与所选定的 $A_3B_2C_3$ 不相符合，为此，仍须作进一步的验证实验。

（2）考虑交互作用

与无交互作用的方差分析相比，有交互作用时，需注意如下几点：

① 各偏差平方和的计算，与无交互作用的计算完全一致。

② 交互作用的自由度，正好等于各交互因子自身的自由度之积。

③ 若交互作用的均方小于误差 e 均方，应将两者合并计算，再以“合并误差 e^*”进行 F 检验。

此外，方案优化时，应对交互因子进行搭配效应计算；指标估计时，应考虑交互效应。这与前面采用极差分析有交互作用时的完全一致。

Ⅰ.无重复

【例 4-11】某材料配方与工艺设计实验。

【解】①采用 $L_{27}(3^{13})$ 正交实验设计，其方案及其结果见表 4-51。

表 4-51　$L_{27}(3^{13})$ 正交实验设计方案及其结果

实验号(i)	因子及其交互													指标
	A	B	A×B	A×B	C	A×C	A×C	B×C	B×C	D	E	F	G	y_i
1	1	1	1	1	1	1	1	1	1	1	1	1	1	36.0
2	1	1	1	1	2	2	2	2	2	2	2	2	2	44.8
3	1	1	1	1	3	3	3	3	3	3	3	3	3	28.0
4	1	2	2	2	1	1	1	2	3	2	2	3	3	40.0
5	1	2	2	2	2	2	2	3	1	3	3	1	1	42.0
6	1	2	2	2	3	3	3	1	2	1	1	2	2	29.0
7	1	3	3	3	1	1	1	3	2	3	3	2	2	32.0
8	1	3	3	3	2	2	2	1	3	1	1	3	3	40.5
9	1	3	3	3	3	3	3	2	1	2	2	1	1	23.0
10	2	1	2	3	1	2	3	1	1	2	3	2	3	52.8
11	2	1	2	3	2	3	1	2	2	3	1	3	1	48.8
12	2	1	2	3	3	1	2	3	3	1	2	1	2	36.0
13	2	2	3	1	1	2	3	2	3	3	1	1	2	30.0
14	2	2	3	1	2	3	1	3	1	1	2	2	3	40.0
15	2	2	3	1	3	1	2	1	2	2	3	3	1	39.0
16	2	3	1	2	1	2	3	3	2	1	2	3	1	41.5
17	2	3	1	2	2	3	1	1	3	2	3	1	2	28.5
18	2	3	1	2	3	1	2	2	1	3	1	2	3	41.5
19	3	1	3	2	1	3	2	1	1	3	2	3	2	52.7
20	3	1	3	2	2	1	3	2	2	1	3	1	3	30.0
21	3	1	3	2	3	2	1	3	3	2	1	2	1	35.2
22	3	2	1	3	1	3	2	2	3	1	3	2	1	38.0
23	3	2	1	3	2	1	3	3	1	2	1	3	2	60.0
24	3	2	1	3	3	2	1	1	2	3	2	1	3	39.9
25	3	3	2	1	1	3	2	3	2	2	1	1	3	46.8
26	3	3	2	1	2	1	3	1	3	3	2	2	1	48.8
27	3	3	2	1	3	2	1	2	1	1	3	3	2	38.0

② 相关数据计算　见表 4-52。

③ 列方差分析表　在所考察的因子及交互作用中，因子 G 的均方太小，可当作误差计，列方差分析表，见表 4-53。

④ 结果分析与方案优化。

a. 主次顺序：C、F、A、B×C、A×B、E、D、A×C、B。

b. 显著性：除因子 B 未达到显著外，其余因子及交互作用均达到显著。

表 4-52 实验设计方案及其结果计算

实验号		列(g)													指标
(i)		A	B	A×B	A×B	C	A×C	A×C	B×C	B×C	D	E	F	G	y_i
1		1	1	1	1	1	1	1	1	1	1	1	1	1	36.0
2		1	1	1	1	2	2	2	2	2	2	2	2	2	44.8
3		1	1	1	1	3	3	3	3	3	3	3	3	3	28.0
4		1	2	2	2	1	1	1	2	3	2	2	3	3	40.0
5		1	2	2	2	2	2	2	3	1	3	3	1	1	42.0
6		1	2	2	2	3	3	3	1	2	1	1	2	2	29.0
7		1	3	3	3	1	1	1	3	2	3	3	2	2	32.0
8		1	3	3	3	2	2	2	1	3	1	1	3	3	40.5
9		1	3	3	3	3	3	3	2	1	2	2	1	1	23.0
10		2	1	2	3	1	2	3	1	1	2	3	2	3	52.8
11		2	1	2	3	2	3	1	2	2	3	1	3	1	48.8
12		2	1	2	3	3	1	2	3	3	1	2	1	2	36.0
13		2	2	3	1	1	2	3	2	3	3	1	1	2	30.0
14		2	2	3	1	2	3	1	3	1	1	2	2	3	40.0
15		2	2	3	1	3	1	2	1	2	2	3	3	1	39.0
16		2	3	1	2	1	2	3	3	2	1	2	3	1	41.5
17		2	3	1	2	2	3	1	1	3	2	3	1	2	28.5
18		2	3	1	2	3	1	2	2	1	3	1	2	3	41.5
19		3	1	3	2	1	3	2	1	1	3	2	3	2	52.7
20		3	1	3	2	2	1	3	2	2	1	3	1	3	30.0
21		3	1	3	2	3	2	1	3	3	2	1	2	1	35.2
22		3	2	1	3	1	3	2	2	3	1	3	2	1	38.0
23		3	2	1	3	2	1	3	3	1	2	1	3	2	60.0
24		3	2	1	3	3	2	1	1	2	3	2	1	3	39.9
25		3	3	2	1	1	3	2	3	2	2	1	1	3	46.8
26		3	3	2	1	2	1	3	1	3	3	2	2	1	48.8
27		3	3	2	1	3	2	1	2	1	1	3	3	2	38.0
K_{gp}	K_{g1}	315.3	364.3	358.2	351.4	369.8	363.3	338.4	367.2	386.0	329.0	367.8	312.2	352.3	
	K_{g2}	358.1	357.9	382.2	340.4	383.4	364.7	381.3	334.1	351.8	370.1	366.7	362.1	351.0	
	K_{g3}	389.4	340.6	322.4	371.0	309.6	334.8	343.1	361.5	325.0	363.7	328.3	388.5	359.5	1062.8
K_{gp}^2	K_{g1}^2	99414.09	132714.49	128307.24	123481.96	136752.04	131986.89	114514.56	134835.84	148996.00	108241.00	135276.84	97468.84	124115.29	($y_{..}$)
	K_{g2}^2	128235.61	128092.41	146076.84	115872.16	146995.56	133006.09	145389.69	111622.81	123763.24	136974.01	134468.89	131116.41	123201.00	39.3630
	K_{g3}^2	151632.36	116008.36	103941.76	137641.00	95852.16	112091.04	117717.61	130682.25	105625.00	132277.69	107780.89	150932.25	129240.25	($\bar{y}$)
SS_g		307.4941	33.4052	201.2474	53.3896	342.7941	63.2674	123.0274	69.5874	207.7363	108.6763	112.4452	333.6541	4.6585	

表 4-53 方差分析表

变异来源	SS	df	MS	F	$F_{0.05}$	$F_{0.01}$
A	307.4941	2	153.7470	66.0068*	19.0000	99.0000
B	33.4052	2	16.7026	7.1708	19.0000	99.0000
A×B	254.6370	4	63.6593	27.3303*	19.2468	99.2494
C	342.7941	2	171.3970	73.5844*	19.0000	99.0000
A×C	186.2948	4	46.5737	19.9951*	19.2468	99.2494
B×C	277.3237	4	69.3309	29.7652*	19.2468	99.2494
D	108.6763	2	54.3381	23.3285*	19.0000	99.0000
E	112.4452	2	56.2226	24.1375*	19.0000	99.0000
F	333.6541	2	166.8270	71.6224*	19.0000	99.0000
G(误差)	4.6585	2	2.3293			
总变异	1961.3830	26				

c. 方案优化。

第一步因 C、F、A 均达到显著，按指标值越大越好，故拟定 F 挑选第三水平 F_3，而 C 与 A 两者之间因存在交互作用，需另作分析。

第二步因 B×C 交互作用达到显著，故应作 B×C 搭配效应计算，以确认最适水平组合。见表 4-54。

表 4-54 B×C 搭配效应

B×C	B_1	B_2	B_3
C_1	47.1667	36.0000	40.1000
C_2	41.2000	47.3333	39.2667
C_3	33.0667	35.9667	34.1667

显然，B_2C_2 所得搭配效应最大，可作为优选组合。

第三步因 A×B 交互作用达到极显著，故应作 A×B 搭配效应计算，以确认最适水平组合，见表 4-55。

表 4-55 A×B 搭配效应

A×B	B_1	B_2	B_3
A_1	36.2667	37.0000	31.8333
A_2	45.8667	36.3333	37.1667
A_3	39.3000	45.9667	44.5333

显然，B_2A_3 所得搭配效应最大，而且正好与上面所选 B_2C_2 相吻合，可作为优选组合。

第四步因 E、D 均达到显著，按指标值越大越好，故选第一水平 E_1、D_2。

第五步因 A×C 交互作用也达到显著，故应作 A×C 搭配表，但前面分析指出 C 选 C_2，A 选 A_3，故只需计算 A_3C_2 搭配，其搭配效应为 $(30.0+60.0+48.8)/3=46.2667$。

第六步因 B 未达到显著，原则上可以任选。但前面分析已经选定 B_2。

第七步因子 G 已作为误差来处理，原则上可以任选。

综上分析，最终确定最适水平组合为 $A_3B_2C_2D_2E_1F_3G_0$。

⑤ 指标估计　以最适水平组合 $A_3B_2C_2D_2E_1F_3G_3$ 为例：

$\bar{y}=39.3630$；$a_3=k_{A3}-\bar{y}=389.4/9-39.3630=3.9037$；

$b_2=k_{B2}-\bar{y}=357.9/9-39.3630=0.4037$；$c_2=k_{C2}-\bar{y}=383.4/9-39.3630=3.2370$；

$d_2=k_{D2}-\bar{y}=370.1/9-39.3630=1.7592$；$e_1=k_{E1}-\bar{y}=367.8/9-39.3630=1.5037$；

$f_3=k_{F3}-\bar{y}=388.50/9-39.3630=3.8037$；$g_3=k_{G3}-\bar{y}=359.5/9-39.3630=0.5814$；

$b_2c_2=\overline{B_2C_2}-\bar{y}-b_2-c_2=47.3333-39.3630-0.4037-3.2370=4.3296$；

$a_3b_2=\overline{A_3B_2}-\bar{y}-a_3-b_2=45.9667-39.3630-3.9037-0.4037=2.2963$；

$a_3c_2=\overline{A_3C_2}-\bar{y}-a_3-c_2=46.2667-39.3630-3.9037-3.2370=-0.2370$；

$\hat{y}=\bar{y}+a_3+b_2+c_2+f_3+e_1+d_2+g_3+b_2c_2+a_3b_2+a_3c_2$

$=39.3630+3.9037+0.4037+3.2370+3.8037+1.5037+1.7592+0.5814+4.3296+2.2963+(-0.2370)$

$=60.9443$。

⑥ 验证实验　鉴于 $A_3B_2C_2D_2E_1F_3G_3$ 并未出现在 27 个实验组合之中，有必要作进一步验证实验，以确定实际的优化方案。

Ⅱ.有重复

① 完全随机化重复实验。

【例 4-12】赤霉菌培养方法实验（完全随机化设计）。

【解】①供试因子及水平，见表 4-56。

表 4-56　供试因子和水平

水平	因子						
	A(硼砂)/%	B(玉米粉)/%	C(白糖)/%	D(时间)/天	E(尿素)/%	F(磷酸二氮钾)/%	G(碳酸钙)/%
1	0.05	20	2	20	0.05	0.1	0.05
2	0.10	17	3	25	0.10	0.2	0.10
3	0.20	14	4	30	0.20	0.3	0.20

注：根据实验经验，有些因子之间有交互作用，重点拟考察 A、B、C 之间的交互作用。

采用 $L_{27}(3^{13})$ 正交表，共 27 个处理组合重复 2 次，采用完全随机化设计。考察指标为赤霉菌效价。

② 表头设计及结果，见表 4-57。

表 4-57 表头设计及其结果

实验号(i)	列(g,因子及其交互)													效价(y_{ij})	
	A	B	A×B	A×B	C	A×C	A×C	B×C	B×C	D	E	F	G	1	2
1	1	1	1	1	1	1	1	1	1	1	1	1	1	16.5	19.5
2	1	1	1	1	2	2	2	2	2	2	2	2	2	23.4	21.4
3	1	1	1	1	3	3	3	3	3	3	3	3	3	14.5	13.5
4	1	2	2	2	1	1	1	2	3	2	2	3	3	21.0	19.0
5	1	2	2	2	2	2	2	3	1	3	3	1	1	20.0	22.0
6	1	2	2	2	3	3	3	1	2	1	1	2	2	15.5	13.5
7	1	3	3	3	1	1	1	3	2	3	3	2	2	15.0	17.0
8	1	3	3	3	2	2	2	1	3	1	1	3	3	20.5	20.0
9	1	3	3	3	3	3	3	2	1	2	2	1	1	12.5	10.5
10	2	1	2	3	1	2	3	1	1	2	3	2	3	28.0	24.8
11	2	1	2	3	2	3	1	2	2	3	1	3	1	24.0	24.8
12	2	1	2	3	3	1	2	3	3	1	2	1	2	18.5	17.5
13	2	2	3	1	1	2	3	2	3	3	1	1	2	14.5	15.5
14	2	2	3	1	2	3	1	3	1	1	2	2	3	19.5	20.5
15	2	2	3	1	3	1	2	1	2	2	3	3	1	19.5	19.5
16	2	3	1	2	1	2	3	3	2	1	2	3	1	20.5	21.0
17	2	3	1	2	2	3	1	1	3	2	3	1	2	14.5	14.0
18	2	3	1	2	3	1	2	2	1	3	1	2	3	21.0	20.5
19	3	1	3	2	1	3	2	1	1	3	2	3	2	25.4	27.3
20	3	1	3	2	2	1	3	2	2	1	3	1	3	14.5	15.5
21	3	1	3	2	3	2	1	3	3	2	1	2	1	16.6	18.6
22	3	2	1	3	1	3	2	2	3	1	3	2	1	14.5	15.5
23	3	2	1	3	2	1	3	3	1	2	1	3	2	26.5	27.5
24	3	2	1	3	3	2	1	1	2	3	2	1	3	20.4	19.5
25	3	3	2	1	1	3	2	3	2	2	1	1	3	22.4	24.4
26	3	3	2	1	2	1	3	1	3	3	2	2	1	23.4	25.4
27	3	3	2	1	3	2	1	2	1	1	3	3	2	19.5	18.5

③ 实验结果数据处理，见表 4-58。

④ 方差分析表，见表 4-59。

⑤ 结果分析与方案优化

a. 主次顺序：C、F、A、B×C、E、D、A×B、A×C、B、G。

b. 显著性：除因子 G 未达到显著外，其余因子及所考察的交互作用均达到极显著。

表 4-58 实验结果数据处理

实验号 (i)	列(g,因子及交互) A	B	A×B	A×B	C	A×C	A×C	B×C	B×C	D	E	F	G	效价(y_i) 1	2	$y_{i.}$
1	1	1	1	1	1	1	1	1	1	1	1	1	1	16.5	19.5	36.0
2	1	1	1	1	2	2	2	2	2	2	2	2	2	23.4	21.4	44.8
3	1	1	1	1	3	3	3	3	3	3	3	3	3	14.5	13.5	28.0
4	1	2	2	2	1	1	1	2	3	2	2	3	3	21.0	19.0	40.0
5	1	2	2	2	2	2	2	3	1	3	3	1	1	20.0	22.0	42.0
6	1	2	2	2	3	3	3	1	2	1	1	2	2	15.5	13.5	29.0
7	1	3	3	3	1	1	1	3	2	3	3	2	2	15.0	17.0	32.0
8	1	3	3	3	2	2	2	1	3	1	1	3	3	20.5	20.0	40.5
9	1	3	3	3	3	3	3	2	1	2	2	1	1	12.5	10.5	23.0
10	2	1	2	3	1	2	3	1	1	2	3	2	3	28.0	24.8	52.8
11	2	1	2	3	2	3	1	2	2	3	1	3	1	24.0	24.8	48.8
12	2	1	2	3	3	1	2	3	3	1	2	1	2	18.5	17.5	36.0
13	2	2	3	1	1	2	3	2	3	3	1	1	2	14.5	15.5	30.0
14	2	2	3	1	2	3	1	3	1	1	2	2	3	19.5	20.5	40.0
15	2	2	3	1	3	1	2	1	2	2	3	3	1	19.5	19.5	39.0
16	2	3	1	2	1	2	3	3	2	1	2	3	1	20.5	21.0	41.5
17	2	3	1	2	2	3	1	1	3	2	3	1	2	14.5	14.0	28.5
18	2	3	1	2	3	1	2	2	1	3	1	2	3	21.0	20.5	41.5
19	3	1	3	2	1	3	2	1	1	3	2	3	2	25.4	27.3	52.7
20	3	1	3	2	2	1	3	2	2	1	3	1	3	14.5	15.5	30.0
21	3	1	3	2	3	2	1	3	3	2	1	2	1	16.6	18.6	35.2
22	3	2	1	3	1	3	2	2	3	1	3	2	1	14.5	15.5	30.0
23	3	2	1	3	2	1	3	3	1	2	1	3	2	26.5	27.5	54.0
24	3	2	1	3	3	2	1	1	2	3	2	1	3	20.4	19.5	39.9
25	3	3	2	1	1	3	2	3	2	2	1	1	3	22.4	24.4	46.8
26	3	3	2	1	2	1	3	1	3	3	2	2	1	23.4	25.4	48.8
27	3	3	2	1	3	2	1	2	1	1	3	3	2	19.5	18.5	38.0
K_{gp} K_{g1}	315.3	364.3	344.2	351.4	361.8	357.3	338.4	367.2	380.0	321.0	361.8	312.2	344.3	1048.8($y_{..}$)		
K_{g2}	358.1	343.9	382.2	340.4	377.4	364.7	373.3	326.1	351.8	364.1	366.7	354.1	345.0	19.4222($\bar{y}_{..}$)		
K_{g3}	375.4	340.6	322.4	357.0	309.6	326.8	337.1	355.5	317.0	363.7	320.3	382.5	359.5			
K_{gp}^2 K_{g1}^2	99414.09	132714.49	118473.64	123481.96	130899.24	127663.29	114514.56	134835.84	144400.00	103041.00	130899.24	97468.84	118542.49			
K_{g2}^2	128235.61	118267.21	146076.84	115872.16	142430.76	133006.09	139352.89	106341.21	123763.24	132568.81	134468.89	125386.81	119025.00			
K_{g3}^2	140925.16	116008.36	103941.76	127449.00	95852.16	106798.24	113636.41	126380.25	100489.00	132277.69	102592.09	146306.25	129240.25			
SS_g	106.3544	18.3100	101.7644	7.9244	140.0933	44.8411	46.8544	49.8233	110.6533	68.1678	72.2078	138.9678	8.1811			

注：$CT=y_{..}^{\ 2}/(n\times k)=1048.8^2/(27\times 2)=20370.03$；$SS_g=(K_{g1}^{\ 2}+K_{g2}^{\ 2}+K_{g3}^{\ 2})/(r\times k)-CT$；$Q_T=16.5^2+19.5^2+\cdots+18.5^2=21318.82$；$SS_T=Q_T-CT=21318.82-20370.03=948.79$；

$Q_t=36.0^2+44.8^2+\cdots+38.0^2=42568.34$；$SS_t=Q_t/k-CT=42568.34/2-20370.03=914.14$；$SS_e=SS_T-SS_t=948.79-914.14=34.65$。

表 4-59 方差分析表

变异来源	SS	df	MS	F	$F_{0.05}$	$F_{0.01}$
A(硼砂)	106.3544	2	53.1772	41.4368**		
B(玉米粉)	18.3100	2	9.1550	7.1338**		
C(白糖)	140.0933	2	70.0467	54.5818**		
D(时间)	68.1678	2	34.0839	26.5589**	3.3541	5.4881
E(尿素)	72.2078	2	36.1039	28.1329**		
F(磷酸二氮钾)	138.9678	2	69.4839	54.1433**		
G(碳酸钙)	8.1811	2	4.0906	3.1874		
A×B	109.6889	4	27.4222	21.3680**		
A×C	91.6956	4	22.9239	17.8628**	2.7278	4.1056
B×C	160.4767	4	40.1192	31.2617**		
误差 e	34.6500	27	1.2833			
总变异	948.7933	53				

c. 方案优化。

第一步因子 C 达到极显著，依据指标值越高越好要求，选 K_{gp} 最大所对应的为最优水平，即应选 C_2。但因 C 与 A、B 有交互作用，故需另作分析。

第二步 F、E、D 三个因子均达到极显著，因无交互作用，依据指标值越高越好要求，选 K_{gp} 最大所对应的为最优水平，即应选 F_3、E_2、D_2。

第三步鉴于因子 A、B、C 两两之间均存在交互作用，故 A、B、C 最优水平选取应另作分析。

ⅰ. 作 B×C 搭配效应计算，见表 4-60。

表 4-60 B×C 搭配效应

B×C	C_1	C_2	C_3
B_1	141.50	123.60	99.20
B_2	100.00	136.00	107.90
B_3	120.30	117.80	102.50

显然，B_1C_1 所得搭配效应最大，可作为优选组合。

ⅱ. 作 A×B 搭配效应计算，见表 4-61。

表 4-61 A×B 搭配效应

A×B	B_1	B_2	B_3
A_1	108.80	111.00	95.50
A_2	137.60	109.00	111.50
A_3	117.90	123.90	133.60

显然，A_2B_1 所得搭配效应最大，可作为优选组合。

ⅲ. 作 A×C 搭配效应计算，见表 4-62。

表 4-62 A×C 搭配效应

A×C	C_1	C_2	C_3
A_1	108.00	127.30	80.00
A_2	124.30	117.30	116.50
A_3	129.50	98.50	113.10

显然，A_3C_1 所得搭配效应最大，但前面分析已经指出 C 选第 1 水平，A 选第 2 水平，故只能挑选 C_1A_2 作为优化组合。

第四步 G 因子无显著性，各水平都可选用，可记为 G_0。若仍依据指标值越高越好，可选 G_3。

从而得最适水平组合为 $A_2B_1C_1D_2E_2F_3G_3$。

⑥ 指标估计　以最适水平组合 $A_2B_1C_1D_2E_2F_3G_3$ 为例：

$\bar{y}=19.4222$；

$a_2=k_{A2}-\bar{y}=358.1/18-19.4222=0.4722$；

$b_1=k_{B1}-\bar{y}=364.3/18-19.4222=0.8167$；$c_1=k_{C1}-\bar{y}=361.8/18-19.4222=0.6778$；

$d_2=k_{D2}-\bar{y}=364.1/18-19.4222=0.8056$；$f_3=k_{F3}-\bar{y}=382.5/18-19.4222=1.8278$；

$e_2=k_{E2}-\bar{y}=366.7/18-19.4222=0.9500$；$g_3=k_{G3}-\bar{y}=359.5/18-19.4222=0.5500$；

$b_1c_1=\overline{B_1C_1}-\bar{y}-b_1-c_1=141.5/6-19.4222-0.8167-0.6778=2.6666$；

$a_2b_1=\overline{A_2B_1}-\bar{y}-a_2-b_1=137.6/6-19.4222-0.4722-0.8167=2.2222$；

$a_2c_1=\overline{A_2C_1}-\bar{y}-a_2-c_1=124.3/6-19.4222-0.4722-0.6778=0.1444$；

$\hat{y}=\bar{y}+a_2+b_1+c_1+d_2+e_2+f_3+g_3+b_1c_1+a_2b_1+a_2c_1$

$=19.4222+0.4722+0.8167+0.6778+0.8056+0.9500+1.8278+0.5500+2.6666+2.2222+0.1444$

$=30.5555$

⑦ 验证实验　直接观察可知，在实验的 27 个组合中，实验号 23 的组合（$A_3B_2C_2D_2E_1F_3G_2$）效果最好，这与 $A_2B_1C_1D_2E_2F_3G_3$ 并不一致，故需作进一步的验证实验，加以比较，最终确定优化方案。

② 随机区组化重复实验。

【例 4-13】赤霉菌培养方法实验（随机区组化设计）。

实验设计及其结果按例 4-12，假定采用随机区组化实验设计，试进行方差分析。

【解】①实验结果数据处理，见表 4-63。

② 列方差分析表，并作 F 检验，具体结果见表 4-64。

表 4-63 实验结果数据处理

实验号 (i)	列(g,因子及交互) A	B	A×B	A×B	C	A×C	A×C	B×C	B×C	D	E	F	G	效价(y_{ij}) Ⅰ	Ⅱ	$y_{i.}$
1	1	1	1	1	1	1	1	1	1	1	1	1	1	16.5	19.5	36.0
2	1	1	1	1	2	2	2	2	2	2	2	2	2	23.4	21.4	44.8
3	1	1	1	1	3	3	3	3	3	3	3	3	3	14.5	13.5	28.0
4	1	2	2	2	1	1	1	2	3	2	2	3	3	21.0	19.0	40.0
5	1	2	2	2	2	2	2	3	1	3	3	1	1	20.0	22.0	42.0
6	1	2	2	2	3	3	3	1	2	1	1	2	2	15.5	13.5	29.0
7	1	3	3	3	1	1	1	3	2	3	3	2	2	15.0	17.0	32.0
8	1	3	3	3	2	2	2	1	3	1	1	3	3	20.5	20.0	40.5
9	1	3	3	3	3	3	3	2	1	2	2	1	1	12.5	10.5	23.0
10	2	1	2	3	1	2	3	1	1	2	3	2	3	28.0	24.8	52.8
11	2	1	2	3	2	3	1	2	2	3	1	3	1	24.0	24.8	48.8
12	2	1	2	3	3	1	2	3	3	1	2	1	2	18.5	17.5	36.0
13	2	2	3	1	1	2	3	2	3	3	1	1	2	14.5	15.5	30.0
14	2	2	3	1	2	3	1	3	1	1	2	2	3	19.5	20.5	40.0
15	2	2	3	1	3	1	2	1	2	2	3	3	1	19.5	19.5	39.0
16	2	3	1	2	1	2	3	3	2	1	2	3	1	20.5	21.0	41.5
17	2	3	1	2	2	3	1	1	3	2	3	1	2	14.5	14.0	28.5
18	2	3	1	2	3	1	2	2	1	3	1	2	3	21.0	20.5	41.5
19	3	1	3	2	1	3	2	1	1	3	2	3	2	25.4	27.3	52.7
20	3	1	3	2	2	1	3	2	2	1	3	1	3	14.5	15.5	30.0
21	3	1	3	2	3	2	1	3	3	2	1	2	1	16.6	18.6	35.2
22	3	2	1	3	1	3	2	2	3	1	3	2	1	14.5	15.5	30.0
23	3	2	1	3	2	1	3	3	1	2	1	3	2	26.5	27.5	54.0
24	3	2	1	3	3	2	1	1	2	3	2	1	3	20.4	19.5	39.9
25	3	3	2	1	1	3	2	3	2	2	1	1	3	22.4	24.4	46.8
26	3	3	2	1	2	1	3	1	3	3	2	2	1	23.4	25.4	48.8
27	3	3	2	1	3	2	1	2	1	1	3	3	2	19.5	18.5	38.0
$y_{.j}$														522.1	526.7	1048.8 ($y_{..}$)
K_{gp} K_{g1}	315.3	364.3	344.2	351.4	361.8	357.3	338.4	367.2	380.0	321.0	361.8	312.2	344.3			
K_{g2}	358.1	343.9	382.2	340.4	377.4	364.7	373.3	326.1	351.8	364.1	366.7	354.1	345.0			19.4222 ($\bar{y}_{..}$)
K_{g3}	375.4	340.6	322.4	357.0	309.6	326.8	337.1	355.5	317.0	363.7	320.3	382.5	359.5			
K_{gp}^2 K_{g1}^2	99414.09	132714.49	118473.64	123481.96	130899.24	127663.29	114514.56	134835.84	144400.00	103041.00	130899.24	97468.84	118542.49			
K_{g2}^2	128235.61	118267.21	146076.84	115872.16	142430.76	133006.09	139352.89	106341.21	123763.24	132568.81	134468.89	125386.81	119025.00			
K_{g3}^2	140925.16	116008.36	103941.76	127449.00	95852.16	106798.24	113636.41	126380.25	100489.00	132277.69	102592.09	146306.25	129240.25			
SS_g	106.3544	18.3100	101.7644	7.9244	140.0933	44.8411	46.8544	49.8233	110.6533	68.1678	72.2078	138.9678	8.1811			

注：$CT=y_{..}^2/(n\times q)=1048.8^2/(27\times 2)=20370.03$；$SS_g=(K_{g1}^2+K_{g2}^2+K_{g3}^2)/(r\times q)-CT$；$Q_T=16.5^2+19.5^2+\cdots+18.5^2=21318.82$；$SS_T=Q_T-CT=21318.82-20370.03=948.79$；

$Q_t=36.0^2+44.8^2+\cdots+38.0^2=42568.34$；$SS_t=Q_t/q-CT=42568.34/2-20370.03=914.14$；$Q_q=522.1^2+526.7^2=550001.3$；$SS_q=Q_q/n-CT=550001.3/27-20370.03=0.3885$；

$SS_e=SS_T-SS_t-SS_q=948.79-914.14-0.3919=34.2581$。

表 4-64 方差分析表

变异来源	SS	df	MS	F	$F_{0.05}$	$F_{0.01}$
区组(重复)	0.3919	1	0.3919	0.2974	4.2252	7.7213
处理	914.1433	26				
A(硼砂)	106.3544	2	53.1772	40.3585**		
B(玉米粉)	18.3100	2	9.1550	6.9481**		
C(白糖)	140.0933	2	70.0467	53.1615**		
D(时间)	68.1678	2	34.0839	25.8677**	3.3690	5.5263
E(尿素)	72.2078	2	36.1039	27.4008**		
F(磷酸二氮钾)	138.9678	2	69.4839	52.7343**		
G(碳酸钙)	8.1811	2	4.0906	3.1045		
A×B	109.6889	4	27.4222	20.8119**		
A×C	91.6956	4	22.9239	17.3979**	2.7426	4.1400
B×C	160.4767	4	40.1192	30.4482**		
误差	34.2581	26	1.3176			
总变异	948.7933	53				

③ 结果分析与方案优化

a. 主次顺序：C、F、A、B×C、E、D、A×B、A×C、B、G。

b. 显著性：除因子 G（碳酸钙）未达到显著外，其余因子及所考察的交互作用均达到极显著。此外，区组并未达到显著。

c. 方案优化：与例 4-12 完全一致。

【情形二】 水平不等

【例 4-14】钛合金退火工艺优化实验。

假定按完全随机化重复实验设计，实施方案及其结果参见例 4-3，试进行方差分析。

【解】① 实验方案设计及其实施，记录测试结果并进行相关计算，具体结果见表 4-65。

表 4-65 $L_8(4^1\times2^4)$ 不等水平正交实验结果与数据处理

实验号 (i)	列(g,因子与空列)					洛氏硬度(y_{ij})			$y_{i.}$
	A(退火温度/℃)	B(保温时间/h)	C(冷却介质)	空列 1	空列 2	1	2	3	
1	1(730)	1(1)	1(空气)	1	1	33.0	31.0	31.0	95.0
2	1	2(2)	2(水)	2	2	31.0	30.0	32.0	93.0
3	2(760)	1	1	2	2	31.8	31.0	32.0	94.8
4	2	2	2	1	1	30.5	30.0	31.0	91.5
5	3(790)	1	2	1	2	30.5	31.0	31.0	92.5
6	3	2	1	2	1	31.0	30.0	32.0	93.0
7	4(820)	1	2	2	1	33.0	32.0	34.0	99.0
8	4	2	1	1	2	30.0	30.0	31.0	91.0

续表

实验号 (i)		列(g,因子与空列)					洛氏硬度(y_{ij})			$y_{i.}$
		A(退火温度/℃)	B(保温时间/h)	C(冷却介质)	空列 1	空列 2	1	2	3	
K_{gp}	K_{g1}	188.0	381.3	373.8	370.0	378.5				749.8 ($y_{..}$)
	K_{g2}	186.3	368.5	376.0	379.8	371.3				
	K_{g3}	185.5	—	—	—	—				
	K_{g4}	190.0	—	—	—	—				
K_{gp}^2	K_{g1}^2	35344.00	145389.69	139726.44	136900.00	143262.25				
	K_{g2}^2	34707.69	135792.25	141376.00	144248.04	137863.69				
	K_{g3}^2	34410.25	—	—	—	—				
	K_{g4}^2	36100.00	—	—	—	—				
SS_g		1.9883	6.8267	0.2017	4.0017	2.1600				

关于不等水平情形各列偏差平方和与自由度的计算（示例）：

第 1 列（$m=4$）：

$SS_1=SS_A=(K_{11}^2+K_{12}^2+K_{13}^2+K_{14}^2)/(2\times3)-CT=1.9883$；$df_1=df_A=4-1=3$

第 2～5 列（$m=2$）：

$SS_2=SS_B=(K_{21}^2+K_{22}^2)/(4\times3)-CT=6.8267$；$df_2=df_B=2-1=1$

$SS_3=SS_C=(K_{31}^2+K_{32}^2)/(4\times3)-CT=0.2017$；$df_3=df_C=2-1=1$

$SS_4=SS_{空1}=(K_{41}^2+K_{42}^2)/(4\times3)-CT=4.0017$；$df_4=2-1=1$

$SS_5=SS_{空2}=(K_{51}^2+K_{52}^2)/(4\times3)-CT=2.1600$；$df_5=2-1=1$

② 列方差分析表，并作 F 检验，具体见表 4-66。

表 4-66　方差分析表

变异来源	SS	df	MS	F	$F_{0.05}$	$F_{0.01}$
A(退火温度/℃)	1.9883	3	0.6628	0.7134	3.1599	5.0919
B(保温时间/h)	6.8267	1	6.8267	7.3485*	4.4139	8.2854
C(冷却介质)	0.2017	1	0.2017	0.2171	4.4139	8.2854
空列误差 e_1	4.0017+2.1600=6.1617	1+1=2	3.0808			
重复误差 e_2	10.5600	16	0.6600			
合并误差 e	16.7217	18	0.9290			
总变异	25.7383	23				

③ 结果分析与方案优化。

a. 依据 F 大小，确定因子主次顺序为 B、A、C。与极差分析结果完全一致。

b. 所考察的三个因子中，只有 B 达到显著，按指标值越低越好的要求，其最优水平为 B_2；而 A、C 均未达到显著影响，其水平原则上可任取，即 A_0C_0，故最优水平组合可表示为 $B_2A_0C_0$。

c. 若依据 K_{gp} 大小，并结合指标值越低越好，最终选定最适水平组合为 $B_2A_3C_1$，即最优工艺为保温时间 2h，退火温度 790℃，冷却介质为空气。

【例 4-15】以例 4-4 为例，试进行方差分析

【解】①实验结果及其相关数据计算，见表 4-67。

表 4-67 实验结果及其相关数据计算

实验号(i)		列(g)					合成率(y_i)/%
		A(温度/℃)	B(甲醇钠量/mL)	C(醛状态)		D(缩合剂量)/mL	
1		1(35)	1(3)	1(固)	1(固)	1(0.9)	69.2
2		1	2(4)	2(液)	2(液)	2(1.2)	71.8
3		1	3(5)	2	3	3(1.5)	78.0
4		2(25)	1	2	2	3	74.1
5		2	2	2	3	1	77.6
6		2	3	1	1	2	66.5
7		3(45)	1	2	3	2	69.2
8		3	2	1	1	3	69.7
9		3	3	2	2	1	78.8
K_{gp}	K_{g1}	219.0	212.5	205.4	205.4	225.6	
	K_{g2}	218.2	219.1	449.5	224.7	207.5	654.9($y_.$)
	K_{g3}	217.7	223.3	—	224.8	221.8	
K_{gp}^2	K_{g1}^2	47961.00	45156.25	42189.16	42189.16	50895.36	
	K_{g2}^2	47611.24	48004.81	202050.25	50490.09	43056.25	
	K_{g3}^2	47393.29	49862.89	—	50535.04	49195.24	
SS_g		0.2867	19.7600	83.2050	0.0017	60.7267	

② 方差分析。由于采用的是无重复实验，一般不能采用方差分析。但对比各因子的偏差平方和，显然，因子 A 的偏差平方和要远比其他因子的偏差平方和小得多，因此，有理由相信因子 A 对实验结果的影响非常小，把它看作是误差项。

此外，因子 C 其实只考虑两种水平，其自由度只有 1。只因是采用了虚拟水平，可以看作存在虚拟自由度，且有 $df_{虚拟}=1$。相应地也存在所谓“虚拟”偏差平方和，且有：

$$SS_{虚拟}=(205.4^2+224.7^2+224.8^2)/3-47654.890-83.2050=0.0017$$

再将因子 A 与虚拟项合并，看作是误差 e。最后，列出方差分析表，见表 4-68。

表 4-68 方差分析表

变异来源	SS	df	MS	F	$F_{0.05}$	$F_{0.01}$
A(温度/℃)	0.2867	2				
B(甲醇钠量/mL)	19.7600	2	9.8800	102.7977**	9.5521	30.8165
C(醛状态)	83.2050	1	83.2050	865.7168**	10.1280	34.1162

续表

变异来源	SS	df	MS	F	$F_{0.05}$	$F_{0.01}$
D(缩合剂量/mL)	60.7267	2	30.3633	315.9191**	9.5521	30.8165
虚拟	0.0017	1				
误差 e	0.2867+0.0017=0.2883	2+1=3	0.0961			
总变异	163.9817	8				

结果表明：因子的主次顺序依次为 C、D、B、A，与极差分析结果相一致；将因子 A 看作误差项，则因子 C、D、B 对结果的影响均达到极显著；根据指标值越高越好要求，最适水平组合可表示为 $C_2D_1B_3A_0$。

其余结果处理与例 4-4 的相同。

思考题

s4-1　某正交实验设计，经方差分析选定的最优方案为 $M_{优}$，并不在所实验的若干组合之中。而在最初所实验的若干组合中效果最好的方案为 $M_{初}$。为了最终确定最优方案，需对所选定的最优方案 $M_{优}$ 进行验证实验。设 $y_{初}$ 为 $M_{初}$ 的实验结果；$\hat{y}$ 为 $M_{优}$ 的预测（估计）结果；$y_{优}$ 为 $M_{优}$ 验证结果。试完成下列三组问题的判断并作出解释。

第一组　关于 $\hat{y}$ 与 $y_{初}$ 的关系：①$\hat{y}$ 与 $y_{初}$ 近似相等；②$\hat{y}$ 远大于 $y_{初}$；③$\hat{y}$ 远小于 $y_{初}$

第二组　关于 $\hat{y}$ 与 $y_{优}$ 的关系：①$\hat{y}$ 与 $y_{优}$ 近似相等；②$\hat{y}$ 远大于 $y_{优}$；③$\hat{y}$ 远小于 $y_{优}$

第三组　关于 $y_{优}$ 与 $y_{初}$ 的关系：①$y_{优}$ 与 $y_{初}$ 近似相等；②$y_{优}$ 远大于 $y_{初}$；③$y_{优}$ 远小于 $y_{初}$

s4-2　有一带空列的正交实验设计，针对三种不同重复实验类型拟进行方差分析，总误差该如何确定。

s4-3　就重复实验设计方差分析而言，为什么对完全随机化设计，可以直接将空列误差与重复误差合并之后进行，而对重复取样设计，需构建“整体误差”，通过检验“整体误差”与重复误差的显著性再作出是否合并的判断之后才进行？

s4-4　就重复实验设计方差分析而言，为什么对完全随机化设计，可以直接将空列误差与重复误差合并之后进行，而对随机区组设计，需预先检验“空列误差”与重复误差的显著性再作出是否合并的判断之后才进行？

s4-5　正交实验设计时，针对有交互作用情形，如何安排“表头设计”？

s4-6　正交实验设计时，“空列”与“重复”的选取对方差分析有何影响？

s4-7　正交实验设计如何实现实验方案的优化选择？

s4-8　“重复实验”与“重复取样”在方差分析中有何不同？

s4-9　“存在显著性差异”与“确定主次顺序”两者有何联系？

s4-10　为何正交优化分析所得优化值与回归分析所得优化值并不一致？

s4-11　为何每一个正交实验的表头设计并非唯一？

s4-12　因子及其交互作用的主次顺序是否与显著性相一致？为什么？

习题

x4-1　接枝反应配方与工艺优化实验。专业经验可知，影响接枝率的主要因子有四个，拟每个因子均取 2 种水平进行实验，反应温度（A,℃）：$A_1=30$、$A_2=40$；反应时间（B, h）：$B_1=1$、$B_2=1.5$；配比（C）：$C_1=1:1$、$C_2=1.5:1$；搅拌速度（D）：D_1＝慢、D_2＝快。又由经验得知 D 与 A、B、C 之间无交互作用，而 A、B、C 之间的交互作用情况不明；并作 2 次完全随机化重复。选用 $L_8(2^7)$ 正交实验设计，具体实验安排及所得结果如表 1 所示。试作极差（直观）分析，要求：

（1）指出因子及其交互作用的主次顺序；

（2）确定最优工艺条件（指标越大越好）；

（3）画出趋势图；

（4）对是否需“验证实验”作出说明；

（5）预测在最优工艺条件下实验指标估计值。

表 1　接枝反应配方与工艺优化实验及其结果

实验号(i)	列(g,因子及其交互作用)							接枝率(y_{ij})/%	
	A	B	A×B	C	A×C	B×C	D	1	2
1	1	1	1	1	1	1	1	45	47
2	1	1	1	2	2	2	2	44	42
3	1	2	2	1	1	2	2	41	43
4	1	2	2	2	2	1	1	43	40
5	2	1	2	1	2	1	2	50	52
6	2	1	2	2	1	2	1	48	50
7	2	2	1	1	2	2	1	42	45
8	2	2	1	2	1	1	2	47	46

x4-2　胶合板制造工艺优化实验。专业经验可知，压力因子需重点考虑，取 4 种水平，而温度因子、时间因子、原料因子只需取 2 种水平，即压力（A, atm❶）：$A_1=8$、$A_2=10$、$A_3=12$、$A_4=14$；温度（B,℃）：$B_1=95$、$B_2=90$；时间（C, h）：$C_1=9$、$C_2=12$；原料（D）：D_1、D_2；并作 3 次完全随机化重复。选用 $L_8(4^1\times2^4)$ 正交实验设计，具体实验安排及所得结果如表 2 所示。试作极差（直观）分析，要求：

（1）指出因子的主次顺序；

（2）确定最优工艺条件（指标越大越好）；

（3）画出趋势图；

（4）对是否需“验证实验”作出说明；

（5）预测在最优工艺条件下实验指标估计值。

❶ 1atm＝101325Pa。

表 2 胶合板制造工艺优化实验及其结果

实验号(i)	列(g,因子与空列)					断裂强度(y_i)/MPa		
	A(压力/atm)	B(温度/℃)	C(时间/h)	空列	D(原料)	1	2	3
1	1(8)	1(95)	1(9)	1	1(D_1)	22	20	23
2	1	2(90)	2(12)	2	2(D_2)	22	23	21
3	2(10)	1	1	2	2	10	12	9
4	2	2	2	1	1	11	13	10
5	3(12)	1	2	1	2	5	7	6
6	3	2	1	2	1	11	10	12
7	4(14)	1	2	2	1	13	15	12
8	4	2	1	1	2	17	16	18

x4-3 CR-MMA 接枝共聚反应工艺优化实验。考虑三个因子（温度 A、时间 B、引发剂种类 C），每个因子安排 3 种水平，完全随机化重复 3 次，选用 $L_9(3^4)$ 正交实验设计来安排实验，所得结果如表 3 所示。试作极差（直观）分析，要求：

(1) 指出因子的主次顺序；

(2) 确定最优工艺条件（指标越大越好）；

(3) 画出趋势图；

(4) 对是否需“验证实验”作出说明；

(5) 预测在最优工艺条件下实验指标值。

表 3 CR-MMA 接枝共聚反应工艺优化实验及其结果

实验号(i)	列(g,因子与空列)				剪切强度(y_{ij})/MPa		
	A(温度/℃)	B(时间/h)	C(引发剂种类)	(空列)	1	2	3
1	1(50)	1(3)	1(a)	1	0.575	0.615	0.577
2	1	2(4)	2(b)	2	0.222	0.230	0.232
3	1	3(5)	3(c)	3	0.290	0.305	0.303
4	2(65)	1	2	3	0.427	0.440	0.426
5	2	2	3	1	0.274	0.289	0.292
6	2	3	1	2	1.241	1.155	1.176
7	3(80)	1	3	2	0.797	0.790	0.751
8	3	2	1	3	0.993	1.032	0.953
9	3	3	2	1	0.366	0.372	0.382

x4-4 橡胶材料制造工艺优化实验。专业经验可知，压力因子需重点考虑，取 4 种水平，而温度因子、时间因子、原料因子只需取 2 种水平。即：压力（A，atm）：$A_1=4$、$A_2=6$、$A_3=8$、$A_4=10$；温度（B,℃）：$B_1=85$、$B_2=70$；时间（C，h）：$C_1=5$、$C_2=10$；原料（D）：$D_1=NR$、$D_2=IR$。选用 $L_8(4^1\times2^4)$ 正交实验设计，具体实验安排及所得结果如表 4 所示。试作方差分析，要求：

(1) 确定各因子的主次顺序及其显著性；

(2) 确定最优工艺条件；

（3）预测在最优工艺条件下实验指标估计值。

表 4　橡胶材料制造工艺 $L_8(4^1\times2^4)$ 实验设计及其结果

实验号(i)	列(g,因子与空列)					拉伸强度(y_i)/MPa
	A(压力/atm)	B(温度/℃)	C(时间/h)	(空列)	D(原料)	
1	1(4)	1(85)	1(5)	1	1(NR)	22.5
2	1	2(70)	2(10)	2	2(IR)	22.1
3	2(6)	1	1	2	2	10.3
4	2	2	2	1	1	11.7
5	3(8)	1	2	1	2	5.9
6	3	2	1	2	1	11.2
7	4(10)	1	2	2	1	13.4
8	4	2	1	1	2	17.6

x4-5　橡胶接枝共聚反应工艺优化实验。考虑三个因子（温度 A、时间 B、胶乳浓度 C），每个因子安排 3 种水平，重复 3 次，选用 $L_9(3^4)$ 正交实验设计，所得结果如表 5 所示。按“完全随机化重复实验设计”作方差分析，要求：

（1）确定各因子的主次顺序及其显著性；

（2）确定最佳的工艺条件（指标值越大越好）；

（3）预测在最佳工艺条件下实验指标（剪切强度）估计值。

表 5　橡胶接枝共聚反应 $L_9(3^4)$ 实验设计及其结果

实验号(i)	列(g,因子与空列)				撕裂强度(y_{ij})/(kN/m)		
	A(温度/℃)	B(时间/h)	C(胶乳浓度/%)	(空列)	1	2	3
1	1(75)	1(3)	1(40)	1	57.8	61.5	57.7
2	1	2(4)	2(50)	2	22.2	23.2	23.2
3	1	3(5)	3(60)	3	29.5	30.5	30.3
4	2(80)	1	2	3	42.7	44.0	42.6
5	2	2	3	1	27.4	28.9	29.2
6	2	3	1	2	124.1	115.5	117.6
7	3(85)	1	3	2	79.7	79.7	75.1
8	3	2	1	3	99.3	103.2	95.3
9	3	3	2	1	36.6	37.2	38.2

x4-6　功能高分子接枝共聚反应工艺优化实验。考虑三个因子（温度 A、时间 B、混合溶剂 C），每个因子安排 3 种水平，重复 3 次，选用 $L_9(3^4)$ 正交实验设计，所得结果如表 6 所示。按“随机区组化重复实验设计”作方差分析，要求：

（1）确定各因子的主次顺序及其显著性；

（2）确定最佳的工艺条件（指标值越大越好）；

（3）预测在最佳工艺条件下实验指标估计值。

表 6 功能高分子接枝共聚反应 $L_9(3^4)$ 实验设计及其结果

实验号 (i)	列(g,因子与空列)				拉伸强度(y_{ij})/MPa		
	A(温度/℃)	B(时间/h)	C(混合溶剂)	(空列)	Ⅰ	Ⅱ	Ⅲ
1	1(75)	1(2)	1(a)	1	20.575	20.615	20.577
2	1	2(4)	2(b)	2	20.222	20.230	20.232
3	1	3(6)	3(c)	3	20.290	20.305	20.303
4	2(80)	1	2	3	20.427	20.440	20.426
5	2	2	3	1	20.274	20.289	20.292
6	2	3	1	2	21.241	21.155	21.176
7	3(85)	1	3	2	20.797	20.790	20.751
8	3	2	1	3	20.993	21.032	20.953
9	3	3	2	1	20.366	20.372	20.382

x4-7 材料合成工艺优化实验。考虑三个因子（温度 A、时间 B、材料种类 C），每个因子安排 3 种水平，重复 4 次，选用 $L_9(3^4)$ 来安排实验，其组合（实验号）及其结果如表 7 所示。按“重复取样设计”作方差分析，要求：

（1）确定各因子的主次顺序及其显著性；

（2）确定最佳的工艺条件；

（3）预测在最佳工艺条件下实验指标估计值。

表 7 材料合成 $L_9(3^4)$ 实验设计及其结果

实验号 (i)	列(g,因子与空列)				拉伸强度(y_{ij})/MPa			
	A(温度/℃)	B(时间/h)	C(材料种类)	(空列)	1	2	3	4
1	1(55)	1(2.5)	1(Ⅰ)	1	20.575	20.615	20.577	20.603
2	1	2(4.0)	2(Ⅱ)	2	20.222	20.230	20.232	20.285
3	1	3(5.5)	3(Ⅲ)	3	20.290	20.305	20.303	20.298
4	2(70)	1	2	3	20.427	20.440	20.426	20.435
5	2	2	3	1	20.274	20.289	20.292	20.279
6	2	3	1	2	21.241	21.155	21.176	21.208
7	3(85)	1	3	2	20.797	20.790	20.751	20.788
8	3	2	1	3	20.993	21.032	20.953	20.984
9	3	3	2	1	20.366	20.372	20.382	20.389

x4-8 拟通过改变白炭黑、乙炔炭黑、过氧化二异丙苯和氧化铁的用量，采用正交实验设计，对硅橡胶的导电性以及综合性能加以研究。实验方案及其结果如表 8 所示，试进行方差分析，确定硅橡胶导电性能的最适水平组合；并在此最适水平组合条件下，预测硅橡胶导电性及综合性能的指标值。

表 8 硅橡胶导电性及综合性能 $L_9(3^4)$ 正交实验设计及其结果

实验号 (i)	列(g,因子)				测试指标				
	A(气相法白炭黑)	B(乙炔炭黑)	C(DCP)	D(氧化铁)	硬度 y_{1i}/邵 A	拉伸强度 y_{2i}/MPa	扯断伸长率 y_{3i}/%	体积电阻率/(Ω·cm)	
								y_{4ij}	y_{4ij}
1	1(5)	1(40)	1(4)	1(3)	62	4.1	240	109.01	107.10

续表

实验号(i)	列(g,因子)				测试指标				
	A(气相法白炭黑)	B(乙炔炭黑)	C(DCP)	D(氧化铁)	硬度 y_{1i}/邵A	拉伸强度 y_{2i}/MPa	扯断伸长率 y_{3i}/%	体积电阻率/(Ω·cm)	
								y_{4ij}	y_{4ij}
2	2(10)	1	2(2)	2(1)	62	3.9	280	100.10	101.07
3	3(15)	1	3(3)	3(5)	70	4.2	220	112.08	110.33
4	1	2(50)	3	2	67	3.6	210	49.78	50.89
5	2	2	1	3	69	3.7	170	50.96	48.57
6	3	2	2	1	69	3.8	180	49.07	49.87
7	1	3(60)	2	3	67	3.1	220	20.63	22.05
8	2	3	3	1	63	3.5	120	29.86	28.72
9	3	3	1	2	77	3.6	150	25.32	23.84

x4-9 针对例4-7，采用指标隶属度综合评分法进行极差或方差分析。假定常压吸水率、加压吸水率的权重分别取0.6、0.4。

5 回归与相关分析

学习指导

通过本章学习，了解变量间关系的类型及其分析方法，明确回归与相关的异同；掌握直线回归方程的构建及其检验；了解直线回归的预报与控制；掌握一元相关系数的计算及其检验；理解回归与相关的内在关系；掌握一元非线性方程及多元回归方程的构建及其检验等。

本章重点在于回归方程的构建及其检验；难点在于回归模型假定与选择。

前些章节所述的实验设计及其分析问题，若仅涉及一个变量（如产胶量、拉伸强度或转化率等），可采用算术均数来反映其集中性，标准差来反映其离散性，方差分析及多重比较来检验其显著性差异等。而在材料合成、加工与制品制造等领域的实验研究和生产实践中，常常还要探讨至少两个以上变量之间的关系。

（1）变量间关系的类型

变量间的关系包括如下两种类型。

一种是变量间存在着完全确定的关系，可用精确的数学公式来表达，如三角形面积（S）与底（a）和高（b）的关系可以表达为 $S=a\times b/2$，其关系是非常确定的，只要知道了其中两个变量值，就可完全精确地计算出另一个变量值，这类变量间的关系称为"函数关系"。

另一种是变量间并不存在完全确定的关系，无法用精确的数学公式来表达，如材料配方与其性能的关系等，虽说这些变量间都存在着十分密切的关系，但却不能由一个或几个变量值去精确地求出另一个变量值。统计学中将这类变量间的关系称为"相关关系"。

（2）相关关系的种类及其分析方法

相关关系一般又可分为如下两种。

一种是因果关系，即一个变量的变化受另一个或几个变量的影响，如硫化橡胶的性能受配方与工艺等多个因子的影响，酶处理（包括酶的种类与用量、处理时间与处理温度等）对天然胶乳中蛋白质脱除的影响等。

另一种是平行关系，即两个变量共同受其他一些变量的影响，如水质指标中化学需氧量（COD）与生化需氧量（BOD）共同受水质本身的影响，接枝反应中单体转化率与接枝率共同受反应体系配方与工艺等的影响等。

统计学上，通常可以采用回归分析（regression analysis）研究呈因果关系的相关关系。其中，表示原因的变量称为自变量（independent variable，常用 x 表示），表示结果的变量称为依变量（dependent variable，常用 y 表示）。

研究“一因一果”，即一个自变量与一个依变量的回归分析称为一元回归分析（one-factor regression analysis）；研究“多因一果”，即多个自变量与一个依变量的回归分析称为多元回归分析（multiple regression analysis）。当然，也会存在“一因多果”，甚至“多因多果”的问题，那分析起来就更为复杂，本章就不再作进一步阐述了。

回归分析的任务是揭示呈因果关系的相关变量间的联系形式，构建回归方程，并利用所建回归方程，达成由自变量（原因）来预测依变量（结果）或由依变量（结果）去控制自变量（原因）的目的。

回归分析的主要内容包括：①依据一组数据，构建自变量与依变量之间的数学模型（回归方程）；②对所建数学模型的可信度进行检验；③判断自变量对依变量的影响程度；④利用所建数学模型对实际生产进行预报和控制；⑤寻求点数少，且具较好统计性质的回归设计方法等。

相关分析（correlation analysis）则着重研究呈平行关系的相关变量间的程度或性质，却无法用一个或多个变量去预报、控制另一个变量的变化，这也正是回归分析与相关分析区别的关键所在。

5.1 一元线性回归

5.1.1 一元线性回归方程的构建

设依变量 y 与自变量 x 之间存在着某种因果关系，且 x 是可控或能精密测量的变量。若使 x 取定一组不完全相同的值 x_i（$i=1, 2, \cdots, n$），进行独立实验，就得到与之对应的一组观察值 y_i（$i=1, 2, \cdots, n$），这里 n 对观察值 (x_1, y_1)，(x_2, y_2)，…，(x_i, y_i)，…，(x_n, y_n) 就是一组样本，其资料模型见表 5-1 所示。

表 5-1 依变量 y 与自变量 x 之间资料模型

实验号(i)	1	2	…	i	…	n
自变量 x	x_1	x_2	…	x_i	…	x_n
依变量 y	y_1	y_2	…	y_i	…	y_n

第一步描绘散点图，初步判定 y 与 x 之间是否存在线性关系。

为了直观地看出 x 与 y 之间的变化趋势，可将每一对观测值 (x_i, y_i) 在平面直角坐标系描点，作出散点图。图 5-1 给出了 (x, y) 散点图可能的形式。

采用 (x, y) 散点图，能非常直观、定性地表示两变量之间关系的性质（正相关/负相关）和程度（密切/不密切）；类型（直线型/曲线型）；以及是否有异常观测值的干扰。

若根据 n 对观测值 (x_i, y_i) 所描绘的散点图呈直线型［见图 5-1 中的（a）或（d）］，

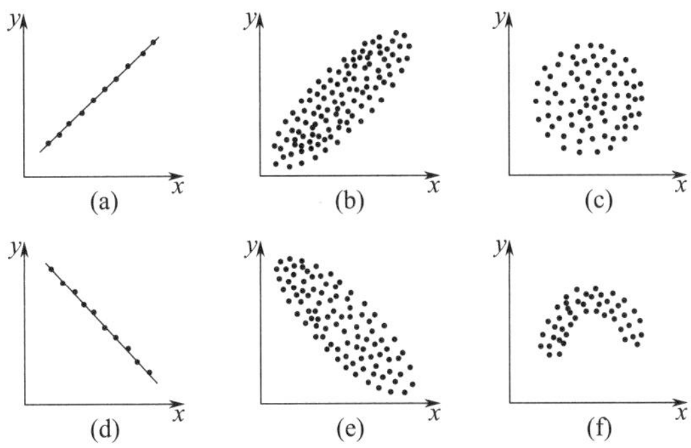

图 5-1 （x，y）散点图形式

则 y 与 x 总体线性回归方程记为：

$$y=\alpha+\beta x$$

其中，α 为总体回归截距；β 为总体回归系数。

因依变量的实际观测值 y_i 总是带有随机误差，故线性回归的数学模型可表示为：

$$y_i=\alpha+\beta x_i+\varepsilon_i \quad (i=1,\ 2,\ \cdots,\ n)$$

其中，ε_i 为相互独立且都服从 $N(0,\ \sigma^2)$ 的随机变量，进而可根据观测值（x_i，y_i）对 α、β 及 σ^2 做出估计。

在 x，y 的直角坐标平面上，可以作出无数条直线，而回归直线是指所有直线中最接近散点图中全部散点的直线，其样本线性回归方程可表示为：

$$\hat{y}=a+bx$$

其中：

a 为样本回归截距，是回归直线与 y 轴交点的纵坐标，当 $x=0$ 时，$\hat{y}=a$；a 是 α 的估计值。

b 为样本回归系数，表示 x 改变一个单位，y 平均改变的数量。b 的符号反映 x 影响 y 的性质，而 b 的绝对值大小则反映 x 影响 y 的程度；b 是 β 的估计值。

$\hat{y}$ 为回归估计值，是当 x 在其研究范围内取某一个值时，$\alpha+\beta x$ 的估计值。

第二步应用最小二乘法原理确定 a、b 值，进而确定一元线性回归方程。

为使 $\hat{y}=a+bx$ 能最好地反映 y 与 x 之间的数量关系，根据最小二乘法原理，a、b 应使回归估计值 $\hat{y}$ 与观测值 y 的偏差平方和最小，即：

$$Q=\sum_{i=1}^{n}(y_i-\hat{y}_i)^2=\sum_{i=1}^{n}(y_i-a-bx_i)^2=\text{最小}$$

根据微积分学中的极值原理，令 Q 分别对 a、b 求导，并令所求一阶偏导数等于 0，即：

$$\frac{\partial Q}{\partial a}=-2\sum_{i=1}^{n}(y_i-a-bx_i)=0,\quad \frac{\partial Q}{\partial b}=-2\sum_{i=1}^{n}(y_i-a-bx_i)x_i=0$$

从而有 $an+b\sum_{i=1}^{n}x_i=\sum_{i=1}^{n}y_i$，$a\sum_{i=1}^{n}x_i+b\sum_{i=1}^{n}x_i^2=\sum_{i=1}^{n}x_iy_i$

解得：

$$b=\frac{\sum_{i=1}^{n}x_iy_i-(\sum_{i=1}^{n}x_i)(\sum_{i=1}^{n}y_i)/n}{\sum_{i=1}^{n}x_i^2-(\sum_{i=1}^{n}x_i)^2/n}=\frac{\sum_{i=1}^{n}(x_i-\bar{x})(y_i-\bar{y})}{\sum_{i=1}^{n}(x_i-\bar{x})^2}=\frac{SP_{xy}}{SS_x}\ (\text{或}\ \frac{L_{xy}}{L_{xx}})$$

$a=\bar{y}-b\bar{x}$

其中，SP_{xy}（或 L_{xy}）看作是 x 与 y 的离均差积之和；SS_x（或 L_{xx}）看作是 x 的总偏差平方和；$\bar{x}$、$\bar{y}$ 分别是 n 对观察值（x_i，y_i）的 x、y 的均值。

对于一元线性回归方程 $\hat{y}=a+bx$，其基本性质包括：

【性质 1】$Q=\sum_{i=1}^{n}(y_i-\hat{y}_i)^2=$最小；

【性质 2】$\sum_{i=1}^{n}(y_i-\hat{y}_i)=0$；

【性质 3】回归直线必须通过中心点（$\bar{x}$，$\bar{y}$）。

5.1.2 线性回归的显著性检验

理论上，任何具因果关系的两个变量之间总是可以建立起线性回归方程，但所建方程是否有意义与价值，则必须通过对总体回归系数 β 进行检验来判断。

（1）直线回归的变异来源

图 5-2 给出了依变量 y 的总变异（$y-\bar{y}$）的分解图。显然，它可由 y 与 x 之间存在直线关系所引起的变异（$\hat{y}-\bar{y}$）与偏差（$y-\hat{y}$）两部分构成，即 $y-\bar{y}=(\hat{y}-\bar{y})+(y-\hat{y})$。

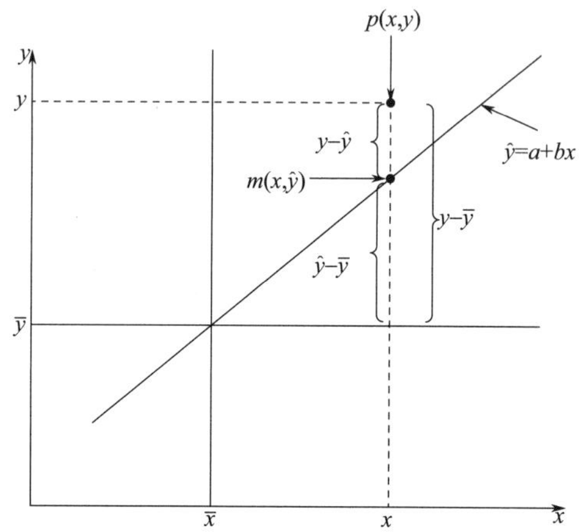

图 5-2 （$y-\bar{y}$）的分解图

① y 总偏差平方和及其分解。

$$\sum_{i=1}^{n}(y_i-\bar{y})^2=\sum_{i=1}^{n}[(\hat{y}_i-\bar{y})+(y_i-\hat{y}_i)]^2$$

$$=\sum_{i=1}^{n}(\hat{y}_i-\bar{y})^2+\sum_{i=1}^{n}(y_i-\hat{y}_i)^2+2\sum_{i=1}^{n}(\hat{y}_i-\bar{y})(y_i-\hat{y}_i)$$

由 $\hat{y}_i=a+bx_i$，$\bar{y}=a+b\bar{x}$，得 $\hat{y}_i-\bar{y}=b(x_i-\bar{x})$，因而有：

$$\begin{aligned}\sum_{i=1}^{n}(\hat{y}_i-\bar{y})(y_i-\hat{y}_i)&=\sum_{i=1}^{n}b(x_i-\bar{x})(y_i-\hat{y}_i)\\&=\sum_{i=1}^{n}b(x_i-\bar{x})[(y_i-\bar{y})-b(x_i-\bar{x})]\\&=\sum_{i=1}^{n}b(x_i-\bar{x})(y_i-\bar{y})-\sum_{i=1}^{n}b(x_i-\bar{x})\times b(x_i-\bar{x})\\&=bSP_{xy}-b^2SS_x\\&=\frac{SP_{xy}}{SS_x}\times SP_{xy}-\left(\frac{SP_{xy}}{SS_x}\right)^2\times SS_x\\&=0\end{aligned}$$

代回得 $\sum_{i=1}^{n}(y_i-\bar{y})^2=\sum_{i=1}^{n}(\hat{y}_i-\bar{y})^2+\sum_{i=1}^{n}(y_i-\hat{y}_i)^2$，简记为 $SS_y=SS_R+SS_r$。

其中，$SS_y=\sum_{i=1}^{n}(y_i-\bar{y})^2=\sum_{i=1}^{n}y_i^2-(\sum_{i=1}^{n}y_i)^2/n$，用于反映 y 的总变异程度，称为

y 总偏差平方和。

$$SS_R=\sum_{i=1}^{n}(\hat{y}_i-\bar{y})^2=\sum_{i=1}^{n}[b(x_i-\bar{x})]^2=b^2\times\sum_{i=1}^{n}(x_i-\bar{x})^2=b^2SS_x=bSP_{xy}=\frac{SP_{xy}}{SS_x}\times SP_{xy}=\frac{SP_{xy}^{\ 2}}{SS_x}$$

，用于反映因 y 与 x 之间存在线性关系而引起的 y 的变异程度，称为回归平方和。

$SS_r=\sum_{i=1}^{n}(y_i-\hat{y}_i)^2$，用于反映除 y 与 x 之间存在直线关系以外的原因，包括随机误差所引起的 y 的变异程度，称为离回归（或残差）平方和。

上述结果表明：线性回归的变异来源包括回归及离回归（或残差）两项。

② y 总自由度及其分解。与总偏差平方和 SS_y 相对应，总自由度 df_y 划分为回归自由度 df_R 与离回归（或残差）自由度 df_r 两部分，即 $df_y=df_R+df_r$。

进而可得回归均方 $MS_R=SS_R/df_R$，离回归（或残差）均方 $MS_r=SS_r/df_r$。

一元线性回归分析中，回归自由度正好等于自变量个数，即 $df_R=1$。因 $df_y=n-1$，故 $df_r=n-2$。

（2）回归系数的显著性检验

若 x 与 y 之间不存在线性关系，则总体回归系数 $\beta=0$；若 x 与 y 之间存在线性关系，则总体回归系数 $\beta\neq0$。具体可以采用如下两种方法进行检验。

【法 1】F 检验法

第一步提出 H_0：$\beta=0$（或 H_A：$\beta\neq0$），并在 H_0 成立的条件下，MS_R 与 MS_r 之比服从 $df_R=1$ 和 $df_r=n-2$ 的 F 分布，其统计量 $F=\dfrac{MS_R}{MS_r}=\dfrac{SS_R/df_R}{SS_r/df_r}=\dfrac{SS_R}{SS_r/(n-2)}$。

第二步在给定的检验水准 α 下，查附表 6 得 $F_{\alpha,1,n-2}$。

第三步判断：若 $F>F_{\alpha,1,n-2}$，则拒绝 H_0，表明两变量之间存在（极）显著的线性回归关系；若 $F\leqslant F_{\alpha,1,n-2}$，则接受 H_0，表明两变量之间所建立起来的线性回归方程并没有意义或价值。

【法 2】t 检验法

第一步提出 H_0：$\beta=0$（或 H_A：$\beta\neq0$），计算统计量 $t=\dfrac{b}{S_b}$。其中，S_b 为样本回归系数标准误，有：

$$S_b=\frac{S_{yx}}{\sqrt{SS_x}}=\frac{\sqrt{MS_r}}{\sqrt{SS_x}}=\sqrt{MS_r/SS_x}=\sqrt{SS_r/[(n-2)\times SS_x]}$$

（S_{yx} 为离回归标准误）。

第二步在给定的检验水准 α 下，查附表 4 得 $t_{\alpha/2,n-2}$。

第三步判断：若 $t>t_{\alpha/2,n-2}$，则拒绝 H_0，表明两变量之间存在（极）显著的线性回归关系；若 $t\leqslant t_{\alpha/2,n-2}$，则接受 H_0，表明两变量之间所建立起来的线性回归方程并没有意义或价值。

（3）线性回归的偏离度估计

采用离回归标准误表示回归方程的偏离度，有：

$$S_{yx}=\sqrt{\sum_{i=1}^{n}(y_i-\hat{y}_i)^2/(n-2)}=\sqrt{SS_r/(n-2)}=\sqrt{MS_r}$$

离回归标准误 S_{yx} 揭示回归直线与实测点偏差的程度，即回归估测值 $\hat{y}$ 与实际观测值 y 偏差的程度。

值得注意的是，尽管所建回归方程是实验资料最恰当的回归直线，但并非所有的散点都恰好落在这一回归直线上，这正好说明用 $\hat{y}$ 去估计 y 是有偏差的。

5.1.3 线性回归的区间估计

（1）总体回归截距 α 的置信区间

统计学已证明：$(a-\alpha)/S_a$ 服从自由度为 $n-2$ 的 t 分布。其中，$S_a = S_{yx}\sqrt{\dfrac{1}{n}+\dfrac{\bar{x}^2}{SS_x}}$，称为样本回归截距标准误，进而得：

α 的 95%置信区间为 $[a-t_{0.05/2,n-2}S_a，a+t_{0.05/2,n-2}S_a]$。

α 的 99%置信区间为 $[a-t_{0.01/2,n-2}S_a，a+t_{0.01/2,n-2}S_a]$。

（2）总体回归系数 β 的置信区间

统计学已证明：$(b-\beta)/S_b$ 服从自由度为 $n-2$ 的 t 分布。其中，$S_b=\dfrac{S_{yx}}{\sqrt{SS_x}}$ 称为样本回归系数标准误，进而得：

β 的 95%置信区间为 $[b-t_{0.05/2,n-2}S_b，b+t_{0.05/2,n-2}S_b]$。

β 的 99%置信区间为 $[b-t_{0.01/2,n-2}S_b，b+t_{0.01/2,n-2}S_b]$。

（3）总体平均数 $\alpha+\beta x$ 的置信区间

统计学已证明：$[\hat{y}-(\alpha+\beta x)]/S_{\hat{y}}$ 服从自由度为 $n-2$ 的 t 分布。其中，$S_{\hat{y}}=S_{yx}\sqrt{\dfrac{1}{n}+\dfrac{(x_0-\bar{x})^2}{SS_x}}$，称为回归估计标准误，进而得：

$\alpha+\beta x$ 的 95%置信区间为 $[\hat{y}_0-t_{0.05/2,n-2}S_{\hat{y}}，\hat{y}_0+t_{0.05/2,n-2}S_{\hat{y}}]$。

$\alpha+\beta x$ 的 99%置信区间为 $[\hat{y}_0-t_{0.01/2,n-2}S_{\hat{y}}，\hat{y}_0+t_{0.01/2,n-2}S_{\hat{y}}]$。

5.1.4 利用回归方程进行预报和控制

（1）预报

所谓预报问题，用统计学语言来说，就是一个区间估计问题，也就是在一定的可信度 $100\times(1-\alpha)\%$ 下，寻找一个正数 δ，使当 x 取某一数值时，实际观察值 y_0 以 $1-\alpha$ 的概率落在区间 $(\hat{y}_0-\delta，\hat{y}_0+\delta)$ 内，即 $P\{\hat{y}_0-\delta<y_0<\hat{y}_0+\delta\}=1-\alpha$ 或 $P\{|y_0-\hat{y}_0|<\delta\}=1-\alpha$。这个区间称为 y_0 的 $100\times(1-\alpha)\%$ 置信区间，又称为 y_0 的预报区间，有：

$$\left[\hat{y}_0 \pm t_{\alpha/2,\ n-2}S_{yx}\sqrt{1+\frac{1}{n}+\frac{(x_0-\bar{x})^2}{SS_x}}\right]$$

其中，$S_y=S_{yx}\sqrt{1+\dfrac{1}{n}+\dfrac{(x_0-\bar{x})^2}{SS_x}}$，称为单个 y 值的标准误。

当 n 很大时，y_0 的置信度为 95%的预报区间近似为 $\hat{y}_0\pm 2S_{yx}$；y_0 的置信度为 99%的预报区间近似为 $\hat{y}_0\pm 3S_{yx}$。

（2）控制

所谓控制问题，其实是预报问题的反问题。具体地说，为了要控制实际观察值 y 不小于 $1-\alpha$ 的概率落在区间（y_1，y_2）内，即 $p\{y_1<y<y_2\}\geqslant 1-\alpha$，则相应的自变量 x 应控制在什么范围内。也就是要寻找这样两个数 x_1、x_2，使得 $\hat{y}-\delta(x_1)>y_1$，$\hat{y}+\delta(x_2)<y_2$。

若 x 满足 $\hat{y}-t_{\alpha/2,\ n-2}S_{yx}\sqrt{1+\dfrac{1}{n}+\dfrac{(x-\bar{x})^2}{SS_x}}>y_1$，$\hat{y}+t_{\alpha/2,\ n-2}S_{yx}\sqrt{1+\dfrac{1}{n}+\dfrac{(x-\bar{x})^2}{SS_x}}<y_2$，则 $P\{y_1<y<y_2\}\geqslant 1-\alpha$，进而求解出 x 来作为控制 x 的上下限。

【例 5-1】采用不同氯化铝用量对天然橡胶加工废水进行综合处理，检测其脱色率、COD 去除率和絮凝物量，实验结果如表 5-2 所示。

表 5-2　不同氯化铝用量对制胶废水处理效果

实验号(i)	2%氯化铝溶液用量/(mL/80mL)	脱色率/%	COD 去除率/%	絮凝物量/g
1	0.2	27.0	12.0	0.01
2	0.4	31.4	17.7	0.01
3	0.6	38.7	24.0	0.02
4	0.8	50.2	28.7	0.03
5	1.0	67.5	33.0	0.05
6	1.2	72.5	37.0	0.07
7	1.4	73.0	37.4	0.07
8	1.6	80.9	39.0	0.09
9	2.0	83.0	40.0	0.10
10	2.4	92.1	47.0	0.12
11	2.8	95.0	54.0	0.15
12	3.2	96.1	62.0	0.17
13	3.6	95.5	61.0	0.20

试回答如下问题：①采用一元线性回归建立 COD 去除率（y）与氯化铝用量（x）的线性关系，并进行显著性检验；②对所建立起来的线性回归进行置信度为 95%的区间估计（选取 $x_0=1.0$）；③预测 $x_0=1.0$ 时 y_0 的取值范围（选取 $\alpha=0.05$）；④若要求 $y=20.0\sim40.0$，试控制 x 的取值范围（选取 $\alpha=0.05$）。

【解】①构建回归方程

第一步，作散点图，如图 5-3 所示。

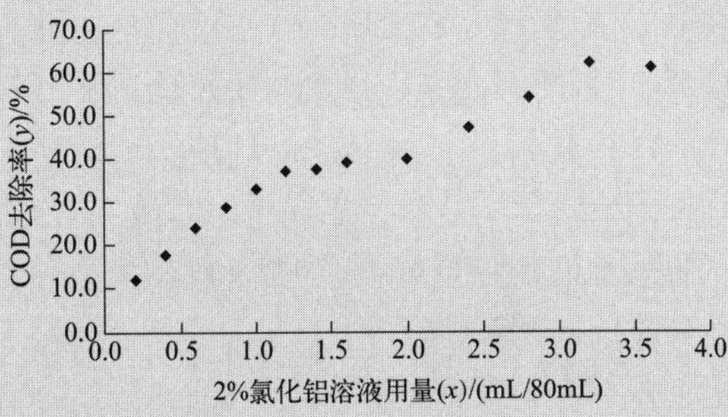

图 5-3　氯化铝用量（x）与 COD 去除率（y）的散点图

初步结果表明：COD去除率（y）与氯化铝用量（x）之间存在一定的线性关系。为此，假定其数学模型为 $\hat{y}=a+bx$。

第二步，依据假定的数学模型，进行相关数据计算，如表5-3所示。

表 5-3 线性回归相关数据计算

实验号(i)	x(氯化铝用量)/(mL/80mL)	y(COD去除率)/%	x^2	y^2	$x\times y$
1	0.2	12.0	0.04	144.00	2.40
2	0.4	17.7	0.16	313.29	7.08
3	0.6	24.0	0.36	576.00	14.40
4	0.8	28.7	0.64	823.69	22.96
5	1.0	33.0	1.00	1089.00	33.00
6	1.2	37.0	1.44	1369.00	44.40
7	1.4	37.4	1.96	1398.76	52.36
8	1.6	39.0	2.56	1521.00	62.40
9	2.0	40.0	4.00	1600.00	80.00
10	2.4	47.0	5.76	2209.00	112.80
11	2.8	54.0	7.84	2916.00	151.20
12	3.2	62.0	10.24	3844.00	198.40
13	3.6	61.0	12.96	3721.00	219.60
总和(Σ)	21.2	492.8	48.96	21524.74	1001.00
均值(Σ/n)	1.63	37.91			

另外，有：$L_{xx}=SS_x=\sum_{i=1}^{n}x_i^{\ 2}-(\sum_{i=1}^{n}x_i)^2/n=48.96-21.2^2/13=14.39$

$$L_{yy}=SS_y=\sum_{i=1}^{n}y_i^{\ 2}-(\sum_{i=1}^{n}y_i)^2/n=21524.74-492.8^2/13=2843.83$$

$$L_{xy}=SP_{xy}=\sum_{i=1}^{n}(x_i\times y_i)-\frac{(\sum_{i=1}^{n}x_i)\times(\sum_{i=1}^{n}y_i)}{n}=1001.00-\frac{21.2\times 492.8}{13}=197.36$$

$$SS_R=\frac{SP_{xy}^{\ 2}}{SS_x}=\frac{197.36^2}{14.39}=2706.81$$

$$SS_r=SS_y-SS_R=2843.83-2706.81=137.02$$

第三步，计算回归截距 a，回归系数 b，构建线性回归方程。

$$b=\frac{SP_{xy}}{SS_x}=\frac{197.36}{14.39}=13.72,\quad a=\bar{y}-b\bar{x}=37.91-13.72\times 1.63=15.55$$

所建COD去除率（y）与氯化铝用量（x）的数学模型为 $\hat{y}=15.55+13.72x$。

第四步，回归关系（系数）显著性检验。

a. 采用 F 检验方法，具体结果如表5-4所示。

表 5-4 氯化铝用量（x）与 COD 去除率（y）回归关系方差分析

变异来源	SS	df	MS	F	$F_{0.05}$	$F_{0.01}$
回归 R	2706.81	1	2706.81	217.24**	4.8443	9.6460
离回归(残差) r	137.02	11	12.46			
总变异	2843.83	12				

结果表明：回归 R 达到极显著，即所建 COD 去除率（y）与氯化铝用量（x）的线性回归系数 $b=13.72$ 是极显著的。

b. 采用 t 检验方法。

由 $S_{yx}=\sqrt{SS_r/(n-2)}=\sqrt{137.02/(13-2)}=3.53$，$S_b=\dfrac{S_{yx}}{\sqrt{SS_x}}=\dfrac{3.53}{\sqrt{14.39}}=0.93$

得 $t=\dfrac{b}{S_b}=\dfrac{13.72}{0.93}=14.75$。

当 $df=n-2=13-2=11$，查附表 4 得 $t_{0.05/2,11}=2.201$，$t_{0.01/2,11}=3.106$。

因 $t=14.75>t_{0.01/2,11}$，故否定 H_0，即所建 COD 去除率（y）与氯化铝用量（x）的线性回归系数 $b=13.72$ 是极显著的。

无论采用 F 检验还是采用 t 检验，均表明 COD 去除率（y）与氯化铝用量（x）之间存在极显著的线性关系，所构建的数学模型（回归方程）具有实际意义。

检验结果进一步说明：无论是采用 F 检验，还是采用 t 检验，所得结论是一致的。

② 置信度为 95%的区间估计（选取 $x_0=1.0$）。

a. 对总体回归截距 α 进行置信度为 95%的区间估计。

$$[a\pm t_{0.05/2,\ n-2}S_a]=[15.55\pm t_{0.05/2,\ 13-2}\times S_{yx}\times\sqrt{\frac{1}{n}+\frac{\bar{x}^2}{SS_x}}]$$

$$=[15.55\pm 2.201\times 3.53\times\sqrt{\frac{1}{13}+\frac{1.63^2}{14.39}}]$$

$$=[15.55\pm 3.97]$$

b. 对总体回归系数 β 进行置信度为 95%的区间估计。

$[b\pm t_{0.05/2,n-2}S_b]=[13.72\pm t_{0.05/2,13-2}\times 0.93]=[13.72\pm 2.201\times 0.93]=[13.72\pm 2.05]$

c. 当 $x_0=1.0$ 时 y 总体均数（$\alpha+\beta x$）进行置信度为 95%的区间估计。

$$[\hat{y}_0\pm t_{0.05/2,\ n-2}S_{\hat{y}}]=[(a+bx_0)\pm t_{0.05/2,\ 13-2}\times S_{yx}\times\sqrt{\frac{1}{n}+\frac{(x_0-\bar{x})^2}{SS_x}}]=[(15.55+13.72\times 1.0)\pm 2.201\times 3.53\times\sqrt{\frac{1}{13}+\frac{(1.0-1.63)^2}{14.39}}]=[29.27\pm 2.51]$$

③ 预测 $x_0=1.0$ 时 y_0 的取值范围（选取 $\alpha=0.05$）。

$$[\hat{y}_0\pm t_{\alpha/2,\ n-2}S_{yx}\sqrt{1+\frac{1}{n}+\frac{(x_0-\bar{x})^2}{SS_x}}]=[(a+bx_0)\pm t_{0.05/2,\ 13-2}\times S_{yx}\times$$

$\sqrt{1+\frac{1}{n}+\frac{(x_0-\bar{x})^2}{SS_x}}] = [(15.55 + 13.72 \times 1.0) \pm 2.201 \times 3.53 \times \sqrt{1+\frac{1}{13}+\frac{(1.0-1.63)^2}{14.39}}]=[29.27 \pm 8.15]$

④ 若要求 $y=20.0 \sim 40.0$，试控制 x 的取值范围（选取 $\alpha=0.05$）。

依据 $\hat{y}-t_{\alpha/2,n-2}S_{yx}\sqrt{1+\frac{1}{n}+\frac{(x-\bar{x})^2}{SS_x}}>y_1$，$\hat{y}+t_{\alpha/2,n-2}S_{yx}\sqrt{1+\frac{1}{n}+\frac{(x-\bar{x})^2}{SS_x}}<y_2$，有：

$$(15.55+13.72x)-2.201\times 3.53\times\sqrt{1+\frac{1}{13}+\frac{(x-1.63)^2}{14.39}}>20.0$$

$$(15.55+13.72x)+2.201\times 3.53\times\sqrt{1+\frac{1}{13}+\frac{(x-1.6308)^2}{14.3877}}<40.0$$

因上两个根式中最后的一项很小，可以忽略不计，故可近似得：

$$(15.55+13.72x)-2.201\times 3.53\times\sqrt{1+\frac{1}{13}}>20.0$$

$$(15.55+13.72x)+2.201\times 3.53\times\sqrt{1+\frac{1}{13}}<40.0$$

解得：$0.91<x<1.20$。

5.1.5 线性相关分析

若两变量（如 x 和 y）彼此之间呈线性关系，但无需由 x 来估计 y，而只想了解 x 与 y 的相关性，则只需通过相关系数加以分析。

（1）决定系数（coefficient of determination）

根据 $\sum_{i=1}^{n}(y_i-\bar{y})^2=\sum_{i=1}^{n}(\hat{y}_i-\bar{y})^2+\sum_{i=1}^{n}(y_i-\hat{y}_i)^2$，$y$ 与 x 线性回归效果取决于回归平方和 $\sum_{i=1}^{n}(\hat{y}_i-\bar{y})^2$ 与离回归平方和 $\sum_{i=1}^{n}(y_i-\hat{y}_i)^2$ 的大小，或取决于回归平方和在 y 的总平方和中所占比例的大小。

定义 $r^2=\frac{\sum_{i=1}^{n}(\hat{y}_i-\bar{y})^2}{\sum_{i=1}^{n}(y_i-\bar{y})^2}$，称为 x 对 y 的决定系数。其含义代表变量 x 引起 y 变异的回归平方和占 y 变异总平方和的比例。

决定系数 r^2 仅表示回归方程的可靠程度而未能揭示相关性质，显然有 $0\leqslant r^2\leqslant 1$。

根据定义及前面结果，有 $r^2=\frac{\sum_{i=1}^{n}(\hat{y}_i-\bar{y})^2}{\sum_{i=1}^{n}(y_i-\bar{y})^2}=\frac{SP_{xy}{}^2}{SS_x\times SS_y}=\frac{SP_{xy}}{SS_x}\times\frac{SP_{xy}}{SS_y}=b_{yx}\times b_{xy}$

$b_{yx}=SP_{xy}/SS_x$ 是 x 为自变量、y 为依变量时的回归系数；反过来，将 $b_{xy}=SP_{xy}/SS_y$ 理解为 y 为自变量、x 为依变量时的回归系数。

决定系数 r^2 等于 y 对 x 的回归系数 b_{yx} 与 x 对 y 的回归系数 b_{xy} 的乘积。

须指出的是，决定系数 r^2 表示互为因果关系的相关变量 x 与 y 之间线性关系的程度。但决定系数介于 0 与 1 之间，故无法反映出 x 与 y 线性关系的性质——是同向增减或异向增减。

(2) 相关系数（coefficient of correlation）

定义 $r=\dfrac{SP_{xy}}{\sqrt{SS_x \times SS_y}}$，或写成 $r=\dfrac{L_{xy}}{\sqrt{L_{xx} \times L_{yy}}}$，称为 x 对 y 的相关系数。

显然，两变量（x 与 y）在相关计算中的地位作用是平等的，无所谓自变量与依变量之分，进而可以用来比较两变量的相关程度（取决于 r 绝对值的大小）和性质（取决于 r 的正负）。相关系数介于－1 与＋1 之间，即：$-1 \leqslant r \leqslant 1$。

若 $r=-1$，为完全负相关；$r=+1$，为完全正相关。

实际研究中，出现完全相关的情况很罕见，绝大多数 r 是大于－1 而小于＋1 的。

r 是样本相关系数，它是双变量正态总体中的总体相关系数 ρ 的估计值，其 H_0：$\rho=0$（或 H_A：$\rho \neq 0$）。

可采用 t 检验法、相关系数临界值法对相关系数 r 的显著性进行检验。

如采用相关系数临界值法，具体方法是：

先根据自由度 $n-2$ 查临界 r 值（见附表 10），得 $r_{0.05}$，$r_{0.01}$。再作判断：若 $|r|<r_{0.05}$，则相关系数 r 不显著；若 $r_{0.05} \leqslant |r| < r_{0.01}$，则相关系数 r 显著，标记“*”；若 $|r| \geqslant r_{0.01}$，则相关系数 r 极显著，标记“**”。

(3) 线性回归与线性相关的关系

直接由 $r^2=b_{yx} \times b_{xy}$ 得 $r=\sqrt{b_{yx} \times b_{xy}}$。

① 研究对象都是呈线性关系的相关变量。

线性回归分析需要将两个相关变量区分为自变量与依变量，侧重于寻求它们之间的联系形式，建立线性回归方程；

线性相关分析并不需要对两个相关变量去区分哪一个是自变量，哪一个是依变量，侧重于揭示它们之间的联系程度与性质，计算相关系数。

② 两种分析的显著性检验都是解决 y 与 x 是否存在线性关系，因而二者的检验是等价的。

进行线性回归分析时，可用相关系数显著性检验代替线性回归关系显著性检验。

先计算 r 并对其进行检验：若检验结果 r 不显著，则不必进行线性回归分析；若 r 显著，再计算回归系数 b、回归截距 a，建立线性回归方程。此时，建立的线性回归方程是有效的，可直接进行预报和控制。

(4) 注意事项

① 回归分析与相关分析要有意义，充分考虑客观实际情况。

② 明确 x 与 y 是否存在因果关系，一般用 x 代表“因”，用 y 代表“果”；若无因果关系，则只需考察相关性。

③ 要考虑到回归系数、相关系数的适用范围，并要求进行显著性检验。

④ 必须严格控制被研究的两个变量以外的各个变量的变动范围。

⑤ 样本容量一般不应小于 5，原则上，越多越好，以提高分析的准确性。

⑥ 正确理解“相关不显著”和“回归不显著”，即使是不显著，也不排除变量之间存在非线性关系。

⑦ 预测和外推要慎重，否则容易导致错误结论。

【例 5-2】天然橡胶拉伸强度与氮含量的相关分析。

为了进一步说明酶处理工艺对天然橡胶中所含蛋白质的必然影响的同时，是否进而对其硫化胶膜性能的必然影响，就拉伸强度与氮含量之间作相关分析。具体实验结果如表 5-5 所示。

表 5-5 酶处理工艺对天然橡胶中蛋白质及其硫化胶膜拉伸强度的影响

实验号(i)	1	2	3	4	5	6	7	8	9
x(氮含量)/%	0.400	0.329	0.305	0.308	0.223	0.216	0.194	0.120	0.147
y(拉伸强度)/MPa	19.37	19.43	19.52	19.35	19.45	19.92	19.19	20.01	20.03

【解】(1) 作散点图

如图 5-4 所示。

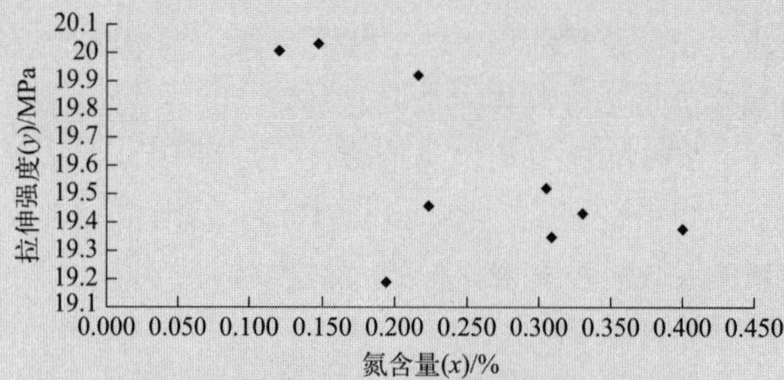

图 5-4 氮含量 x 与拉伸强度 y 的散点图

初步结果表明：确实难以发现氮含量 x 与拉伸强度 y 之间所存在的线性关系，但是否存在某种程度的相关关系，尚无法判断。

(2) 相关数据计算

具体见表 5-6。

表 5-6 数据计算表

实验号(i)	x_i	y_i	x_i^2	y_i^2	$x_i \times y_i$
1	0.400	19.37	0.1600	375.1969	7.7480
2	0.329	19.43	0.1082	377.5249	6.3925
3	0.305	19.52	0.0930	381.0304	5.9536
4	0.308	19.35	0.0949	374.4225	5.9598
5	0.223	19.45	0.0497	378.3025	4.3374
6	0.216	19.92	0.0467	396.8064	4.3027
7	0.194	19.19	0.0376	368.2561	3.7229
8	0.120	20.01	0.0144	400.4001	2.4012
9	0.147	20.03	0.0216	401.2009	2.9444
Σ	2.242	176.27	0.6262	3453.1407	43.7624
$\Sigma/9$	0.2491	19.586			

另有：$L_{xx}=\sum_{i=1}^{n}x_i^2-n\times(\bar{x})^2=0.0677$

$$L_{xy}=\sum_{i=1}^{n}(x_i\times y_i)-n\times\bar{x}\times\bar{y}=-0.1484$$

$$L_{yy}=\sum_{i=1}^{n}y_i^2-n\times(\bar{y})^2=0.7948$$

（3）计算相关系数

$$r=\frac{L_{xy}}{\sqrt{L_{xx}\times L_{yy}}}=\frac{-0.1484}{\sqrt{0.0676\times0.7948}}=-0.6400$$

（4）检验及其推论

根据 $\alpha=0.05$，$n=9$，$m=1$，查附表 10 得 $r_{\min(\alpha=0.05,7)}=0.666>|r|=0.6400$，因此，试图去建立拉伸强度与氮含量的一元线性回归方程没有意义，充分说明氮含量与拉伸强度之间没有必然的联系，因为影响它们的主要因子不同：氮含量主要受酶处理工艺的调控，而拉伸强度则除了与天然橡胶本身有关外，还与所选定的硫化配方与工艺等有关。因此，无法根据氮含量去预测所得低蛋白质天然橡胶的相关性能。

5.2 多元线性回归

前面介绍的统计方法，只对单因子或最多两个因子（如线性回归、单/两因子反应曲线配合等）的关系进行研究。这种研究方法，在实验设计方面，要求除所研究的因子外，其他因子都应具有均衡和可比性。

然而，影响材料结构、性能及其应用的因子很多，如汽车轮胎使用寿命与原料、制造配方与工艺、使用状态等都有关系，这些因子可能互相有联系，若用单因子分析方法处理，只能孤立地、局部地反映各个因子对材料结构、性能及其应用的影响。

为此，应考虑多因子和多指标问题的统计分析方法。这些统计方法在材料学研究中能较全面地、整体地反映多个因子对材料结构、性能及其应用的影响，并能分析各因子彼此之间的交互作用。

近年来，随着计算机及其软件的普及，多因子分析方法已在材料领域研究的寿命分析、辅助诊断及其预测等方面有广泛的应用。

5.2.1 多元线性回归的意义

一元线性回归是描述一个依变量 y 与一个自变量 x 之间的线性依存关系的。

当影响依变量 y 变化的因子不止一个时，要进一步研究一个依变量与多个自变量 x_1，x_2，…，x_m 之间的线性依存关系，称为多元线性回归（multiple linear regression）。

（1）多元线性回归模型的一般形式

$$\hat{y}=a+b_1x_1+b_2x_2+\cdots+b_mx_m \quad \text{(a)}$$

式中，$\hat{y}$ 是依变量 y 的估计值；x_1，x_2，…，x_m 是自变量，m 是自变量个数；a 为回归方程的常数项；b_i 是自变量 x_i 的偏回归系数，它表示在其他自变量固定的条件下，自变

量 x_i 改变一个单位时，依变量 y 的改变量。

（2）多元线性回归模型应满足的条件

① y 与 x_1，x_2，…，x_m 之间具有线性关系；

② 各个观测结果 y_i 相互独立；

③ 残差 e 服从均数为 0，方差为 σ^2 的正态分布；

④ 任一组自变量 x_1，x_2，…，x_m 值，依变量 y 具有相同方差，即具方差齐性。

5.2.2 多元线性回归方程的建立

当自变量 $x_1,x_2,\cdots,x_m$ 取不同实验值时，分别得到 n 组实验数据 $x_{1i},x_{2i},\cdots,x_{mi}$ $(i=1,2,\cdots,n)$，如将自变量代入式（a），就可以得到对应的函数计算值，于是残差平方和：

$$SS_r=\sum_{i=1}^{n}(y_i-\hat{y}_i)^2=\sum_{i=1}^{n}(y_i-a-b_1x_{1i}-b_2x_{2i}-\cdots-b_mx_{mi})^2$$

根据最小二乘法原理，要使 SS_r 达到最小，则应满足以下条件：

$$\frac{\partial(SS_r)}{\partial a}=0,\ \frac{\partial(SS_r)}{\partial b_j}=0,\ j=1,\ 2,\ \cdots,\ m$$

即：$\dfrac{\partial(SS_r)}{\partial a}=2\sum\limits_{i=1}^{n}[(y_i-a-b_1x_{1i}-b_2x_{2i}-\cdots-b_mx_{mi})(-1)]=0$

$$\frac{\partial(SS_r)}{\partial b_1}=2\sum_{i=1}^{n}[(y_i-a-b_1x_{1i}-b_2x_{2i}-\cdots-b_mx_{mi})(-x_{1i})]=0$$

$$\frac{\partial(SS_r)}{\partial b_2}=2\sum_{i=1}^{n}[(y_i-a-b_1x_{1i}-b_2x_{2i}-\cdots-b_mx_{mi})(-x_{2i})]=0$$

…

$$\frac{\partial(SS_r)}{\partial b_m}=2\sum_{i=1}^{n}[(y_i-a-b_1x_{1i}-b_2x_{2i}-\cdots-b_mx_{mi})(-x_{mi})]=0$$

由此得到如下的正规方程组：

$$\begin{cases}na+b_1\sum\limits_{i=1}^{n}x_{1i}+b_2\sum\limits_{i=1}^{n}x_{2i}+\cdots+b_m\sum\limits_{i=1}^{n}x_{mi}=\sum\limits_{i=1}^{n}y_i\\ a\sum\limits_{i=1}^{n}x_{1i}+b_1\sum\limits_{i=1}^{n}x_{1i}^2+b_2\sum\limits_{i=1}^{n}x_{1i}x_{2i}+\cdots+b_m\sum\limits_{i=1}^{n}x_{1i}x_{mi}=\sum\limits_{i=1}^{n}x_{1i}y_i\\ a\sum\limits_{i=1}^{n}x_{2i}+b_1\sum\limits_{i=1}^{n}x_{1i}x_{2i}+b_2\sum\limits_{i=1}^{n}x_{2i}^2+\cdots+b_m\sum\limits_{i=1}^{n}x_{2i}x_{mi}=\sum\limits_{i=1}^{n}x_{2i}y_i\\ \cdots\\ a\sum\limits_{i=1}^{n}x_{mi}+b_1\sum\limits_{i=1}^{n}x_{1i}x_{mi}+b_2\sum\limits_{i=1}^{n}x_{2i}x_{mi}+\cdots+b_m\sum\limits_{i=1}^{n}x_{mi}^2=\sum\limits_{i=1}^{n}x_{mi}y_i\end{cases}$$

显然，方程组的解就是式（a）中的系数 a，b_1，b_2，…，b_m。

须指出的是，为使正规方程组有解，要求 $m<n$，即实验次数应该多于自变量的个数。

令：$\bar{x}_j=\dfrac{1}{n}\sum\limits_{i=1}^{n}x_{ji},j=1,2,\cdots,m,\bar{y}=\dfrac{1}{n}\sum\limits_{i=1}^{n}y_i,i=1,2,\cdots,n$

$$L_{jj}=\sum_{i=1}^{n}(x_{ji}-\bar{x}_j)^2=\sum_{i=1}^{n}x_{ji}{}^2-n\times(\bar{x}_j)^2,j=1,2,\cdots,m$$

$$L_{jk}=L_{kj}=\sum_{i=1}^{n}(x_{ji}-\bar{x}_j)(x_{ki}-\bar{x}_k)=\sum_{i=1}^{n}x_{ji}x_{ki}-n\times\bar{x}_j\times\bar{x}_k,j、k=1,2,\cdots,m(j\neq k)$$

$$L_{jy}=\sum_{i=1}^{n}(x_{ji}-\bar{x}_j)(y_i-\bar{y})=\sum_{i=1}^{n}x_{ji}y_i-n\times\bar{x}_j\times\bar{y},j=1,2,\cdots,m$$

则上述正规方程组可以变为：

$$\begin{cases}a=\bar{y}-b_1\bar{x}_1-b_2\bar{x}_2-\cdots-b_m\bar{x}_m\\ L_{11}b_1+L_{12}b_2+\cdots+L_{1m}b_m=L_{1y}\\ L_{21}b_1+L_{22}b_2+\cdots+L_{2m}b_m=L_{2y}\\ \cdots\\ L_{m1}b_1+L_{m2}b_2+\cdots+L_{mm}b_m=L_{my}\end{cases}$$

5.2.3 多元线性回归方程的假设检验

（1）F 检验法

总偏差平方和 $SS_y=L_{yy}=\sum_{i=1}^{n}(y_i-\bar{y})^2=\sum_{i=1}^{n}y_i^2-n\times\bar{y}^2$

回归平方和 $SS_R=\sum_{i=1}^{n}(\hat{y}_i-\bar{y})^2=b_1L_{1y}+b_2L_{2y}+\cdots+b_mL_{my}$

残差平方和 $SS_r=\sum_{i=1}^{n}(y_i-\hat{y}_i)^2=SS_y-SS_R$

表 5-7 给出了多元线性回归方差分析。

表 5-7 多元线性回归方差分析

变异来源	SS	df	MS	F	$F_{0.05}$	$F_{0.01}$
回归 R	SS_R	m	$MS_R=SS_R/m$	$F=MS_R/MS_r$		
离回归(残差)r	SS_r	$n-m-1$	$MS_r=SS_r/(n-m-1)$			
总变异	SS_y	$n-1$				

（2）复相关系数 R 检验法

第一步计算复相关系数 $R=\dfrac{\sum_{i=1}^{n}[(y_i-\bar{y})\times(\hat{y}_i-\bar{y})]}{\sqrt{\sum_{i=1}^{n}(y_i-\bar{y})^2\times\sum_{i=1}^{n}(\hat{y}_i-\bar{y})^2}}=\sqrt{SS_R/SS_y}$。

第二步分析：若 $R=1$，表明依变量 y 与自变量 x_1，x_2，…，x_m 之间存在严格的线性关系；若 $R\approx0$，表明依变量 y 与自变量 x_1，x_2，…，x_m 之间不存在任何线性相关关系，但可能存在其他非线性关系；若 $0<R<1$，表明依变量 y 与自变量 x_1，x_2，…，x_m 之间存在一定的线性相关关系。

第三步判断：对于给定的检验水准 α，并根据实验数据组数（n）和自变量的个数（m），可查出复相关系数临界值 $R_{\min}$（附表 10）。只有当 $R>R_{\min}$ 时，才达到显著，说明所建多元线性回归方程才有意义。

同样，将复相关系数的平方 R^2 称为多元线性回归方程的决定系数。

5.2.4 因子主次判断

（1）采用偏回归系数的标准化 P 检验

先计算 $P_j=|b_j|\sqrt{L_{jj}/L_{yy}}$，再根据 P_j 大小作出判断：P_j 越大，则对应的因子越重要。

（2）采用偏回归系数的 F 检验

先计算 $F_j=MS_j/MS_r=SS_j/MS_r=b_jL_{jy}/MS_r=b_j{}^2L_{jj}/MS_r$，再根据 F_j 大小作出判断：F_j 越大，则对应的因子越重要。

对给定的检验水准 α，若 $F_j>F_{\alpha,1,n-m-1}$，则说明 x_j 对 y 的影响是显著的，否则，影响不显著，此时，可以将它从回归方程中去掉，变成 $m-1$ 元回归方程。

（3）采用偏回归系数的 t 检验

先计算 $|t_j|=|b_j|/S_{bj}=|b_j|/\sqrt{MS_r/L_{jj}}=\sqrt{b_j^2L_{jj}/MS_r}=\sqrt{SS_j/MS_r}=\sqrt{F_j}$，再根据 $|t_j|$ 大小作出判断：$|t_j|$ 越大，则对应的因子越重要。

对给定的检验水准 α，若 $|t_j|>t_{\alpha/2,1,n-m-1}$，则说明 x_j 对 y 的影响是显著的，否则，影响不显著，此时，可以将它从回归方程中去掉，变成 $m-1$ 元回归方程。

5.2.5 变量的筛选

多元线性回归分析中，常常通过专业知识或实践经验去挑选那些对依变量有影响的自变量与依变量来建立回归方程。

但是，所选择的自变量间可能彼此有联系，以致有些自变量单独地看，对依变量有作用；而与另一些自变量组合在一起时，在回归方程中对依变量所起的作用，却会被其它的自变量所代替。

那么，要从为数众多的因子中选择自变量，以建立效果最优的回归方程，只能从 m 个自变量所有组合所建立的 2^m-1 个方程挑选出最好的一个，显然当 m 很大时，这种选择方法是不可取的，为此，统计中常用方法之一是逐步选择法。

【例 5-3】 高分子合成实验中，为提高单体转化率（y），着重考察引发剂量（x_1，%）、单体量（x_2，g）和反应时间（x_3，h）三个因子，进行 7 次重复实验，结果如表 5-8 所示。试建立其多元线性回归方程。

表 5-8 高分子合成实验设计及其结果

因子与指标	实验号(i)						
	1	2	3	4	5	6	7
x_1(引发剂量)/%	0.10	0.12	0.14	0.16	0.18	0.20	0.22
x_2(单体量)/g	11.0	17.0	23.0	19.0	14.0	20.0	26.0
x_3(反应时间)/h	1.5	3.0	1.0	2.5	0.5	2.0	3.5
y(转化率)/%	30.3	40.6	29.4	47.6	20.9	45.1	48.2

【解】 ①假定数学模型为 $\hat{y}=a+b_1x_1+b_2x_2+b_3x_3$，相关数据计算，见表 5-9。

表 5-9 数据计算表

统计数据	实验号(i)							Σ	$\Sigma/7$
	1	2	3	4	5	6	7		
x_1	0.10	0.12	0.14	0.16	0.18	0.20	0.22	1.12	0.16
x_2	11.0	17.0	23.0	19.0	14.0	20.0	26.0	130.0	18.5714
x_3	1.5	3.0	1.0	2.5	0.5	2.0	3.5	14.0	2.0
y	30.3	40.6	29.4	47.6	20.9	45.1	48.2	262.1	37.4429
$x_1{}^2$	0.0100	0.0144	0.0196	0.0256	0.0324	0.0400	0.0484	0.1904	
$x_2{}^2$	121.0	289.0	529.0	361.0	196.0	400.0	676.0	2572.0	
$x_3{}^2$	2.25	9.00	1.00	6.25	0.25	4.00	12.25	35.00	
x_1x_2	1.10	2.04	3.22	3.04	2.52	4.00	5.72	21.64	
x_2x_3	16.5	51.0	23.0	47.5	7.0	40.0	91.0	276.0	
x_1x_3	0.15	0.36	0.14	0.40	0.09	0.40	0.77	2.31	
x_1y	3.030	4.872	4.116	7.616	3.762	9.020	10.604	43.020	
x_2y	333.3	690.2	676.2	904.4	292.6	902.0	1253.2	5051.9	
x_3y	45.45	121.80	29.40	119.00	10.45	90.20	168.70	585.00	
y^2	918.09	1648.36	864.36	2265.76	436.81	2034.01	2323.24	10490.63	

注：计算表采用作者自编 Excel 公式所得结果，书中因保留小数的有效位数与原 Excel 不同，故计算数值有偏差，仅作为计算过程示例。(下同)

② 列正规方程组：

$$\begin{cases}a=\bar{y}-b_1\bar{x}_1-b_2\bar{x}_2-b_3\bar{x}_3\\L_{11}b_1+L_{12}b_2+L_{13}b_3=L_{1y}\\L_{21}b_1+L_{22}b_2+L_{23}b_3=L_{2y}\\L_{31}b_1+L_{32}b_2+L_{33}b_3=L_{3y}\end{cases}$$

其中，$L_{11}=\sum_{i=1}^{n}(x_{1i}-\bar{x}_1)^2=\sum_{i=1}^{n}x_{1i}{}^2-n\times(\bar{x}_1)^2=0.0112$

$$L_{22}=\sum_{i=1}^{n}(x_{2i}-\bar{x}_2)^2=\sum_{i=1}^{n}x_{2i}{}^2-n\times(\bar{x}_2)^2=157.7143$$

$$L_{33}=\sum_{i=1}^{n}(x_{3i}-\bar{x}_3)^2=\sum_{i=1}^{n}x_{3i}{}^2-n\times(\bar{x}_3)^2=7.0$$

$$L_{12}=L_{21}=\sum_{i=1}^{n}(x_{1i}-\bar{x}_1)(x_{2i}-\bar{x}_2)=\sum_{i=1}^{n}x_{1i}x_{2i}-n\times\bar{x}_1\times\bar{x}_2=0.84$$

$$L_{23}=L_{32}=\sum_{i=1}^{n}(x_{2i}-\bar{x}_2)(x_{3i}-\bar{x}_3)=\sum_{i=1}^{n}x_{2i}x_{3i}-n\times\bar{x}_2\times\bar{x}_3=16.0$$

$$L_{31}=L_{13}=\sum_{i=1}^{n}(x_{1i}-\bar{x}_1)(x_{3i}-\bar{x}_3)=\sum_{i=1}^{n}x_{1i}x_{3i}-n\times\bar{x}_1\times\bar{x}_3=0.07$$

$$L_{1y}=\sum_{i=1}^{n}(x_{1i}-\overline{x}_1)(y_i-\overline{y})=\sum_{i=1}^{n}x_{1i}y_i-n\times\overline{x}_1\times\overline{y}=1.0840$$

$$L_{2y}=\sum_{i=1}^{n}(x_{2i}-\overline{x}_2)(y_i-\overline{y})=\sum_{i=1}^{n}x_{2i}y_i-n\times\overline{x}_2\times\overline{y}=184.3286$$

$$L_{3y}=\sum_{i=1}^{n}(x_{3i}-\overline{x}_3)(y_i-\overline{y})=\sum_{i=1}^{n}x_{3i}y_i-n\times\overline{x}_3\times\overline{y}=60.80$$

代入正规方程组，整理得：

$$\begin{cases}a=37.4429-0.16b_1-18.5714b_2-2.0b_3\\0.0112b_1+0.84b_2+0.07b_3=1.0840\\0.84b_1+157.7143b_2+16.0b_3=184.3286\\0.07b_1+16.0b_2+7.0b_3=60.80\end{cases}$$

解上述方程组，得：$b_1=33.1289$；$b_2=0.1885$；$b_3=7.9237$。

③ 计算回归截距 a。

$a=\overline{y}-b_1\overline{x}_1-b_2\overline{x}_2-b_3\overline{x}_3=12.7951$

于是，所求的三元线性回归方程为 $\hat{y}=12.7951+33.1289x_1+0.1885x_2+7.9237x_3$

④ 显著性检验。

a.采用 F 检验。

先计算：

$$SS_y=L_{yy}=\sum_{i=1}^{n}(y_i-\overline{y})^2=\sum_{i=1}^{n}y_i^{\ 2}-n\times\overline{y}^2=676.8571$$

$$SS_R=\sum_{i=1}^{n}(\hat{y}_i-\overline{y})^2=b_1L_{1y}+b_2L_{2y}+b_3L_{3y}$$

$$=552.4084$$

$$SS_r=\sum_{i=1}^{n}(y_i-\hat{y}_i)^2=SS_y-SS_R=124.4487$$

再列出方差分析表，见表 5-10。

表 5-10　三元线性回归方差分析

变异来源	SS	df	MS	F 值	$F_{0.05}$	$F_{0.01}$
回归 R	552.4084	3	184.1361	4.4388	9.2766	29.4567
离回归(残差)r	124.4487	3	41.4829			
总变异	676.8571	6				

结果表明：回归并未达到显著，说明所建三元线性回归方程与实验数据拟合得并不理想。

b. 采用复相关系数检验。根据 $SS_y=676.8571$，$SS_R=552.4084$，得 $R=\sqrt{SS_R/SS_y}=\sqrt{552.4084/676.8571}=0.9034$。

若取检验水准 $\alpha=0.05$，自变量个数 $m=3$，实验次数 $n=7$，查复相关系数临界值表（附表 10），$R_{\min}=0.950$。

显然，$R_{\min}>R$，说明所建立的三元线性回归方程与实验数据拟合得并不理想，有待作进一步的讨论。

因所建立的线性回归方程不显著，即转化率与所讨论的三个因子之间没有显著的线性关系，故应该重新考虑 y 与 x_j 之间的数学模型。

⑤ 主次因子判断。

a. 采用偏回归系数标准化 P 检验。

$P_1=|b_1|\sqrt{L_{11}/L_{yy}}=33.1289\times\sqrt{0.0112/676.8571}=0.1348$

$P_2=|b_2|\sqrt{L_{22}/L_{yy}}=0.1885\times\sqrt{157.7143/676.8571}=0.0910$

$P_3=|b_3|\sqrt{L_{33}/L_{yy}}=7.9237\times\sqrt{7.0/676.8571}=0.8058$

根据 P_j 大小直接判断：P_j 越大，则对应的因子越重要。显然，有因子的主次顺序为：

$$x_3(\text{反应时间})>x_1(\text{引发剂量})>x_2(\text{单体量})$$

b. 采用偏回归系数 F 检验。

$F_1=MS_1/MS_r=SS_1/MS_r=b_1L_{1y}/MS_r=b_1^2L_{11}/MS_r=33.1289^2\times0.0112/41.4829=0.2963$

$F_2=MS_2/MS_r=SS_2/MS_r=b_2L_{2y}/MS_r=b_2^2L_{22}/MS_r=0.1885^2\times157.7143/41.4829=0.1350$

$F_3=MS_3/MS_r=SS_3/MS_r=b_3L_{3y}/MS_r=b_3^2L_{33}/MS_r=7.9237^2\times7.0/41.4829=10.5946$

根据 F_j 大小直接判断：F_j 越大，则对应的因子越重要。显然，有因子的主次顺序为：

$$x_3(\text{反应时间})>x_1(\text{引发剂量})>x_2(\text{单体量})$$

c. 采用偏回归系数 t 检验。

$|t_1|=|b_1|/S_{b1}=|b_1|/\sqrt{MS_r/L_{11}}=\sqrt{b_1^2L_{11}/MS_r}=\sqrt{33.1289^2\times0.0112/41.4829}=0.5444$

$|t_2|=|b_2|/S_{b2}=|b_2|/\sqrt{MS_r/L_{22}}=\sqrt{b_2^2L_{22}/MS_r}=\sqrt{0.1885^2\times157.7143/41.4829}=0.3675$

$|t_3|=|b_3|/S_{b3}=|b_3|/\sqrt{MS_r/L_{33}}=\sqrt{b_3^2L_{33}/MS_r}=\sqrt{7.9237^2\times7.0/41.4829}=3.2549$

根据 $|t_j|$ 大小直接判断：$|t_j|$ 越大，则对应的因子越重要。显然，有因子的主次顺序为：

$$x_3(\text{反应时间})>x_1(\text{引发剂量})>x_2(\text{单体量})$$

需指出的是，利用方程组来求解回归系数，构建回归方程，数据处理难度大，难以得到广泛应用。为此，可直接利用 Excel 自带数据分析工具库进行回归分析，具体参考第 7 章。

5.3 非线性回归分析

在材料科学与工程等许多问题研究中，变量之间的关系往往并非线性，此时，就应该考虑采用非线性回归模型，须注意两点，一是如何选择非线性函数的形式；二是如何估计函数中的参数。

5.3.1 一元非线性回归分析

（1）线性变换法

第一步根据实验数据，在直角坐标中绘制散点图。

第二步根据散点图，推测 y 与 x 的函数关系。

① 双曲线函数，其特点是 y 随 x 的增加而增加（或减小），最初增加（或减小）很快，以后逐渐放慢并趋于稳定。

② 对数函数，其特点是随 x 增大，x 的单位变动对 y 的影响效果不断递减。

③ 指数函数，其特点是随 x 增大（或减小），y 逐渐趋于某一值。

④ S 形曲线函数，其特点是 y 是 x 的非减函数，开始时随 x 增加，y 的增长速度也逐渐加快，但当 y 达到一定水平时，其增长速度逐渐放慢，最后无论 x 如何增加，y 只会趋于 c，并且永远不会超过 c。

须指出的是，在一定的实验范围内，可能用不同的函数拟合同一组实验数据，都可以得到显著性较好的回归方程，此时应该选择其中数学形式较为简单的一种。

第三步选择适当的变换，使之变成线性关系，见表 5-11。

第四步用线性回归法求出线性回归方程。

第五步返回到原来的函数关系，得到所需建立的回归方程。

表 5-11 线性变换表

<table>
<tr><th rowspan="2">函数关系</th><th rowspan="2">示意图</th><th rowspan="2">函数关系式</th><th colspan="4">线性变换($Y=A+BX$)</th><th rowspan="2">备注</th></tr>
<tr><th>Y</th><th>X</th><th>A</th><th>B</th></tr>
<tr><td rowspan="2">双曲线函数</td><td rowspan="2">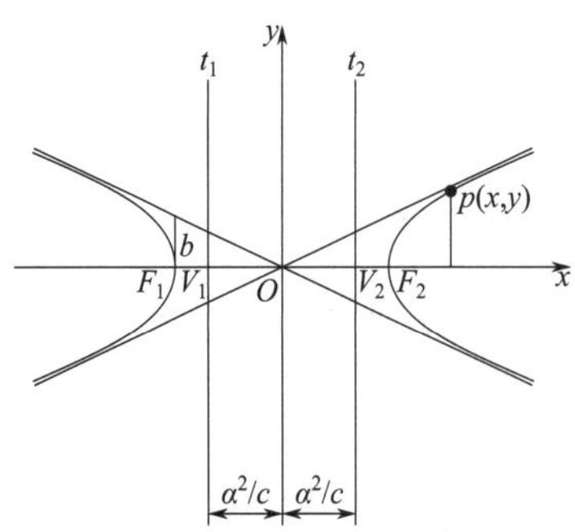
</td><td>$\frac{1}{y}=a+\frac{b}{x}$</td><td>$1/y$</td><td>$1/x$</td><td>$a$</td><td>$b$</td><td></td></tr>
<tr><td>$y=a+\frac{b}{x}$</td><td>y</td><td>$1/x$</td><td>a</td><td>b</td><td></td></tr>
</table>

续表

函数关系	示意图	函数关系式	线性变换($Y=A+BX$) Y	X	A	B	备注
对数函数	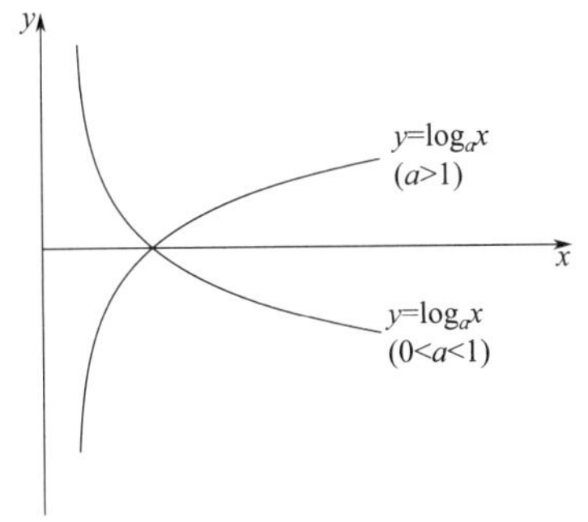	$y=a+b\lg x$	y	$\lg x$	a	b	
		$y=a+b\lg\dot{x}$	y				
指数函数	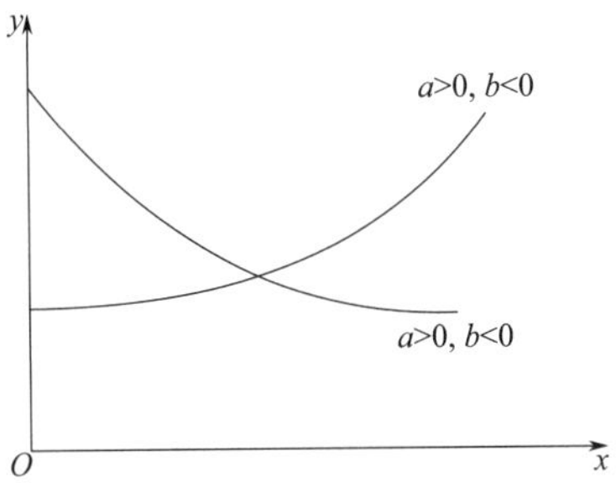	$y=ab^{x}$	$\lg y$	x	$\lg a$	$\lg b$	$\lg y=\lg a+x\lg b$
		$y=a\mathrm{e}^{bx}$	$\ln y$	x	$\ln a$	b	$\ln y=\ln a+bx$
		$y=a\mathrm{e}^{\frac{b}{x}}$	$\ln y$	$1/x$	$\ln a$	b	$\ln y=\ln a+b/x$
幂函数	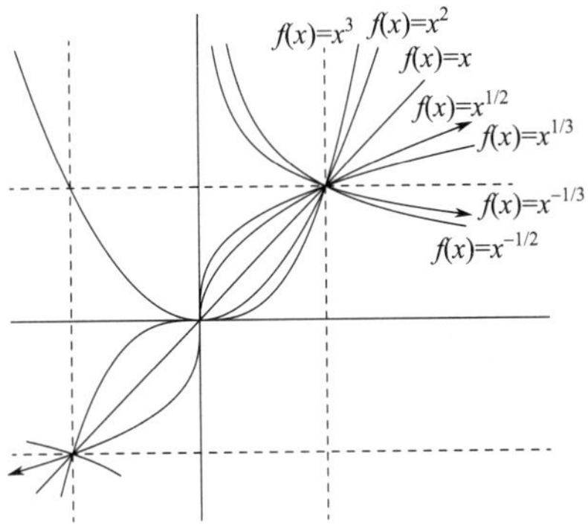	$y=ax^{b}$	$\lg y$	$\lg x$	$\lg a$	b	$\lg y=\lg a+b\lg x$
		$y=a+bx^{n}$	y	x^{n}	a	b	
S形曲线函数	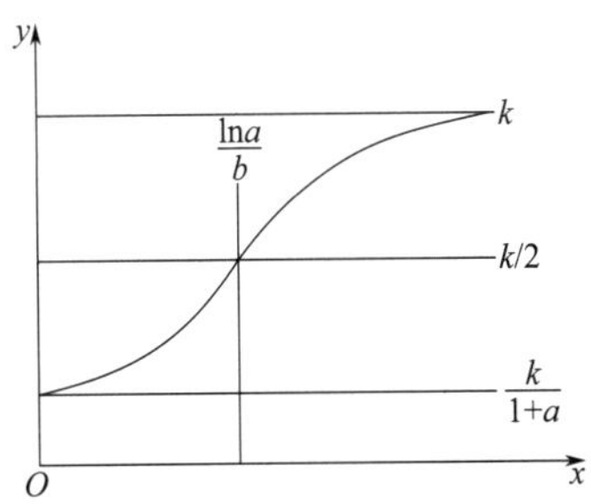	$y=\dfrac{c}{a+b\mathrm{e}^{-x}}$	$1/y$	e^{-x}	a/c	b/c	$1/y=a/c+b\mathrm{e}^{-x}/c$

【例 5-4】空气干燥器的对流传热系数 α 与质量流量 G 之间近似有 $\alpha=cG^b$。为确定新研发空气干燥器的 α 与 G 的关系，进行了相关实验，结果见表 5-12。试建立 α 与 G 之间的关系式，并作显著性检验。

表 5-12　实验数据

因子与指标	实验号(i)									
	1	2	3	4	5	6	7	8	9	10
$G/[kg/(m^2 \cdot h)]$	6350	6550	6750	6950	7150	7350	7550	7750	7950	8150
$\alpha/[W/(m^2 \cdot K)]$	22.25	23.25	23.71	24.27	24.72	25.56	25.72	26.37	26.71	27.35

【解】① 根据实验数据，在直角坐标中绘制散点图，见图 5-5。

② 根据题意，α 与 G 函数关系按幂函数 $\alpha=cG^b$ 来考虑。

③ 选择适当的变换，使之变成线性关系。令 $y=\lg\alpha$，$x=\lg G$，$k=\lg c$，则上述幂函数可以转变成一元线性方程 $y=k+bx$。

④ 用线性回归法求出线性回归方程。将相关数据进行整理计算，见表 5-13。

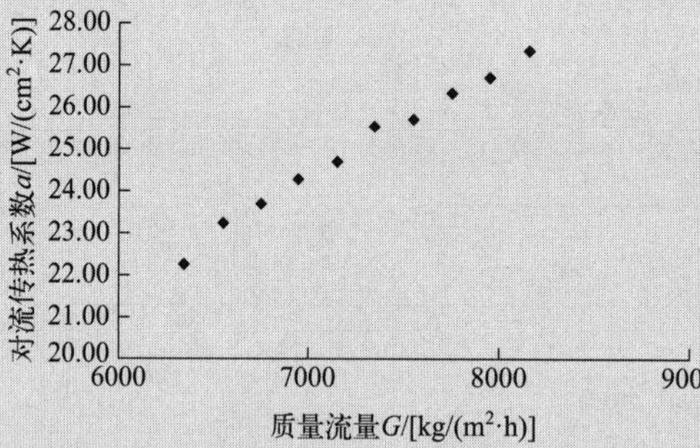

图 5-5　散点图

表 5-13　数据计算表

实验号(i)	G_i	α_i	x_i ($=\lg G_i$)	y_i ($=\lg\alpha_i$)	x_i^2	y_i^2	x_iy_i
1	6350	22.25	3.8028	1.3473	14.4611	1.8153	5.1236
2	6550	23.25	3.8162	1.3664	14.5637	1.8671	5.2146
3	6750	23.71	3.8293	1.3749	14.6636	1.8904	5.2650
4	6950	24.27	3.8420	1.3851	14.7608	1.9184	5.3214
5	7150	24.72	3.8543	1.3930	14.8557	1.9406	5.3692
6	7350	25.56	3.8663	1.4076	14.9482	1.9812	5.4420
7	7550	25.72	3.8779	1.4103	15.0385	1.9889	5.4690
8	7750	26.37	3.8893	1.4211	15.1267	2.0196	5.5271
9	7950	26.71	3.9004	1.4267	15.2129	2.0354	5.5646
10	8150	27.35	3.9112	1.4370	15.2972	2.0648	5.6202
Σ	72500	249.91	38.5897	13.9694	148.9282	19.5217	53.9167
Σ/10	7250	24.991	3.8590	1.3969			

另有：$L_{xx}=\sum_{i=1}^{n}x_i^2-n\times(\bar{x})^2=0.0119$

$L_{xy}=\sum_{i=1}^{n}x_iy_i-n\times\bar{x}\times\bar{y}=0.0093$

$L_{yy}=\sum_{i=1}^{n}y_i^2-n\times(\bar{y})^2=0.0074$

因此，$b=\frac{L_{xy}}{L_{xx}}=0.7826$，$k=\bar{y}-b\bar{x}=-1.6229$

进而写出 x 与 y 之间的线性方程为 $y=-1.6229+0.7826x$。

⑤ 返回到原来的函数关系，得到所建的回归方程。由 $k=\lg c$，则 $c=10^k=10^{-1.6229}=0.0238$。

最终，所建空气干燥器的对流传热系数 α 与质量流量 G 之间的关系式可表示为：

$$\alpha=0.0238G^{0.7826}$$

⑥ 显著性检验。

a. 采用相关系数检验。

先计算相关系数 $r=\frac{L_{xy}}{\sqrt{L_{xx}\times L_{yy}}}=0.9947$。

再根据 $\alpha=0.01$，$n=10$，$m=1$，查相关系数临界值表（附表 10），得 $r_{\min}=0.765$。显然，$r_{\min}<r$，因此，所建空气干燥器的对流传热系数 α 与质量流量 G 之间的关系式具有重要意义。

b. 采用 F 检验。

先计算偏差平方和：

$SS_y=L_{yy}=0.0074$；$SS_R=b\times L_{xy}=0.0073$；$SS_r=SS_y-SS_R=0.0001$

再列方差分析表，见表 5-14。

表 5-14 方差分析表

变异来源	SS	df	MS	F	$F_{0.05}$	$F_{0.01}$
回归 R	0.0073	1	0.0073	585.2037**	5.3177	11.2586
离回归(残差)r	0.0001	8	0.0000125			
总变异	0.0074	9				

结果表明：回归 R 达到极显著，即所建关系式能极显著反映出空气干燥器的对流传热系数 α 与质量流量 G 之间的关系。

（2）一元多项式回归分析

并非所有的一元非线性函数都能转变为一元线性方程，但任何复杂的一元连续函数都可以采用高阶多项式近似表达。

对于较难线性化的复杂函数，可采用如下式子来拟合：

$$\hat{y}=a+b_1x+b_2x^2+\cdots+b_mx^m \tag{b}$$

若用 $x_1=x$，$x_2=x^2$，…，$x_m=x^m$，则（b）式可以转化成（a）式。这样，便可采用多元线性回归分析求出 a，b_1，b_2，…，b_m。

须指出的是，虽说多项式的阶数 m 越高，回归方程与实验数据的拟合程度越高，但阶数越高，回归计算过程中的舍入误差的积累也越大。因此，当阶数 m 过高时，回归方程的精度反而会降低，甚至得不到合理的结果。故一般取阶数 $m=2\sim4$ 即可。

【例 5-5】采用阳离子型聚丙烯酰胺絮凝剂对天然橡胶加工废水进行脱色处理，实验结果如表 5-15 所示，试采用一元多项式回归拟合分析。

表 5-15 实验数据

因子与指标	实验号(i)								
	1	2	3	4	5	6	7	8	9
x(阳离子型聚丙烯酰胺量)/g	0.5	1.0	1.5	2.0	2.5	3.0	3.5	4.0	4.5
y(脱色率)/%	62.75	69.53	75.78	80.00	84.14	88.05	85.01	83.71	81.07

【解】① 绘制散点图，见图 5-6。

② 依据散点图特点推测为抛物线，设多项式方程为 $\hat{y}=a+b_1x+b_2x^2$。

③ 转变，并进行相关数据计算。设 $x_1=x$，$x_2=x^2$，将上述多项式转变为 $\hat{y}=a+b_1x_1+b_2x_2$ 的二元线性方程。

相关数据计算见表 5-16。

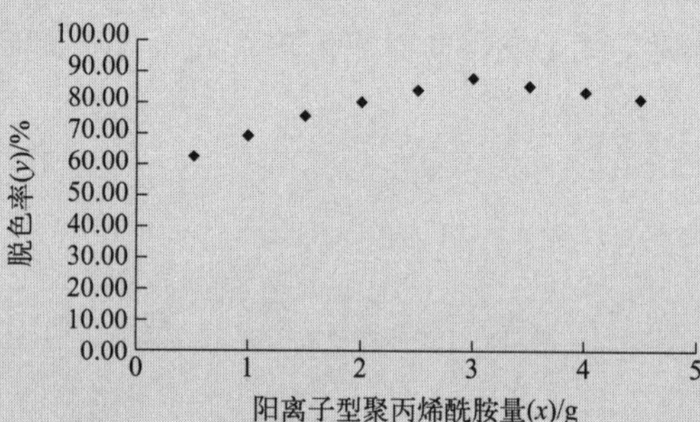

图 5-6 散点图

表 5-16 数据计算表

实验号(i)	x_1($=x$)	y	x_2($=x^2$)	x_1^2	x_2^2	x_1x_2	x_1y	x_2y	y^2
1	0.5	62.75	0.25	0.25	0.0625	0.125	31.3736	15.6868	3937.1986
2	1.0	69.53	1.00	1.00	1.00	1.00	69.5341	69.5341	4834.9911
3	1.5	75.78	2.25	2.25	5.0625	3.375	113.6690	170.5034	5742.5023
4	2.0	80.00	4.00	4.00	16.00	8.00	160.0010	320.0020	6400.0800
5	2.5	84.14	6.25	6.25	39.0625	15.625	210.3550	525.8875	7079.8762
6	3.0	88.05	9.00	9.00	81.00	27.00	264.1611	792.4833	7753.4541
7	3.5	85.01	12.25	12.25	150.0625	42.875	297.5340	1041.3688	7226.6491
8	4.0	83.71	16.00	16.00	256.00	64.00	334.8280	1339.3120	7006.8618
9	4.5	81.07	20.25	20.25	410.0625	91.125	364.8150	1641.6675	6572.3449
Σ	22.5	710.04	71.25	71.25	958.3125	253.125	1846.2707	5916.4454	56553.9580
Σ/9	2.50	78.894	7.917						

④ 列正规方程组：

$$\begin{cases} na+b_1\sum_{i=1}^{9}x_{1i}+b_2\sum_{i=1}^{7}x_{2i}=\sum_{i=1}^{9}y_i \\ a\sum_{i=1}^{9}x_{1i}+b_1\sum_{i=1}^{9}{x_{1i}}^2+b_2\sum_{i=1}^{9}x_{1i}x_{2i}=\sum_{i=1}^{9}x_{1i}y_i \\ a\sum_{i=1}^{9}x_{2i}+b_1\sum_{i=1}^{9}x_{1i}x_{2i}+b_2\sum_{i=1}^{9}{x_{2i}}^2=\sum_{i=1}^{9}x_{2i}y_i \end{cases}$$

将有关数据代入，得如下方程组：

$$\begin{cases} 9a+22.5b_1+71.25b_2=710.04 \\ 22.5a+71.25b_1+253.125b_2=1846.2707 \\ 71.25a+253.125b_1+958.3125b_2=5916.4454 \end{cases}$$

进而可以解得：$a=52.6185$，$b_1=20.4694$，$b_2=-3.1451$。

于是，所求的二元线性回归方程为 $\hat{y}=52.6185+20.4694x_1-3.1451x_2$

最后，再转化为一元多项式回归方程 $\hat{y}=52.6185+20.4694x-3.1451x^2$。

⑤ 对所建立的二元线性回归方程进行显著性检验。

a. 采用 F 检验。

先计算偏差平方和：

$$L_{1y}=\sum_{i=1}^{n}(x_{1i}-\bar{x}_1)(y_i-\bar{y})=\sum_{i=1}^{n}x_{1i}y_i-n\times\bar{x}_1\times\bar{y}=71.1621$$

$$L_{2y}=\sum_{i=1}^{n}(x_{2i}-\bar{x}_2)(y_i-\bar{y})=\sum_{i=1}^{n}x_{2i}y_i-n\times\bar{x}_2\times\bar{y}=295.2685$$

$$SS_y=L_{yy}=\sum_{i=1}^{n}(y_i-\bar{y})^2=\sum_{i=1}^{n}{y_i}^2-n\times\bar{y}^2=535.9991$$

$$SS_R=\sum_{i=1}^{n}(\hat{y}_i-\bar{y})^2=b_1L_{1y}+b_2L_{2y}=528.0119$$

$SS_r=SS_y-SS_R=535.9991-528.0119=7.9872$

再列方差分析表，见表 5-17。

表 5-17 多元线性回归方差分析表

变异来源	SS	df	MS	F	$F_{0.05}$	$F_{0.01}$
回归 R	528.0119	2	264.0060	198.3209**	5.1433	10.9248
离回归(残差) r	7.9872	6	1.3312			
总变异	535.9991	8				

F 检验结果表明：回归 R 达到极显著，即所建一元多项式回归方程 $\hat{y}=52.6185+20.4694x-3.1451x^2$ 有实际意义。

b. 采用复相关系数检验。根据 $SS_y=535.9991$，$SS_R=528.0119$，得 $R=\sqrt{SS_R/SS_y}=0.9925$。

取检验水准 $\alpha=0.01$，自变量个数 $m=2$，实验次数 $n=9$，查复相关系数临界值表（附表 10），$R_{\min}=0.886$。显然，$R_{\min}<R$。

复相关系数检验结果表明：所建一元多项式回归方程 $\hat{y}=52.6185+20.4694x-3.1451x^2$ 与实验数据拟合得非常理想，具有实际意义。

5.3.2 多元非线性回归分析

假设依变量 y 与多个自变量 x_j（$j=1,2,\cdots,m$）之间存在非线性关系，如 y 与 m 个 x_1，x_2，…，x_m 的二次回归模型：

$$\hat{y}=a+\sum_{j=1}^{m}b_jx_j+\sum_{j=1}^{m}b_{jj}{x_j}^2+\sum_{j<k}b_{jk}x_jx_k \tag{c}$$

也可利用类似一元回归方法，将其转换成线性回归模型，然后再按线性回归进行处理。

【例 5-6】试构建低蛋白质天然橡胶氮含量与酶用量、消化温度、稳定剂量之间的多元非线性模型（引用文献［1］实例 4-18）。

【解】① 多元非线性模型的假设及其构建。方差分析结果表明：稳定剂量（x_2）对氮含量（y）影响不显著，可忽略；而依据 F 值大小，判定消化温度（x_3）又比酶用量（x_1）更为重要。因此，氮含量（y）与酶用量（x_1）、稳定剂量（x_2）和消化温度（x_3）之间的关系模型可假设为二次回归模型 $\hat{y}=a+b_3x_3+b_{33}{x_3}^2+b_{13}x_1x_3$。

令 $X_1=x_3$，$X_2={x_3}^2$，$X_3=x_1x_3$，$B_1=b_3$，$B_2=b_{33}$，$B_3=b_{13}$，可将该模型转化成多元线性回归模型：$\hat{y}=a+B_1X_1+B_2X_2+B_3X_3$。

先对原始数据转换及其相关计算，分别见表 5-18、表 5-19。

进而计算相关数据：

$$L_{11}=\sum_{i=1}^{n}{X_{1i}}^2-n\times(\bar{X}_1)^2=150.0$$

$$L_{22}=\sum_{i=1}^{n}{X_{2i}}^2-n\times(\bar{X}_2)^2=961250.0$$

$$L_{33}=\sum_{i=1}^{n}{X_{3i}}^2-n\times(\bar{X}_3)^2=110.5$$

$$L_{12}=L_{21}=\sum_{i=1}^{n}X_{1i}X_{2i}-n\times\bar{X}_1\times\bar{X}_2=12000.0$$

$$L_{23}=L_{32}=\sum_{i=1}^{n}X_{2i}X_{3i}-n\times\bar{X}_2\times\bar{X}_3=3600.0$$

$$L_{31}=L_{13}=\sum_{i=1}^{n}X_{1i}X_{3i}-n\times\bar{X}_1\times\bar{X}_3=45.0$$

$$L_{1y}=\sum_{i=1}^{n}X_{1i}y_i-n\times\bar{X}_1\times\bar{y}=-2.8900$$

表 5-18 实验数据转换表

指标与因子		实验号(i) 1	2	3	4	5	6	7	8	9	Σ	$\Sigma/9$
原始数据	y	0.400	0.329	0.310	0.308	0.223	0.216	0.194	0.120	0.147	2.247	0.250
	x_1	0.2	0.3	0.4	0.2	0.3	0.4	0.2	0.3	0.4	2.7	0.30
	x_3	35	35	35	40	40	40	45	45	45	360	40.0
转换数据	$X_1(=x_3)$	35	35	35	40	40	40	45	45	45	360	40.0
	$X_2(=x_3^2)$	1225	1225	1225	1600	1600	1600	2025	2025	2025	14550	1616.667
	$X_3(=x_1x_3)$	7.0	10.5	14.0	8.0	12.0	16.0	9.0	13.5	18.0	108.0	12.00

表 5-19 数据计算表

统计数据	实验号(i) 1	2	3	4	5	6	7	8	9	Σ
y^2	0.1600	0.1082	0.0961	0.0949	0.0497	0.0467	0.0376	0.0144	0.0216	0.6292
X_1^2	1225	1225	1225	1600	1600	1600	2025	2025	2025	14550
X_2^2	1500625	1500625	1500625	2560000	2560000	2560000	4100625	4100625	4100625	24483750
X_3^2	49.00	110.25	196.00	64.00	144.00	256.00	81.00	182.25	324.00	1406.50
X_1X_2	42875	42875	42875	64000	64000	64000	91125	91125	91125	594000
X_1X_3	245.00	367.50	490.00	320.00	480.00	640.00	405.00	607.50	810.00	4365.00
X_2X_3	8575.00	12862.50	17150.00	12800.00	19200.00	25600.00	18225.00	27337.50	36450.00	178200.00
X_1y	14.000	11.515	10.850	12.320	8.920	8.640	8.730	5.400	6.615	86.99
X_2y	490.000	403.025	379.750	492.800	356.800	345.600	392.850	243.000	297.675	3401.500
X_3y	2.8000	3.4545	4.3400	2.4640	2.6760	3.4560	1.7460	1.6200	2.6460	25.2025

$$L_{2y}=\sum_{i=1}^{n}X_{2i}y_i-n\times\bar{X}_2\times\bar{y}=-231.1500$$

$$L_{3y}=\sum_{i=1}^{n}X_{3i}y_i-n\times\bar{X}_3\times\bar{y}=-1.7615$$

再列正规方程组：

$$\begin{cases}a=\bar{y}-B_1\bar{X}_1-B_2\bar{X}_2-B_3\bar{X}_3\\L_{11}B_1+L_{12}B_2+L_{13}B_3=L_{1y}\\L_{21}B_1+L_{22}B_2+L_{23}B_3=L_{2y}\\L_{31}B_1+L_{32}B_2+L_{33}B_3=L_{3y}\end{cases}$$

即：

$$\begin{cases}a=0.2497-40.0B_1-1616.6667B_2-12.0B_3\\150.0B_1+12000.0B_2+45.0B_3=-2.8900\\12000.0B_1+961250.0B_2+3600.0B_3=-231.1500\\45.0B_1+3600.0B_2+110.5B_3=-1.7645\end{cases}$$

进而可以解得：$a=1.0837$，$B_1=-0.0197$，$B_2=4\times10^{-5}$，$B_3=-9.2\times10^{-3}$。

于是，所求回归方程为 $\hat{y}=1.0837-0.0197X_1+4\times10^{-5}X_2-9.2\times10^{-3}X_3$。

最后，转化为所建二次回归模型为 $\hat{y}=1.0837-0.0197x_3+4\times10^{-5}{x_3}^2-9.2\times10^{-3}x_1x_3$。

② 对所建回归方程进行显著性检验。

a. 采用 F 检验。先计算偏差平方和：

$$SS_y=L_{yy}=\sum_{i=1}^{n}{y_i}^2-n\times\bar{y}^2=0.0682$$

$$SS_R=B_1L_{1y}+B_2L_{2y}+B_3L_{3y}=0.0639$$

$$SS_r=SS_y-SS_R=0.0043$$

再列方差分析表，见表 5-20。

表 5-20 多元线性回归方差分析表

变异来源	SS	df	MS	F	$F_{0.05}$	$F_{0.01}$
回归 R	0.0639	3	0.0213	24.7648**	5.4095	12.0600
离回归(残差)r	0.0043	5	0.0009			
总变异	0.0682	8				

结果表明：所建回归方程达到极显著，说明所建立氮含量与消化温度、酶用量之间的数学模型具有价值，一定程度上，可以实现预测和监控。

b. 采用复相关系数检验。根据 $SS_y=0.0682$，$SS_R=0.0639$，得 $R=\sqrt{SS_R/SS_y}=0.9680$。

对于给定的检验水准 $\alpha=0.05$，自变量个数 $m=3$，实验次数 $n=9$，查复相关系数临界值表，$R_{\min}=0.874$。显然，$R_{\min}<R$，说明所建回归方程与实验数据拟合得非常理想。

综上，氮含量 y 与酶用量（x_1）、稳定剂用量（x_2）、消化温度（x_3）之间的数学模型为 $\hat{y}=1.0837-0.0197x_3+4\times10^{-5}{x_3}^2-9.2\times10^{-3}x_1x_3$。

思考题

s5-1 简述回归模型和相关模型的联系与区别。

s5-2 列举相关和回归分析的应用注意事项。

s5-3 如何理解“本质上说，决定系数与回归系数没有关系，就像标准差与标准误没有关系一样”?

s5-4 回归分析时如何假定拟建的数学模型?

s5-5 采用回归分析与相关分析各有何不同的适用情况，两者彼此之间有何关联?

s5-6 针对具体实验，如何探索回归模型?

s5-7 若例 5-4 的 α 与 G 的函数关系为非线性方程，如何通过第 7 章相关知识（如图表功能或回归分析）进行求解?

习题

x5-1 某种高分子材料需探索其主成分含量（x,%）对其重要性能（y）的影响，实验结果如表1所示。试作回归分析，建立其线性回归方程，对回归系数 b 分别采用 t 检验和 F 检验加以显著性检验（$\alpha=0.01$），并给出总体回归截距 α 的95%置信区间。

表1 材料主要成分与其性能的关系

实验号(i)	1	2	3	4	5	6	7	8	9
主成分含量 x/%	70	67	55	52	51	52	51	60	64
性能 y	1616.3	1610.9	1440.0	1440.7	1423.3	1471.3	1421.8	1547.1	1533.0

x5-2 纳米复合材料研究中，意外发现纳米材料添加量与所得复合材料的拉伸强度有一定的关系，具体结果见表2。试确定两者的回归方程，对回归系数 b 分别采用 F 检验和 t 检验加以检验，并给出 $x=10.0\%$时 y 的总体均数 $\alpha+\beta x$ 的95%置信区间。

表2 纳米材料添加量与所得复合材料的拉伸强度的关系

实验号(i)	1	2	3	4	5	6	7	8	9	10	11	12	13
添加量 x/%	7.7	6.4	6.0	7.2	7.1	8.3	7.9	9.4	10.4	9.6	6.1	9.0	8.1
拉伸强度 y/MPa	8.8	7.9	8.9	7.7	8.6	8.1	9.1	5.6	8.5	7.6	4.9	8.1	12.0
实验号(i)	14	15	16	17	18	19	20	21	22	23	24	25	26
添加量 x/%	12.2	6.5	13.0	11.1	16.0	18.8	8.1	9.2	8.0	6.3	10.5	8.9	7.3
拉伸强度 y/MPa	15.7	11.9	11.1	6.5	15.3	17.7	5.9	10.6	8.3	6.0	8.5	10.1	3.5

x5-3 有机硅氧烷接枝改性天然胶乳制备配方与工艺研究中，检测了转化率与接枝率两个指标，具体结果见表3。试分析两者的相关性，并加以检验。

表3 有机硅氧烷接枝改性天然胶乳制备研究中单体转化率与接枝率

实验号(i)	1	2	3	4	5	6	7	8
转化率 x/%	70.290	61.805	74.105	80.685	73.800	70.350	82.575	72.215
接枝率 y/%	7.910	10.380	14.180	18.165	13.570	9.670	19.390	12.235
实验号(i)	9	10	11	12	13	14	15	16
转化率 x/%	74.795	89.355	70.275	64.565	96.550	71.975	70.905	71.105
接枝率 y/%	16.715	22.920	9.335	10.125	28.715	8.800	7.810	8.030

x5-4 针对例5-3，假设转化率（y）与引发剂量（x_1）、单体量（x_2）、反应时间（x_3）这三个因子之间的函数关系可以模拟成二次回归方程 $y=a+b_3x_3+b_{33}x_3^2+b_{13}x_1x_3$（忽略单体量对转化率的影响，因其系数 $b_2=0.1885$，相对于引发剂量、反应时间而言，实在太小，故建立多元非线性方程时可不加考虑）。试通过回归分析确定该方程的各个系数，并采用 F 检验法加以确定。

6 均匀实验设计及其分析

学习指导

通过本章学习，了解均匀实验设计背景及其意义，掌握均匀实验设计操作过程及其回归分析方法，为进一步简化实验并获得有意义结果提供基础。

本章重点在于均匀实验设计操作过程及其回归分析，并在实践中充分把握均匀实验设计与正交实验设计这两种实验方法的异同；难点在于均匀实验设计回归分析数学模型的假定与构建。鉴于其数学模型的构建采用 Excel“数据分析工具库”进行，具体例子见第 7 章。

均匀实验设计（uniform experimental design）是一种仅考虑实验点在实验范围内均匀分布的实验设计方法。它是由中国方开泰（1940—）和王元（1930—2021）在 1978 年共同创立的，是数论方法中的“伪蒙特卡罗方法”的一个应用。

所谓均匀实验设计，就是利用专门的“均匀实验设计表”来安排多因子、多水平的实验，再由实验所得结果去构建因子与指标之间的回归方程，进而做出估计与判断，并可最终获得优化方案。

均匀实验设计是继 20 世纪 60 年代华罗庚倡导、普及的优选法和我国数理统计学者在国内普及推广的正交实验设计法之后，于 20 世纪 70 年代末应航天部第三研究院飞航导弹火控系统建立数学模型、并研究其诸多影响因子的需要，由方开泰、王元创立的一种实验设计方法。它是统计实验设计方法之一，与正交实验设计、最优设计、旋转设计、稳健设计和贝叶斯设计等相辅相成。

所有的实验设计方法本质上都是在实验范围内给出挑选代表性点的方法，方开泰、王元首创的均匀实验设计理论与方法，涉及数论、函数论、实验设计、随机优化、计算复杂性等领域，揭示了均匀实验设计与古典因子设计、近代最优设计、超饱和设计、组合设计的深刻内在联系，证明了均匀实验设计比上述实验设计具有更好的稳健性，开创了一个新的研究方向，形成了由中国人创立的实验设计学派，已在国内外诸如航天、化工、制药、材料、汽车等领域得到广泛应用。均匀实验设计法正因其理论与实践的紧密结合，不断发展与完善，并持续拓展新的应用领域，为我国的经济发展和国防科技进步做出了重要贡献。

6.1 均匀实验设计原理

(1) 分布理论

均匀实验设计的数学原理是数论中的一致分布理论，此方法借鉴了“近似分析中的数论方法”的研究成果，将数论和多元统计相结合，属于“伪蒙特卡罗方法”的范畴。

与正交实验设计不同的是，均匀实验设计只考虑实验点在实验范围内均匀分布，挑选实验代表点的出发点是“均匀分散”，而不考虑“整齐可比”，这样，确保了实验点具有均匀分布的统计特性，可使每个因子的每个水平做一次且仅做一次实验，任两个因子的实验点在平面的格子点上，每行每列有且仅有一个实验点。

均匀实验设计着重在实验范围内考虑实验点均匀散布以求通过最少的实验来获得最多的信息，因而其实验次数比正交实验设计明显减少，使均匀实验设计特别适合于多因子多水平的实验和系统模型完全未知的情况。

当实验中有 m 个因子，每个因子有 n 种水平时，若进行全面实验，共有 n^m 种组合。正交实验设计是从这些组合中挑选出 n^2 个实验，而均匀实验设计是利用数论中的一致分布理论选取 n 个实验，且应用数论方法使实验点在实验范围内分布得十分均匀，并使分布点离被积函数的各种值充分接近，因此便于计算机统计建模。如某配方设计实验影响因子有 5 个，水平数为 10 种，则全面实验次数为 10^5 次，即做十万次实验；正交实验设计是做 10^2 次，即做 100 次实验；而均匀实验设计只做 10 次，可见其优越性非常突出。

(2) 构造及其使用特征

构建均匀实验设计表，以第 1 列直接按 1、2、3、…、n 顺序排列，第 2 列则以第 1 列相应值的 2 倍除以 n 求余数，第 3 列则以第 1 列相应值的 3 倍除以 n 求余数，以此类推。

均匀实验设计表在构造时，一般为奇数表，若想用偶数表，可以选用高一阶的奇数表，再划去该表的最后一行即可。

但是，依据上述构造规则所得的均匀实验设计表有一个问题，那就是最后一行各因子都会取得最高水平，这样容易造成实验在极端条件下进行，有可能最终导致实验失败甚至出现危险状况。为此，需要对其进行改进，最终得到新的带“*”的均匀实验设计表。因此，在具体进行均匀实验设计时，同等条件下，应该优先选用带“*”的均匀实验设计表。

应用均匀实验设计表，应该严格配合使用其相应的使用表，附表 11 给出了部分均匀实验设计表及其使用表。比如，以 $U_8^*(8^5)$ 为例，考虑三个因子 A、B、C，则根据给定的使用表，应该将这三个因子安排在第 1、3、4 列，而不可随便安排。

对于均匀实验设计，当需要考量各个因子的水平数不相同时，与正交实验设计一样，也可以利用拟水平法得到混杂的均匀实验设计表。

例如，假设有三个因子，需进行 6 次的均匀设计实验，其中，因子 A 有 6 种水平，因子 B 有 3 种水平，因子 C 有 2 种水平。可以选用 $U_6^*(6^4)$（见附表 11），第 1 列安排 A 因子；第 2 列安排 B 因子，并设 1、2 拟水平均为 1，3、4 拟水平均为 2，5、6 拟水平均为 3；第 3 列安排 C 因子，并设 1、2、3 拟水平均为 1，4、5、6 拟水平均为 2，进而得到混杂的均匀实验设计表，见表 6-1 所示。

表 6-1　三因子六水平 $U_6^*(6^4)$ 均匀实验设计表与混杂 $U_6^*(6\times3\times2)$ 均匀实验设计表

三因子六水平 $U_6^*(6^4)$均匀实验设计表					混杂 $U_6^*(6\times3\times2)$均匀实验设计表				
实验号	1	2	3	4	实验号	A	B	C	
1	1	2	3	6	1	1	1	1	
2	2	4	6	5	2	2	2	2	
3	3	6	2	4	3	3	3	1	
4	4	1	5	3	4	4	1	2	
5	5	3	1	2	5	5	2	1	
6	6	5	4	1	6	6	3	2	

（3）回归分析

均匀实验设计是通过一套精心设计的“均匀实验设计表”来进行的，对于每一个均匀实验设计表，都有其相应的使用表，可指导如何从均匀实验设计表中选用适当的列来安排实验。

对采用均匀实验设计所得的实验数据分析要用到回归分析方法，如线性回归模型、二次回归模型、非线性回归模型，以及各种选择回归变量的方法，也可利用多元样条函数技术、小波理论、人工神经网络模型等。至于选择何种模型要根据实验的具体性质来确定。利用回归分析得出的模型，即可进行影响因子的重要性分析及新条件实验的结果估算、预报和最优化。本书在第 7 章专门论述直接利用 Excel 数据处理工具包来进行回归分析。

（4）理论发展

近些年来，均匀实验设计理论研究及与其他实验设计相比等方面取得了很大发展。在大多数情况下，特别是模型比较复杂时，均匀实验设计实验次数少、均匀性好，并对非线性模型有较好的估计。

均匀实验设计虽失去了正交实验设计的整齐可比性，但在选点方面要比正交实验设计有更大的灵活性，也就是说，它更加注重均匀性。

利用均匀实验设计可以选到偏差更小的点，更重要的是，实验次数大为降低，可由 n^2 减少到 n，从而在实践中极大地降低成本。无论从经济角度，还是优化角度，均匀实验设计都体现出无比的优越性。具体实践中，建议水平数多、因子多而要求实验次数少的设计，一般用均匀实验设计来安排实验；而对于因子数和水平数都不多的设计，一般采用正交实验设计。有时，可以将正交实验设计与均匀实验设计结合起来使用。

（5）特点

① 每个因子的每种水平做且仅做一次实验。

② 均匀实验设计表中任意两列组成的实验方案一般并不等价。

③ 采用均匀实验设计，实验次数与最高水平数相等，故实验次数大为减少。

比如配方与工艺实验，欲找出最优性能或其它优化目标条件。假设实验因子有 3 个，每因子在取值范围内均有 7 个实验点。若采用正交实验法，至少需做 $7^2=49$ 次实验，方可找出最优性能或其它优化目标条件；而采用均匀实验法，则只需做 7 次实验。

④ 可采用回归分析方法对“均匀实验设计”的实验结果进行分析。

⑤ 水平数为奇数的均匀实验设计表和水平数为偶数的均匀实验设计表之间具有确定的关系：将奇数表划去最后一行，得到水平数比原奇数表少 1 的偶数表；相应地，实验次数也减少而使用表不变。

⑥ 均匀实验设计表也有“等水平”和“混合水平”之分。

⑦ 每个均匀实验设计表都另附有其使用表，使用表的列号表示因子应占的列。

⑧ 优选带“*”的均匀实验设计表。

⑨ 自动将各实验因子分类为重要与次要，并将因子按重要性排序。

⑩ 过程数字化，通过对结果与因子条件进行界定与预报，进而控制各因子。

（6）均匀实验设计与正交实验设计的比较

正交实验设计和均匀实验设计是目前最流行的两种实验设计方法，各有所长，相互补充，给使用者提供了更多的选择。下面将简要讨论这两种实验设计的特色。

正交实验设计具有正交性，可以估计出因子的主效应，有时也能估出因子之间的交互效应；而均匀实验设计是非正交性，不可能估计出方差分析模型中的主效应和交互效应，但可以估出回归模型中因子的主效应和交互效应。

正交实验设计用于水平数不高的实验，因其实验次数至少为水平数的平方。比如，有这样一项实验，假设有五个因子，每个因子均取 31 种水平，其全部组合应该有 31^5 个，实验次数非常庞大，无法实施。若采用正交实验设计，至少也需要做 31^2 次实验，实验次数仍然不少；而若采用均匀实验设计，则只需 31 次，因此，均匀实验设计特别适合于多因子、多水平实验。

均匀实验设计提供的均匀实验设计表在选用时有较多的灵活性。如某一项实验若每个因子取 4 种水平用来安排，只需作 16 次实验，若改为 5 种水平，则需作 25 次实验。从 16 次到 25 次对工业实验来讲工作量有显著不同。又如在另一项实验中，原计划用均匀实验设计来安排五个因子，每个因子有 13 种水平。后来由于某种需要，将每个因子改为 14 种水平，这时仍然可用均匀实验设计来安排，而且实验次数只需增加 1 次而已。均匀实验设计的这个性质，被称为实验次数随水平增加的“连续性”，而正交实验设计则是“跳跃性”。

正交实验设计的数据分析相对简单，且“极差分析”就可给出实验指标随每个因子的水平变化的规律。当然，采用“方差分析”，会获得更加精准的显著性判断。

均匀实验设计的数据要用回归分析来处理，有时需用逐步回归等筛选变量的技巧。其实，更难的地方还在于对拟构建回归模型的假设，而后需要借助计算机数据处理工具库进行。

6.2 均匀实验设计操作过程

第一步　明确实验目的，确定实验指标。

若考察的指标有多个，则一般需要对指标进行综合分析。可以参考第 4 章正交实验设计部分。

第二步　选择实验因子。

根据专业知识和实际经验选择因子，优先保留对实验指标影响较大的关键因子。

第三步　确定因子水平。

根据现有的实验条件和以往的实践经验，首先确定各因子的取值范围，然后在此范围内设置适当的水平。

第四步　选择均匀实验设计表，安排因子水平。

根据因子数、水平数来选择合适的均匀实验设计表进行因子水平数据安排。需注意的是，应该优先选用带“*”的均匀实验设计表。

第五步　明确实验方案，进行实验操作，测试并记录。

第六步　实验结果分析。

通常采用回归分析方法对实验结果进行统计分析，构建合适的数学模型（回归方程），并通过 Excel 中的“规划求解”工具最终获得优化的实验条件。

当然，为快速获得初步结果，也可依据实验目的和对考察指标的要求，采用“观察法”直接选取相对最好的实验条件（也就是无需对所取得的数据进行分析处理）。

第七步　优化条件的实验验证。

通过回归分析方法所获得的优化实验条件，一般需要进行优化实验条件下的验证实验（可进一步修正回归模型）。

第八步　缩小实验范围进行更精确的实验，寻找更好的实验条件，直至达到实验目的为止。

须注意的是：

① 当所研究的因子和水平数目较多时，均匀实验设计方法比其它实验设计方法所需的实验次数更少，但不可过分追求更少的实验次数，除非有很好的前期工作基础和丰富经验，否则不要企图通过做很少的实验就可达到实验目的，因实验结果的数理分析一般需要采用回归分析方法完成，过少的实验次数可能导致无法建立有效的数学模型（即回归方程），也就不可能对问题进行更加深入的分析与研究，最终使实验与研究仅仅停留在表面化的水平上（无法建立有效的模型，只能采用观察法直接选择最优结果）。一般情况下，建议实验次数取因子数的 3～5 倍为宜。

② 优先选用带*均匀设计表进行实验设计。通常情况下，U_n^* 表的均匀性要好于 U_n 表，其实验点布点均匀，代表性强，更易揭示实验规律，且在各因子水平序号与实际水平值顺序一致的情况下，还可避免因各因子最大水平值相遇所带来的实验过于剧烈或过于缓慢而无法控制的问题。

③ 对于所确定的优化实验条件的评价，一方面需评价此条件下实验指标的优劣，另一方面要评估实验条件的可行性，要权衡利弊，力求达到用最小的付出获取最大的收益。

实验设计就是在实验域内最有效地选择实验点，通过实验得到响应的观测值，然后进行数据分析求得达到最优响应值的实验条件，其目标就是要用最少的实验取得关于系统的尽可能充分的信息。而均匀实验设计正好切合这一目标的有效达成，尤其对多因子、多水平的实验，更体现出其无比的优越性。因此，已越来越得到更广泛的应用。

鉴于回归分析所涉及统计分析过程过于繁杂，需采用相关数据处理工具进行。具体实例见第 7 章 Excel 在实验设计与数理分析中的基础应用。

思考题

s6-1　均匀实验设计有何特点？

s6-2　均匀实验设计与正交实验设计有何异同？

s6-3　对因子之间是否存在“交互作用”在实验设计时如何加以把握？

s6-4　如何利用 Excel 分析工具库进行统计分析（包括方差分析、回归分析及规划求解等）？

7 Excel在实验设计与数理分析中的基础应用

学习指导

通过本章学习，了解Excel基础知识，掌握其在实验设计与数理分析中的具体应用。

本章重点在于准确把握Excel中与数据处理相关的函数及其使用；难点在于在进行回归分析时，如何合理把握拟定的数学模型，并最终获得有意义的结果。

随着计算机普及应用，其高速数据运算能力在实验设计与数理分析中的作用日益重要。现有统计分析软件可使实验设计与数理分析更加简单、快捷和准确。目前，常用统计软件有DPS（data processing system），SPSS（statistical package for the social sciences），SAS（statistical analysis system），Matlab，Origin和Excel等。其中，前4种统计软件尽管功能非常强大，但却需特别安装，不够普及，使用不便；Origin软件具有强大的绘图功能；而Excel则具方便性和普遍性，一般系统自带无需另加安装，且易掌握。本章着重介绍Excel在实验设计与数理分析中涉及方差分析、回归分析与规划求解等方面的应用，并通过例子加以说明。

7.1 基础知识

7.1.1 实验数据输入

利用Excel处理实验数据的基础是建立Excel实验数据表格，新建Excel文件后，输入待处理的实验数据。数据输入的方法很简单，只需要单击需要输入数据的单元格，使之成为活动单元格，然后从键盘上输入数据即可。

Excel中数据按类型有多种，如数值型、字符型和逻辑型等。输入数据时，需注意不同类型数据的输入方法，具体可参考Excel相关计算机类书籍。

7.1.2 与数据处理相关的函数

Excel 提供完整的算术运算符，如+（加）、－（减）、*（乘）、/（除）、%（百分比）、^（指数）等和丰富的内置函数，如 SUM（求和）、AVERAGE（求算术均值）、STDEV. S（求样本标准差）等，表 7-1 给出 Excel 中与数据处理相关的常用函数，从而可根据分析需要，建立各种公式，对数据执行计算操作，生成所需的数据。也可根据这些内置函数，进行数学、统计、财务以及各种工程上的分析计算。如需更多地了解函数的应用，可使用 Excel“帮助”功能。

7.1.3 公式创建

Excel 中，凡以“=”开头，由单元格名称、运算符、数据或函数名称组成的字符串都被认为是公式，可根据需要，利用 Excel 提供的运算符自行创建公式。如“=8673”“=4*B3*B6”“=SQRT（C2）”等都是公式。公式可在选中的单元格内输入，也可在公式编辑栏（如图 7-1 所示）中输入。

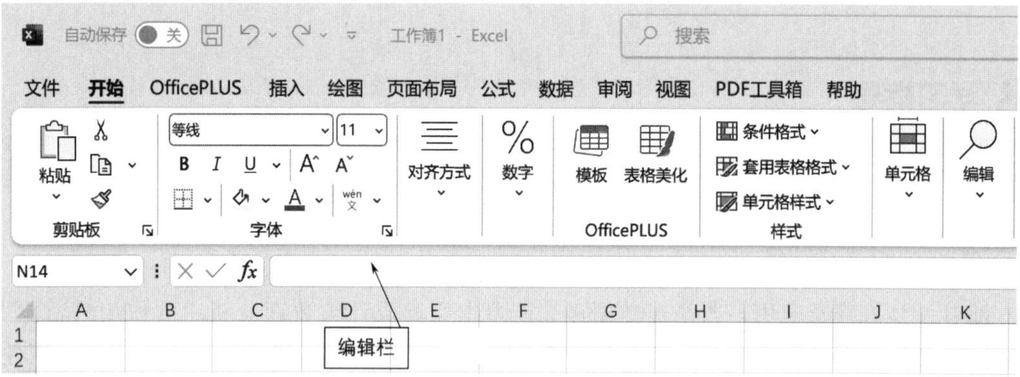

图 7-1 公式编辑栏

表 7-1 Excel 中与数据处理相关的函数表达及其说明

函数	公式	说明及其计算公式
SUM	=SUM(range)	求和 range：用于条件判断的单元格区域
SUMIF	=SUMIF(range,criteria,sum_range)	对满足条件的单元格求和 criteria：确定哪些单元格将被相加求和的条件，其形式可以是数字、表达式或文本 sum_range：需要求和的实际单元格范围 可用于正交实验设计中 K_{gp} 的计算
SUMSQ	=SUMSQ(range)	求平方和，即 $\sum_{i=1}^{n} x_i^2$ 可用于方差分析中求各列偏差平方和 SS
AVERAGE	=AVERAGE(range)	求算术均值
STDEV	= STDEV(range)	估算样本标准差(不包括逻辑值和字符串)： $S=\sqrt{\sum_{i=1}^{n}(x_i-\bar{x})^2/(n-1)}$

续表

函数	公式	说明及其计算公式
STDEVP	= STDEVP(range)	计算总体标准差(不包括逻辑值和字符串): $\sigma = \sqrt{\sum_{i=1}^{n}(x_i - \bar{x})^2 / n}$
AVEDEV	=AVEDEV(range)	求一组数据与其均值的绝对偏差的均值,即: 算术平均误差 $\Delta = \frac{1}{n}\sum_{i=1}^{n}\lvert x_i - \bar{x}\rvert$
VAR	=VAR(range)	求样本方差 S^2
VARP	=VARP(range)	求总体方差 σ^2
HARMEAN	=HARMEAN(range)	求一组正数的调和均值 H
GEOMEAN	=GEOMEAN(range)	求一组正数的几何均值 G
CORREL	=CORREL(range1,range2)	求单元格区域 array1 与 array2 之间的相关系数
COVAR	=COVAR(range′x,range′y)	求协方差,即 $\text{Cov}(x,y) = \frac{1}{n}\sum_{i=1}^{n}(x_i - \bar{x})(y_i - \bar{y})$ 间接计算偏差平方和 SS_{xy}(或 L_{xy})$=n\times \text{Cov}(x,y)$
DEVSQ	=DEVSQ(range)	求数据点与各自样本均值偏差的平方和,即: $\sum_{i=1}^{n}(x_i - \bar{x})^2 = SS_x$(或 L_{xx})
FDIST	=FDIST(x,df_1,df_2)	求 F 分布单尾概率
FINV	=FINV(α,df_1,df_2)	返回 F 分布的单尾临界值
FTEST	=FTEST(range1,range2)	求 F 检验的结果,用于判断两样本的方差有无显著差异:当 FTEST/2<0.05 时,就认为方差 1 较方差 2 有显著减小,否则没有显著减小;当 FTEST/2>0.95,就认为方差 1 较方差 2 有显著增大,否则没有显著增大
CHIINV	=CHIINV(α,df)	返回 χ^2 分布的单尾临界值
CHIDIST	=CHIDIST(x,df)	求 χ^2 分布单尾概率
TINV	=TINV(α,df)	返回给定双尾概率和自由度的 t 分布的临界值 【注】对双侧,直接输入 α 值;对单侧,输入 $\alpha\times 2$ 值
TDIST	=TDIST(x,df,tails)	求 t 分布的概率 tails:表示分布的尾数。 tails =1 使用单尾分布;tails =2 使用双尾分布
TTEST	=TTEST(range1,range2,tails,type)	返回与 t 检验相关的概率 type:表示 t 检验的类型 type=1 为成对检验,并要求 range1 与 range2 的数据点个数相同 type=2 为等方差双样本检验 type=3 为异方差双样本检验
INTERCEPT	=INTERCEPT(range′y,range′x)	利用已知 x 值和 y 值,计算直线与 y 轴的截距 range′y:表示依变量 y 的引用范围 range′x:表示自变量 x 的引用范围
LINEST	=LINEST(range′y,range′x)	使用最小二乘法对已知数据进行最佳直线拟合,并计算描述此直线的数组

续表

函数	公式	说明及其计算公式
LN	=LN(number)	求自然对数值，如 LN(86)=4.454347
LOG	=LOG(number,base)	求对数值，如 LOG(8,2)=3；LOG(10)=1
LOGEST	=LOGEST(range′y,range′x)	回归分析中，求最符合观测数据组的指数回归拟合曲线，并计算描述此曲线的数组
MAX	=MAX(range)	求最大值
MIN	=MIN(range)	求最小值
MODE	=MODE(range)	求某一数组或数据区域中出现频率最多的数值
PEARSON	=PEARSON(range1,range2)	求相关系数 r
POWER	=POWER(a,b)	求 a 的 b 次方，如 POWER(3,4)=81
R	=MAX(range)−MIN(range)	求极差
RSQ	=RSQ(range1,range2)	求决定系数 R^2
SLOPE	=SLOPE(range′y,range′x)	求线性回归直线的斜率
STEYX	=STEYX(range′y,range′x)	求通过线性回归法计算 y 预测值时所产生的残差标准误差
TREND	=TREND(range′y,range′x)	求一条线性回归拟合线的一组纵坐标值(y 值)
SQRT	=SQRT(number)	求正数的平方根，如 SQRT(16)=4
ABS	=ABS(number)	求绝对值。如 ABS(−3*5+6)=9

当公式输入完毕，按回车后，在该单元格中就会显示出计算结果。

若公式中包含函数，可手动输入函数名称和表达式；也可直接单击工具栏中的 f_x 按钮进入“插入函数”对话框（如图 7-2 所示）；还可在【公式】选项卡中点击有关的功能键快速调用函数库（如图 7-3 所示）。

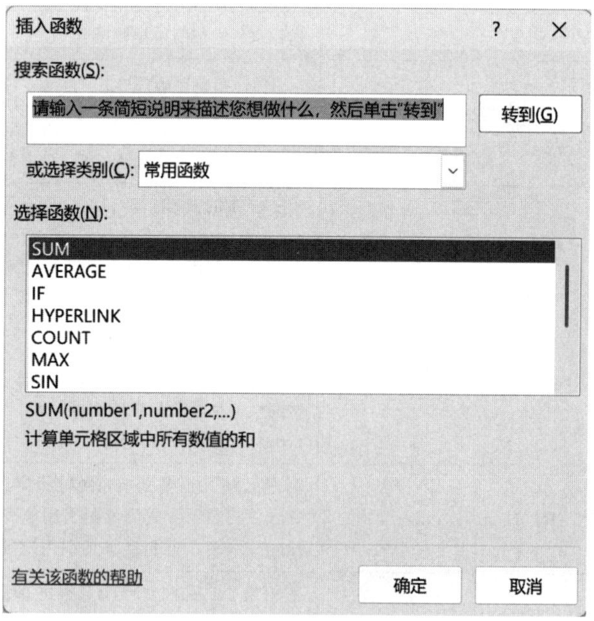

图 7-2 “插入函数”对话框

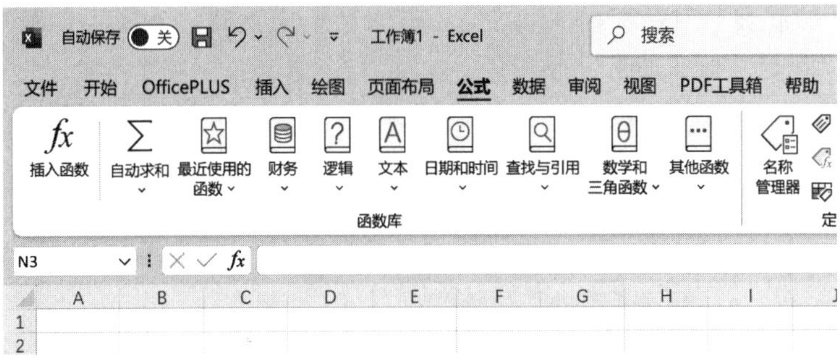

图 7-3 Excel“公式”选项卡下的“函数库”

【例 7-1】为降低生产成本，采用碳酸钙填充天然橡胶，对所得硫化胶膜拉伸强度（MPa）进行了 12 次测量，结果为 13.52，17.74，18.37，21.47，16.38，19.43，20.47，17.98，13.62，13.69，21.07，16.53。求算术均值 $\bar{y}$、几何均值 G、调和均值 H、标准差 S、标准差 σ、样本方差 S^2、总体方差 σ^2、算术平均误差 Δ、极差 R、样本标准误差（样本标准误 $S_{\bar{y}}$）和相对标准偏差（变异系数 CV）。

【解】首先，在 Excel 主页面 A 列中输入实验数据，并在 B 列给出统计量名称，以使计算结果更清晰（如图 7-4）。

	A	B	C	D
1	实验数据	统计量名称	公式	计算结果
2	13.52	算术均值	"=AVERAGE(A2:A13)"	17.5225
3	17.74	几何均值	"=GEOMEAN(A2:A13)"	17.3018
4	18.37	调和均值	"=HARMEAN(A2:A13)"	17.0756
5	21.47	标准差S	"=STDEV.S(A2:A13)"	2.8556
6	16.38	标准差σ	"=STDEV.P(A2:A13)"	2.7340
7	19.43	样本方差S^2	"=VAR.S(A2:A13)"	8.1542
8	20.47	总体方差σ^2	"=VAR.P(A2:A13)"	7.4747
9	17.98	算术平均误差Δ	"=AVEDEV(A2:A13)"	2.3121
10	13.62	极差R	"=MAX(A2:A13)-MIN(A2:A13)"	7.9500
11	13.69	标准误差（标准误）	"=STDEV.S(A2:A13)/(COUNT(A2:A13))^0.5"	0.8243
12	21.07	相对标准偏差（变异系数CV）	"=STDEV.S(A2:A13)/AVERAGE(A2:A13)"	0.1630
13	16.53			

图 7-4 例 7-1 计算公式及结果

其次，选中需输出结果的单元格。在单元格或编辑栏中输入如图 7-4 所示的计算公式，分别回车后就可得到相应的计算结果。

7.1.4 分析工具库

Microsoft Excel 2010 以上版本里有功能强大的非常实用的数据分析工具，只需为每一个分析工具提供必要的数据和参数，它就会使用适宜的统计函数，在输出表格中显示相应的结果，极大地简化了运算过程。

（1）“分析工具库”安装

如要使用“分析工具库”中分析工具，首先必须安装“分析工具库”。按如下方法进行安装。

在 Excel【文件】选项卡下，单击【选项】命令。在“Excel 选项”中，如图 7-5 所示，选中左侧的“加载项”，然后再选中右侧“分析工具库”加载项，点击“转到”，则会出现如

图 7-6 所示的“加载宏”对话框，在“加载宏”对话框中找到“分析工具库”选项，将其选中，然后单击“确定”按钮即可完成安装。

安装完成后，如图 7-7 所示，在 Excel【数据】选项卡下就会新增加【分析】命令组，该组中会出现【数据分析】命令按钮。

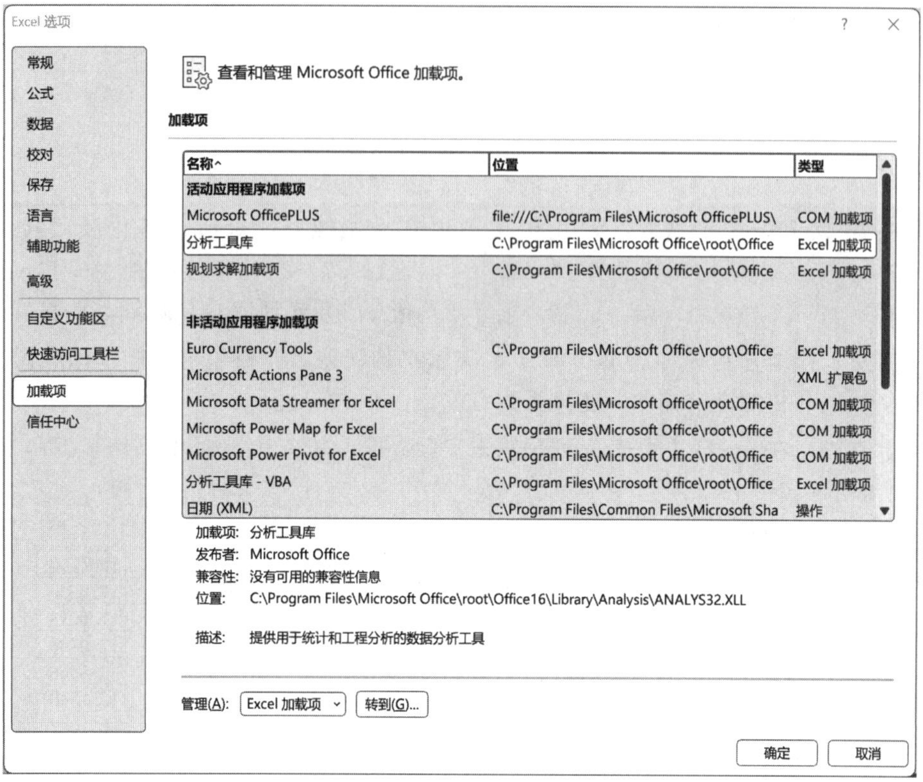

图 7-5 “Excel 选项”对话框

图 7-6 “加载宏”对话框

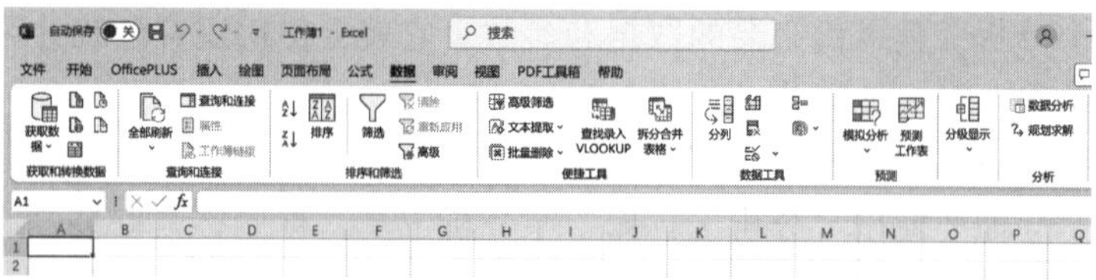

图 7-7 Excel“数据”选项卡下“数据分析”

(2)“分析工具库”提供的分析工具

如图 7-7 点开【数据分析】，即可打开如图 7-8 所示的“数据分析”工具库。

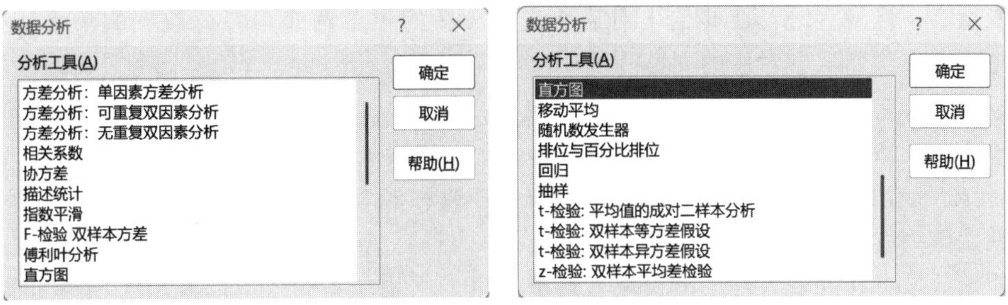

图 7-8 “数据分析”工具库

7.2 Excel 在统计推断中的应用

7.2.1 F 检验

【例 7-2】用新旧两种方法分别从天然胶乳中抽样，测定蛋白质含量（%），结果如下：

旧 法：2.69，2.28，2.57，2.30，2.23，2.43，2.61，2.64，2.72，3.02，2.45，2.95，2.23

新法：2.26，2.25，2.06，2.35，2.43，2.19，2.06，2.32，2.37

试问：①两种方法的精密度是否有显著差异；②新法是否比旧法的精密度有显著提高。应用 Excel 进行 F 检验，取检验水准 $\alpha=0.05$。

【解】①将测定的待检验数据在 Excel 中制成表格，如图 7-9 所示。可按行输入，也可按列输入，对分析结果没有影响。

②打开 Excel 主页面，点击【数据】，再点击【数据分析】，从中选中“F-检验双样本方差”工具，即可弹出“F-检验双样本方差”对话框，如图 7-10 所示。

	A	B
1	旧法	新法
2	2.69	2.26
3	2.28	2.25
4	2.57	2.06
5	2.3	2.35
6	2.23	2.43
7	2.43	2.19
8	2.61	2.06
9	2.64	2.32
10	2.72	2.37
11	3.02	
12	2.45	
13	2.95	
14	2.23	

图 7-9 例 7-2 数据表

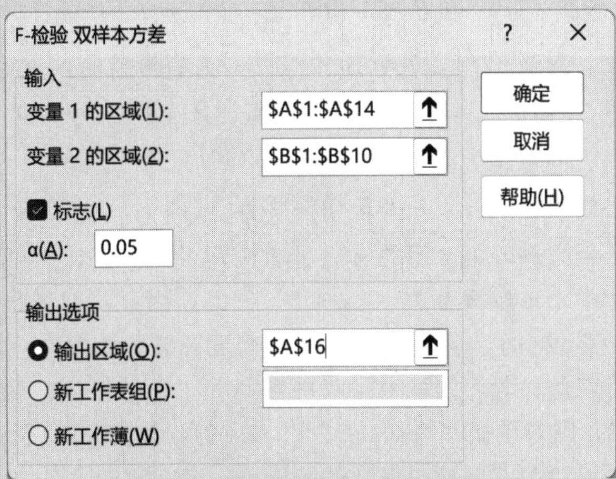

图 7-10 例 7-2“F-检验 双样本方差”对话框

③ 对图 7-10 中对话框内容解读。变量 1 的区域（1）：在此输入对需要进行分析的第一列或第一行数据的单元格引用。本例中应输入“旧法”对应的列。

变量 2 的区域（2）：在此输入对需要进行分析的第二列或第二行数据的单元格引用。本例中应输入“新法”对应的列。

标志：若输入区域的第一行或第一列中包含标志项，则选中此复选框，并将在输出表中生成适宜的数据标志；若输入区域没有标志项，则清除此复选框。

α（A）：在此输入 F 检验临界值的置信度，或称显著性水准，该值必须介于 0 到 1 之间，默认值为 0.05。

输出区域：在此输入对输出表左上角单元格的引用。本例所选的输出区域为当前工作表的 A16 单元格。

新工作表组：单击此选项，可在当前工作簿中插入新工作表，并由新工作表的 A1 单元格开始粘贴计算结果。若需要给新工作表命名，则在右侧的编辑框中键入名称。

新工作簿：单击此选项，可创建一新工作簿，并在新工作簿的新工作表中粘贴计算结果。

④ 按要求填完图 7-10 对话框之后，点击【确定】，结果如图 7-11 所示。

	A	B	C
16	F-检验 双样本方差分析		
18		旧法	新法
19	平均	2.548	2.254
20	方差	0.0672	0.0172
21	观测值	13	9
22	df	12	8
23	F	3.9102	
24	P(F<=f) 单尾	0.0308	
25	F 单尾临界	3.2839	

图 7-11 例 7-2“F-检验 双样本方差分析”结果

输出结果中，包括两组数据的算术均值（$\bar{x}_1$ 和 $\bar{x}_2$）、方差（S_1^2 和 S_2^2）、观测值（n_1 和 n_2）、自由度（df_1 和 df_2）和 F 值、$F<=f$ 的单尾概率和单尾临界值 F 等。

本例中，由于 $F>1$，表明 $S_1^2>S_2^2$，为右侧检验，一定同时有“F 单尾临界值”>1，其值等于 F_α，即 $F_{0.05,12,8}=3.2839$，而“P（$F<=f$）单尾”表示旧法方差比新法方差并无显著增大的单尾概率。

对于右侧检验，若 $F>$“F 单尾临界”（即 $F>F_\alpha$）或“P（$F<=f$）单尾”$<\alpha$，就可认为第 1 组方差较第 2 组的有显著增大，否则，就认为第 1 组方差较第 2 组的并无显著增大。本例中，单尾概率 $P=0.0308<0.05$，因此，旧法方差比新法的有显著增大，表明新法方差显著减小了，也就是新法的精密度有显著增大。

若进行双侧检验，则可根据双尾概率等于单尾概率的两倍来判断。本例中，单尾概率 $P=0.0308$，则双尾概率为 0.0615（>0.05），此时判断新旧方法的方差无显著差异。由此可见，单侧检验与双侧检验得到的结论不一定一致。

7.2.2 t 检验

（1）双样本等方差均值 t 检验

【例 7-3】用新旧两种方法测得某种液体的黏度（mPa·s）如下：

旧法：0.94，0.89，0.92，0.91，0.90

新法：0.92，0.90，0.92，0.94，0.94，0.91，0.90

已知旧法数据无系统误差，应用 Excel 进行检验，取检验水准 $\alpha=0.05$。

【解】①先将实验数据在 Excel 列表，如图 7-12 所示。

② 在【数据】选项卡【分析】命令组中，点击【数据分析】打开分析工具库，选中“F-检验双样本方差”工具，然后进行 F 检验，结果如图 7-13 所示。

	A	B
1	旧方法	新方法
2	0.94	0.92
3	0.89	0.90
4	0.92	0.92
5	0.91	0.94
6	0.90	0.94
7		0.91
8		0.90

图 7-12 例 7-3 数据表

	A	B	C
10	F-检验 双样本方差分析		
12		旧方法	新方法
13	平均	0.912	0.919
14	方差	3.7000E-04	2.8095E-04
15	观测值	5	7
16	df	4	6
17	F	1.3169	
18	P(F<=f) 单尾	0.3627	
19	F 单尾临界	4.5337	

图 7-13 例 7-3“F 检验 双样本方差分析”结果

根据方差检验结果知，双尾概率为 $2P=2\times0.3627>0.05$，说明两方差之间没有显著差异，或者 $F=1.3169>0$，右尾概率 $P=0.3627>0.05$，说明旧方法方差与新方法方差相比没有显著增大，即两方差可视为等方差。所以应用等方差 t 检验。

③ 在【数据】选项卡【分析】命令组中，点击【数据分析】打开分析工具库，然后选中“t-检验：双样本等方差假设”工具，进入“t-检验：双样本等方差假设”对话框，填写对话框，如图 7-14 所示。

值得注意的是，“假设平均差”中输入的是样本均值的差值，一般输入 0 表示，表示假设样本均值相同。对话框填写完整后，点击【确定】，结果如图 7-15 所示。

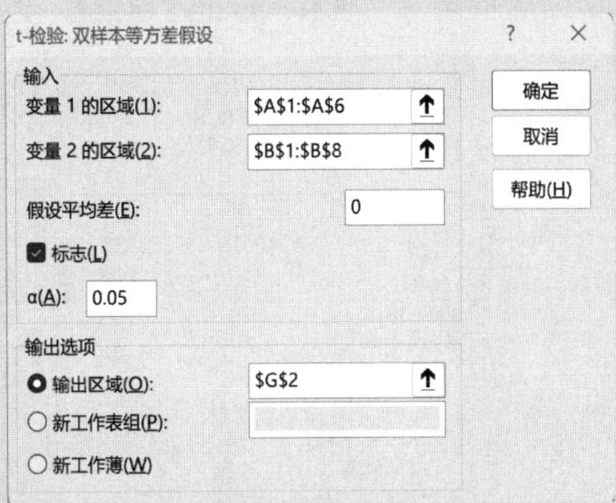

图 7-14 “t-检验 双样本等方差假设”对话框

	G	H	I
2	t-检验：双样本等方差假设		
3			
4		旧方法	新方法
5	平均	0.912	0.919
6	方差	3.7000E-04	2.8095E-04
7	观测值	5	7
8	合并方差	3.1657E-04	
9	假设平均差	0	
10	df	10	
11	t Stat	-0.6308	
12	P(T<=t) 单尾	0.2712	
13	t 单尾临界	1.8125	
14	P(T<=t) 双尾	0.5423	
15	t 双尾临界	2.2281	

图 7-15 例 7-3“t-检验 双样本等方差假设”结果

图 7-15 所示的检验结果中，“合并方差”表示按公式计算结果 $S=\sqrt{\dfrac{(n_1-1)s_1^2+(n_2-1)s_2^2}{n_1+n_2-2}}$，“t Stat”为按公式计算的统计量值 $t=\dfrac{\overline{x}_1-\overline{x}_2}{s}\sqrt{\dfrac{n_1 n_2}{n_1+n_2}}$。

由图 7-15 的结果可知，因 $|t|<$“t 双尾临界”，“$P(T<=t)_{双尾}$”>0.05，故两均值之间无显著差异，鉴于旧法没有系统误差，因此新法也没有系统误差。

（2）双样本异方差均值检验

【例 7-4】用甲乙两台设备分别测某种钢筋的强度（kgf/mm^2），结果如下：

甲：48.6，51.0，48.5，51.3，49.5

乙：53.5，53.5，57.7，49.2，43.6，56.3，51.8

已知甲设备数据无系统误差，应用 Excel 进行检验，取检验水准 $\alpha=0.05$。

【解】先将实验数据列在 Excel 中，如图 7-16 所示。

在【数据】选项卡【分析】命令组中，点击【数据分析】打开分析工具库，选中“F-检验双样本方差”工具，然后进行 F 检验，结果如图 7-17 所示。

	A	B
1	甲	乙
2	48.6	53.5
3	51.0	53.5
4	48.5	57.7
5	51.3	49.2
6	49.5	43.6
7		56.3
8		51.8

图 7-16 例 7-4 数据表

	A	B	C
10	F-检验 双样本方差分析		
12		甲	乙
13	平均	49.78	52.23
14	方差	1.7270	22.2590
15	观测值	5	7
16	df	4	6
17	F	0.0776	
18	P(F<=f) 单尾	0.0136	
19	F 单尾临界	0.1623	

图 7-17 例 7-4“F-检验 双样本方差分析”结果

根据 F 检验结果知，鉴于 $P_{双尾}=2\times P_{单尾}=2\times0.0136=0.0272<0.05$，即两者方差之间存在显著差异，因此应采用异方差 t 检验。

在分析工具库选中“t-检验：双样本异方差假设”工具，进入“t-检验：双样本异方差假设”对话框，并填写对话框，如图 7-18 所示。对话框填写完整后，点击【确定】，结果如图 7-19 所示。

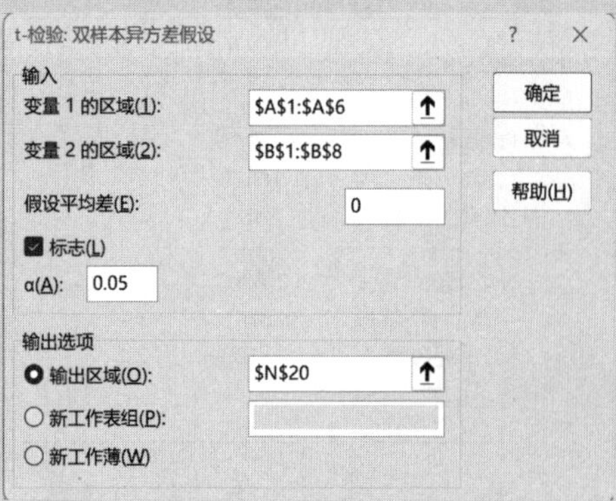

图 7-18 “t-检验：双样本异方差假设”对话框

	N	O	P
20	t-检验：双样本异方差假设		
21			
22		甲	乙
23	平均	49.78	52.23
24	方差	1.7270	22.2590
25	观测值	5	7
26	假设平均差	0	
27	df	7	
28	t Stat	-1.3041	
29	P(T<=t) 单尾	0.1167	
30	t 单尾临界	1.8946	
31	P(T<=t) 双尾	0.2334	
32	t 双尾临界	2.3646	

图 7-19 例 7-4“t-检验：双样本异方差假设”结果

结果表明，因 $|t|<$ “t 双尾临界”，$P_{双尾}>0.05$，故两均值之间无显著差异；或根据 $|t|<$ “t 单尾临界”，$P_{单尾}>0.05$，$t<0$，判断甲设备均值较乙设备均值并没有显著减小。

（3）成对均值检验

【例 7-5】某种材料在处理前和处理后，采用同一台仪器和方法测试拉伸强度（MPa），结果如下：

处理前：38.6，42.6，39.4，40.2，39.8，42.9

处理后：39.8，43.2，44.7，38.6，42.3，40.1

问处理后性能有没有显著提升，应用 Excel 进行检验，取检验水准 $\alpha=0.05$。

【解】因测试数据是处理前后“一一对应”的，故需采用成对法来比较。

	A	B
1	处理前	处理后
2	38.6	39.8
3	42.6	43.2
4	39.4	44.7
5	40.2	38.6
6	39.8	42.3
7	42.9	40.1

图 7-20　例 7-5 数据表

先将实验数据在 Excel 列表，如图 7-20。

在【数据】选项卡【分析】命令组中，点击【数据分析】打开分析工具库，选中“t 检验：平均值的成对二样本分析”工具，进入“t-检验：平均值的成对二样本分析”对话框，并填写对话框，如图 7-21 所示。填写完整后，点击【确定】，结果如图 7-22 所示。

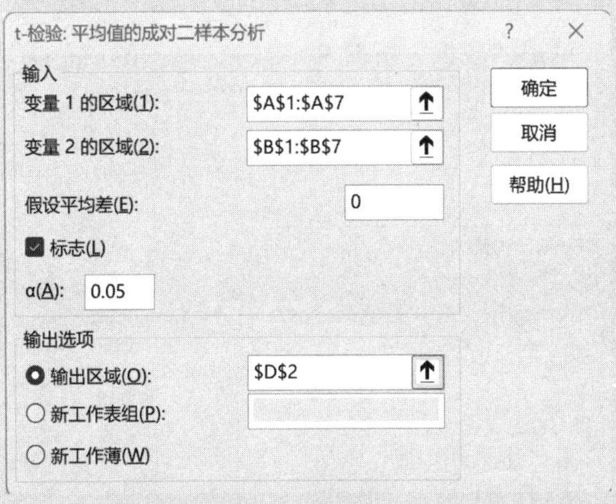

图 7-21　“t-检验：平均值的成对二样本分析”对话框

	D	E	F
2	t-检验：成对双样本均值分析		
3			
4		处理前	处理后
5	平均	40.58	41.45
6	方差	3.1057	5.4030
7	观测值	6	6
8	泊松相关系数	0.0125	
9	假设平均差	0	
10	df	5	
11	t Stat	-0.7322	
12	P(T<=t) 单尾	0.2485	
13	t 单尾临界	2.0150	
14	P(T<=t) 双尾	0.4969	
15	t 双尾临界	2.5706	

图 7-22　例 7-5“t 检验”平均值的成对二样本分析”结果

由检验结果可知，因 $|t|<$ “t 双尾临界”，$P_{双尾}>0.05$，故两均值之间无显著差异；或根据 $|t|<$ “t 单尾临界”，$P_{单尾}>0.05$，$t<0$，判断处理前的均值没有比处理后的均值显著减小，即材料处理前后的性能没有显著变化。

需指出的是，若采用手工分步计算时，中间结果都经过了有效数字的修约，而 Excel 中则无此修约过程，故利用 Excel 计算出的结果与手工逐步计算得到的结果会存在一定偏差。

7.3 Excel 在方差分析中的应用

7.3.1 Excel 在单因子实验方差分析中的应用

单因子实验的方差分析可借助 Excel“分析工具库”中的“单因子方差分析”工具来进行，下面通过例子来介绍其应用。

【例 7-6】为考察纳米碳酸钙用量对复合材料拉伸强度的影响，选取了 5 种填充用量，各做了 3 次实验，实验结果如表 7-2 所示，试用 Excel 的“单因子方差分析”工具来判断纳米碳酸钙用量对复合材料拉伸强度有无显著影响。取检验水准 $\alpha=0.05$。

表 7-2 例 7-6 实验结果

填充用量/%	拉伸强度/MPa		
5	32.8	33.7	35.1
10	34.3	36.8	33.2
15	38.2	36.4	37.3
20	38.1	37.4	37.9
25	36.6	35.3	37.5

【解】①在 Excel 中将待分析的数据列成表格，如图 7-23 所示，可按行或按列组织图中的数据。

② 在【数据】选项卡【分析】命令组中，单击“数据分析”命令按钮，打开分析工具库，选中“方差分析：单因素方差分析”工具，弹出“方差分析：单因素方差分析”对话框。

③ 按图 7-24 所示的方式填写对话框。

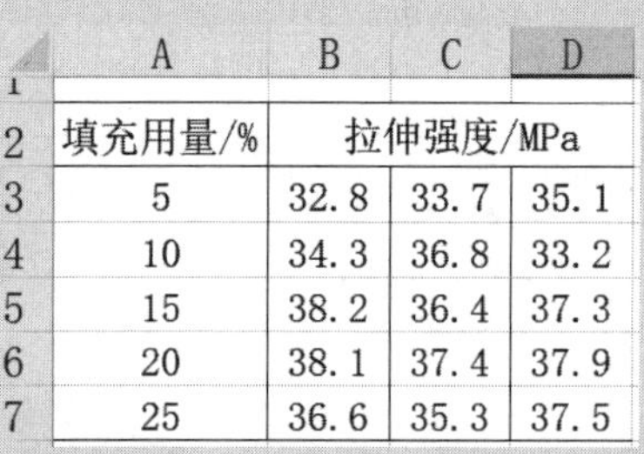

	A	B	C	D
1				
2	填充用量/%	拉伸强度/MPa		
3	5	32.8	33.7	35.1
4	10	34.3	36.8	33.2
5	15	38.2	36.4	37.3
6	20	38.1	37.4	37.9
7	25	36.6	35.3	37.5

图 7-23 例 7-6 数据表

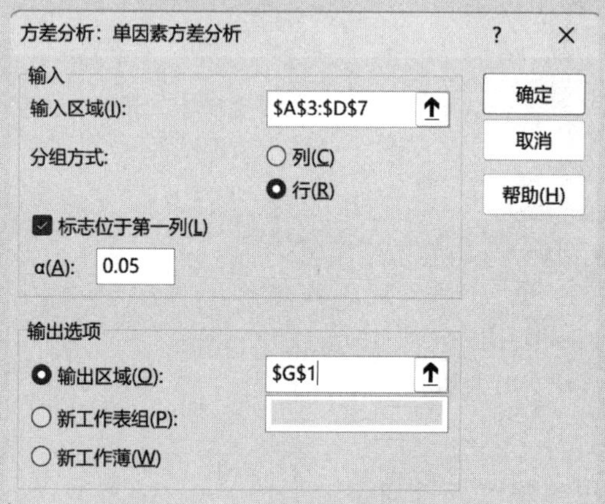

图 7-24 “单因素方差分析”对话框

其中：

输入区域：在此输入待分析数据区域的单元格引用。该引用必须由两个或两个以上按列或行组织的相邻数据区域组成，如图 7-24 所示。

分组方式：如需指出输入区域中的数据是按行还是按列排列，请单击“行”或“列”。在本例中数据是按行排列的。

若输入区域的第一行中包含标志项，则选中“标志位于第一行”复选框；若输入区域的第一列中包含标志项，则选中“标志位于第一列”复选框；若输入区域没有标志项，则该复选框不会被选中，Microsoft Excel 将在输出表中生成适宜的数据标志。本例的输入区域中包含了填充用量标志列。

α（A)：在此输入计算 F 检验临界值的置信度，或称检验水准（默认值为 0.05)。

输出方式：选择“输出区域”，并输入对于输出表左上角单元格的引用。本例所选的输出区域为当前工作表的 G1 单元格，如图 7-24。

④ 按要求填完对话框之后，点击【确定】，结果如图 7-25 所示。

	G	H	I	J	K	L	M
1	方差分析：单因素方差分析						
3	SUMMARY						
4	组	观测数	求和	平均	方差		
5	5	3	101.6	33.87	1.3433		
6	10	3	104.3	34.77	3.4033		
7	15	3	111.9	37.30	0.8100		
8	20	3	113.4	37.80	0.1300		
9	25	3	109.4	36.47	1.2233		
13	差异源	SS	df	MS	F	P-value	F crit
14	组间	33.6360	4	8.4090	6.0847	0.0095	3.4780
15	组内	13.8200	10	1.3820			
17	总计	47.4560	14				

图 7-25 例 7-6“单因素方差分析”结果

图 7-25 中，F crit 是检验水准为 0.05 时的 F 临界值。当 F>F crit 时，表明因子（填充用量）对结果（拉伸强度）有显著影响。P-value 表示的是因子对结果有无显著影响的概率。当 P-value>0.05 时，说明因子对结果的影响不显著；当 0.01<P-value≤0.05 时，说明因子对结果的影响显著；当 P-value≤0.01 时，说明因子对结果的影响非常显著。

应指出的是，对于单因子多水平实验，各水平上实验次数 n_i 可以相同，也可不同。在总实验次数 n 相同时，n_i 相同时的实验精度更高一些，因此，应尽量安排 n_i 相同的单因子多水平实验。

7.3.2 Excel 在双因子实验方差分析中的应用

Excel“分析工具库”中，分“无重复双因素分析”和“有重复双因素分析”两种情况。

(1) Excel 在双因子无重复实验方差分析中的应用

【例 7-7】聚合反应中，为了考察反应温度和反应时间对转化率的影响，反应温度（A）取 3 种水平，反应时间（B）取 4 种水平，具体方案设计及其结果如表 7-3 所示。试用 Excel 来判断两个因子对转化率有无显著影响。取检验水准 $\alpha=0.05$。

【解】①在 Excel 中将待分析的数据列成表格，如图 7-26 所示。

② 在【数据】选项卡【分析】命令组中，单击“数据分析”，打开分析工具库，选中“方差分析：无重复双因素分析”，即可弹出“方差分析：无重复双因素分析”对话框。

表 7-3　例 7-7 方案设计及其结果

温度/℃	时间/h	转化率/%
120	4	83.2
	5	86.7
	6	87.3
	7	88.1
130	4	86.7
	5	87.5
	6	88.6
	7	88.9
140	4	85.3
	5	86.2
	6	86.4
	7	86.5

③ 按图 7-27 所示的方式填写对话框。本例中，鉴于所选的数据区域包括标志行和列，需选中“标志”复选框。其他的操作与单因子方差分析相同。

	A	B	C	D	E
1	反应温度	反应时间			
2		B1	B2	B3	B4
3	A1	83.2	86.7	87.3	88.1
4	A2	86.7	87.5	88.6	88.9
5	A3	85.3	86.2	86.4	86.5

图 7-26　例 7-7 数据

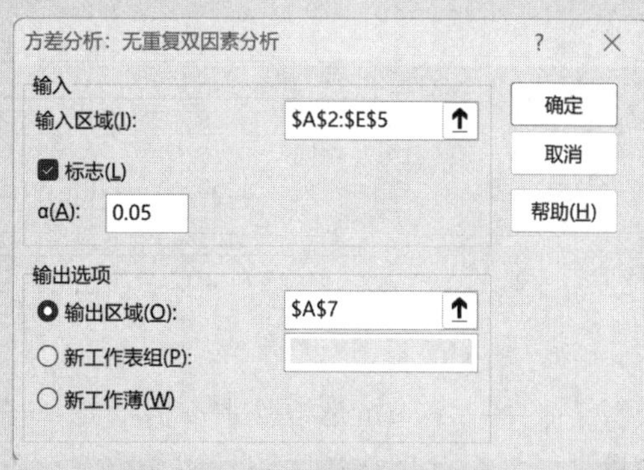

图 7-27　“方差分析：无重复双因素分析”对话框

④ 按要求填完对话框之后，点击【确定】，结果如图 7-28 所示。其中，“行”代表的是反应温度，“列”代表的是反应时间，根据 0.01<P-value<0.05，可判断两个因子都对转化率有显著的影响。

	A	B	C	D	E	F	G
7	方差分析：无重复双因素分析						
9	SUMMARY	观测数	求和	平均	方差		
10	A1	4	345.3	86.33	4.6692		
11	A2	4	351.7	87.93	1.0292		
12	A3	4	344.4	86.10	0.3000		
14	B1	3	255.2	85.07	3.1033		
15	B2	3	260.4	86.80	0.4300		
16	B3	3	262.3	87.43	1.2233		
17	B4	3	263.5	87.83	1.4933		
20	方差分析						
21	差异源	SS	df	MS	F	P-value	F crit
22	行	7.9217	2	3.9608	5.1908	0.0491	5.1433
23	列	13.4167	3	4.4722	5.8609	0.0324	4.7571
24	误差	4.5783	6	0.7631			
26	总计	25.9167	11				

图 7-28　例 7-7 方差分析结果

（2）Excel 在双因子重复实验方差分析中的应用

【例 7-8】表 7-4 给出了某种反应在 4 种温度、3 种浓度下的反应率数据，每种水平组合重复实验 1 次，试检验各因子及交互作用对反应率的影响是否显著。

表 7-4　例 7-8 实验数据表

温度/℃	浓度		
	35%	45%	55%
60	78,72	79,83	86,87
70	83,81	85,89	88,92
80	88,91	94,90	91,67
90	84,87	88,84	85,87

【解】①将实验数据在 Excel 中按图 7-29 所示列成表格。

由于每种水平组合上有重复实验，不能将重复实验数据填写在同一个单元格里，应该按照图 7-29 格式组织数据，不能省略标志行和列。

② 在【数据】选项卡【分析】命令组中，单击“数据分析”，打开分析工具库，选中“方差分析：可重复双因素分析”，弹出重复双因子方差分析对话框。

③ 按图 7-30 所示的方式填写对话框。输入的区域一定要包括标志在内。其中，“每一样本的行数”为每个组合水平上重复实验的次数，本例重复 1 次，所以填入“2”。

	A	B	C	D
1	反应温度	反应浓度		
2		35%	45%	55%
3	60/℃	78	79	86
4		72	83	87
5	70/℃	83	85	88
6		81	89	92
7	80/℃	88	94	91
8		91	90	67
9	90/℃	84	88	85
10		87	84	87

图 7-29　例 7-8 数据表

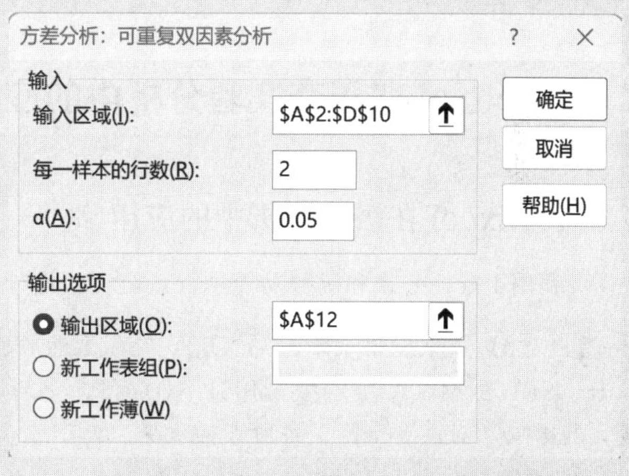

图 7-30　“方差分析：可重复双因素分析”对话框

④ 按要求填完对话框之后，点击【确定】，结果如图 7-31 所示。

其中，“样本”代表的是温度，“列”代表的是浓度，“交互”表示的是两因子的交互作用，“内部”表示的是误差。

由图 7-31 可知，温度对实验结果有极显著影响 ，浓度和交互作用对实验结果有显著影响。

	A	B	C	D	E	F	G
12	方差分析：可重复双因素分析						
14	SUMMARY	0.35	0.45	0.55	总计		
15	60/℃						
16	观测数	2	2	2	6		
17	求和	150	162	173	485		
18	平均	75.0	81.0	86.5	80.8		
19	方差	18.0000	8.0000	0.5000	31.7667		
21	70/℃						
22	观测数	2	2	2	6		
23	求和	164	174	180	518		
24	平均	82.0	87.0	90.0	86.3		
25	方差	2.0000	8.0000	8.0000	16.6667		
27	80/℃						
28	观测数	2	2	2	6		
29	求和	179	184	158	521		
30	平均	89.5	92.0	79.0	86.8		
31	方差	4.5	8	288	98.16667		
33	90/℃						
34	观测数	2	2	2	6		
35	求和	171	172	172	515		
36	平均	85.5	86.0	86.0	85.8		
37	方差	4.5000	8.0000	2.0000	2.9667		
39	总计						
40	观测数	8	8	8			
41	求和	664	692	683			
42	平均	83.0	86.5	85.4			
43	方差	36.5714	22.0000	60.8393			
46	方差分析						
47	差异源	SS	df	MS	F	P-value	F crit
48	样本	139.1250	3	46.3750	1.5480	0.2530	3.4903
49	列	51.0833	2	25.5417	0.8526	0.4506	3.8853
50	交互	337.2500	6	56.2083	1.8762	0.1665	2.9961
51	内部	359.5000	12	29.9583			
53	总计	886.9583	23				

图 7-31　例 7-8 方差分析结果

7.4 Excel 在正交实验分析中的应用

7.4.1 Excel 在极差分析中的应用

可利用 Excel 公式和函数功能进行正交实验设计极差分析中 K、k 和 R 的计算。

【例 7-9】就地制备聚苯乙烯（PS）补强天然胶乳（NRL）研究。根据经验和分析，认为 PS/NRL 配比（A）、引发剂用量（B）和乳化剂用量（C）可能会对产品拉伸强度造成较大的影响，对这 3 个因子各取 3 种水平，列于表 7-5 中。将因子 A、B、C 依次安排在正交表 $L_9(3^4)$ 的 1、2、3 列，不考虑因子间的交互作用。9 个实验结果 y（拉伸强度）依次为 15.3，18.4，15.9，21.7，17.6，16.4，20.3，22.5，22.1。试用极差分析法确定因子主次和最优方案，并画出趋势图。

表 7-5　例 7-9 因子水平表

水平	A(PS/NRL 配比)	B(引发剂用量)/g	C(乳化剂用量)/g
1	5/95	1.5	0.5
2	10/90	2.0	1.0
3	15/85	2.5	1.5

【解】①依据题意，在 Excel 中列出正交表和实验结果，如图 7-32 所示。

	A	B	C	D	E	F
1	试验号	A(PS/NRL配比)	B(引发剂用量)/g	C(乳化剂用量)/g	空列	y
2	1	1	1	1	1	15.3
3	2	1	2	2	2	18.4
4	3	1	3	3	3	15.9
5	4	2	1	2	3	21.7
6	5	2	2	3	1	17.6
7	6	2	3	1	2	16.4
8	7	3	1	3	2	20.3
9	8	3	2	1	3	22.5
10	9	3	3	2	1	22.1

图 7-32 例 7-9 数据表

② K 值计算。先引入一个条件求和函数 SUMIF，如图 7-33 所示，其作用是对满足条件的单元格求和。

【语法函数】SUMIF（range，criteria，sum _ range）

其中，range 为用于条件判断的单元格区域；criteria 为确定哪些单元格将被相加求和的条件，其形式可以为数字、表达式或文本，如条件可表示为 28、“28”、“>28”或“summer”；sum _ range 为需要求和的实际单元格范围。

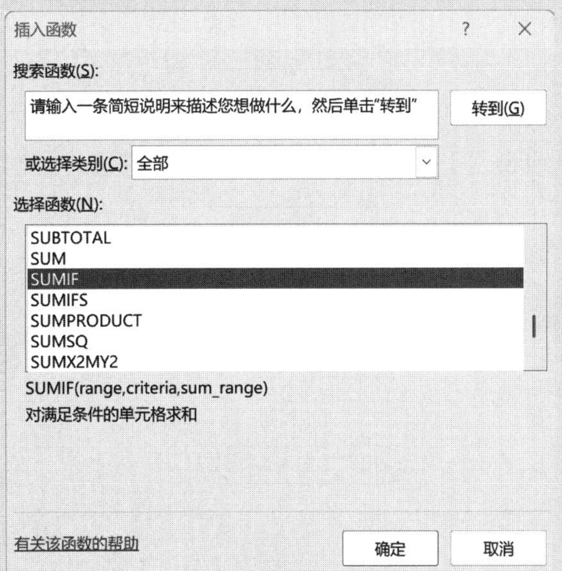

图 7-33 条件求和函数 SUMIF

K 值表示的是同一水平下对应实验结果之和，如图 7-34 所示。

以 A 因子所在列的 K_1 计算为例，K_1 的计算公式为“=SUMIF（B2：B10，1，F2：F10）”，其中，“B2：B10”表示用于条件判断的单元格区域，“1”表示在 B2：B10 范围内等于的单元格，“F2：F10”表示求和实际单元格范围。确定后就可得到对应的条件加和值。如将公式改为“=SUMIF（B$2：B$10，1，F2：F10）”，其中，“B$2：B$10”表示用于条件判断的单元格区域，“1”表示在 B$2：B$10 范围内等于 1 的单元格，“＄F＄2：＄F＄10”表示求和实际单元格范围。选中该公式，然后水平拖动填充柄，就可计算出后三列的 K_1。为了保证在填充柄水平拖动的过程中求和的实际范围不变，就要求行和列都加上绝对引用符号＄，即＄F＄2：＄F＄10；条件判断单元格区域 B＄2：B＄10，行号 2 和 10 最好采用绝对应用，这样往下拖动填充柄，就可将该公式复制到下一行的单元格，而行号范围不变，对复制到下一行的公式中的“1”改为“2”，然后再水平填充，就可计算所有的 K_2 了，分析结果如图 7-35 所示。

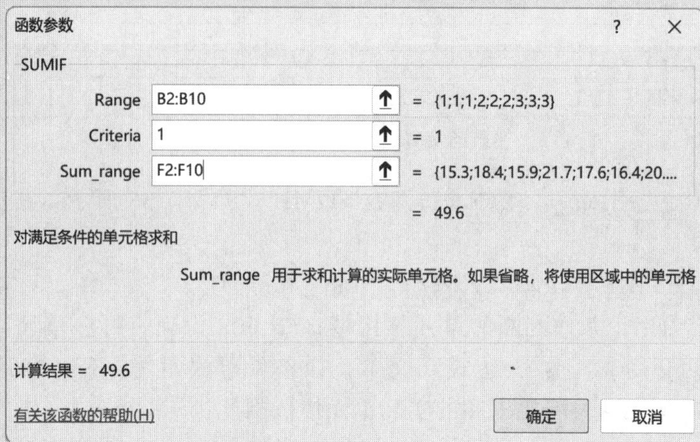

图 7-34 “条件求和函数 SUMIF 函数参数”对话框

③ k 值计算。本例中 $k=K/3$。因在 B14：E16 范围内，每个单元格的公式都一样，故可先在其中单元格输入计算公式，然后使用填充柄对公式进行复制，如求 B14 单元格的 k_1，在 B14 单元格里输入 B11/3，返回可得结果 16.53，然后使用填充柄对公式进行复制可以求得其他的 k 值，结果如图 7-35 所示。

	A	B	C	D	E	F
1	试验号	A(PS/NRL配比)	B(引发剂用量)/g	C(乳化剂用量)/g	空列	y
2	1	1	1	1	1	15.3
3	2	1	2	2	2	18.4
4	3	1	3	3	3	15.9
5	4	2	1	2	3	21.7
6	5	2	2	3	1	17.6
7	6	2	3	1	2	16.4
8	7	3	1	3	2	20.3
9	8	3	2	1	3	22.5
10	9	3	3	2	1	22.1
11	K_1	49.6	57.3	54.2	55.0	
12	K_2	55.7	58.5	62.2	55.1	
13	K_3	64.9	54.4	53.8	60.1	
14	k_1	16.53	19.10	18.07	18.33	
15	k_2	18.57	19.50	20.73	18.37	
16	k_3	21.63	18.13	17.93	20.03	
17	R	5.10	1.37	2.80	1.70	

图 7-35 例 7-9 极差分析结果

④ R 值计算。在 B17 单元格中输入“=MAX(B14：B16)－MIN(B14：B16)”，回车后得到 5.10，然后选中该单元格，向右拖动填充柄，就可计算出后三列的极差。结果如图 7-35 所示。

对于同一张正交表，上述计算 K、k 和 R 的公式不会随实验指标 y 的取值而发生变化，所以当下次用到 $L_9(3^4)$ 时，只需将图中 F 列的 y 值换掉，新的 K、k 和 R 会同时计算出来，极大地减少了工作量。

⑤ 绘制趋势图。趋势图的横坐标是因子的水平，纵坐标是实验指标，为了便于比较，一般将不同因子的趋势图画在一张图中。

Ⅰ. 利用 Excel 画趋势图，首先是建立数据表（如图 7-36 所示），第一列表示因子的不同水平（水平按实际大小顺序排列），第二列表示对应的 k。需要注意的是，在不同因子之间至少应留有一行的间隔，以免趋势图中所有的数据点相连。

Ⅱ. 选中图 7-36 所示的数据表区域（A19：B30），然后在【插入】选项卡中选择“折线图”，再选中二维折线图“带数据标记的折线图”，然后添加纵、横坐标轴标题，其中横轴标题为“PS/NRL 配比　引发剂用量/g　乳化剂用量/g”，纵轴为“拉伸强度/MPa”，可初步生成如图 7-37 所示的折线图。

	A	B
19		
20	5/95	16.53
21	10/90	18.57
22	15/85	21.63
24	1.50	19.10
25	2.00	19.50
26	2.50	18.13
28	0.50	18.07
29	1.00	20.73
30	1.50	17.93

图 7-36　例 7-9 趋势图数据

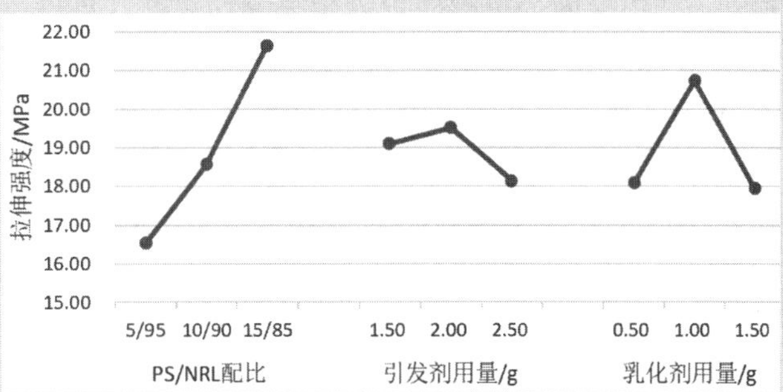

图 7-37　例 7-9 趋势折线图

7.4.2　Excel 在方差分析中的应用

【例 7-10】天然胶乳改性实验研究。

据专业知识和有关资料，考察胶乳浓度、改性剂剂量、投料方式三个因子对改性胶乳所得硫化胶膜撕裂强度的影响。各因子均取 3 种水平，采用 $L_9(3^4)$ 安排实验方案后，各实验号只进行 1 次，实验结果列于表 7-6 中，试利用 Excel 进行方差分析，取检验水准 $\alpha=0.05$。

表 7-6　例 7-10 实验因子水平及结果

实验号 (i)	列(g)				撕裂强度 y_i(kN/m)
	A(胶乳浓度)/%	B(改性剂量)/g	C(投料方式)	空列 e	
1	1(50)	1(1.0)	1(一次性)	1	33.4
2	1	2(1.5)	2(前后各半)	2	38.9
3	1	3(2.0)	3(缓慢滴加)	3	34.9
4	2(55)	1	2	3	34.3
5	2	2	3	1	40.2
6	2	3	1	2	35.8
7	3(60)	1	3	2	41.4
8	3	2	1	3	39.5
9	3	3	2	1	43.7

【解】参照例 7-9 方法，在 Excel 里建立数据表，并将 K 计算出来，如图 7-38 所示。

	A	B	C	D	E	F
1	实验号（i）	A（胶乳浓度）/%	B（改性剂量）/g	C（投料方式）	空列e	撕裂强度y_i（kN/m）
2	1	1	1	1	1	33.4
3	2	1	2	2	2	38.9
4	3	1	3	3	3	34.9
5	4	2	1	2	3	34.3
6	5	2	2	3	1	40.2
7	6	2	3	1	2	35.8
8	7	3	1	3	2	41.4
9	8	3	2	1	3	39.5
10	9	3	3	2	1	43.7
11	K_1	107.2	109.1	108.7	117.3	
12	K_2	110.3	118.6	116.9	116.1	
13	K_3	124.6	114.4	116.5	108.7	

图 7-38　例 7-10 数据及 K 值

利用 Excel 内置函数按顺序计算相关统计数据，再进行方差分析。

① 计算总和 $y_{.}$。直接在 B14 里输入"＝SUM（F2：F10）"。

② 计算平方总和 Q。直接在 B15 里输入"＝SUMSQ（F2：F10）"。

③ 计算矫正数 CT。直接在 B16 里输入"＝B15^2/9"。

④ 计算总偏差平方和 SS_T。直接在 B18 单元格里输入"＝B16-B17"。

⑤ 计算任一列离差平方和 SS_j。如在 B17 单元格内，输入"＝SUMSQ（B11：B13）/3-B17"，可求出 SS_1。再将该公式用填充柄复制到 C17：E17，求出其他各列 SS_j（j＝2，3，4），结果如图 7-39 所示。

	A	B	C	D	E	F	G	H	I
1	试验号(i)	A(胶乳浓度)/%	B(改性剂量)/g	C(投料方式)	空列e	撕裂强度y_i(kN/m)			
2	1	1	1	1	1	33.4			
3	2	1	2	2	2	38.9			
4	3	1	3	3	3	34.9			
5	4	2	1	2	3	34.3			
6	5	2	2	3	1	40.2			
7	6	2	3	1	2	35.8			
8	7	3	1	3	2	41.4			
9	8	3	2	1	3	39.5			
10	9	3	3	2	1	43.7			
11	K_1	107.2	109.1	108.7	117.3				
12	K_2	110.3	118.6	116.9	116.1				
13	K_3	124.6	114.4	116.5	108.7				
14	总和T	342.1							
15	平方和Q	13104.85							
16	矫正数P	13003.60							
17	SS_j	57.43	15.11	14.25	14.46				
18	SS_T	101.25							
19									
20				方差分析表					
21	变异来源	偏差平方和SS	自由度df	均方MS	F	P-value	显著性	$F_{0.05}$	$F_{0.01}$
22	A(胶乳浓度)/%	57.43	2	28.7144	4.0005	0.1111	ns	6.9443	18.0000
23	B(改性剂量)/g	15.11	2	7.5544	1.0525	0.4293	ns	6.9443	18.0000
24	C(投料方式)	14.25	2	7.1244					
25	空列（误差e）	14.46	2	7.2311					
26	合并误差e^{Δ}	28.71	4	7.1778					
27	总变异	101.25	8						

图 7-39　例 7-10 方差分析结果

⑥ 建立方差分析表。根据题意列出图 7-39 所示的方差分析表的标题栏。

在“变异来源”列，各因子最好按主次顺序从上往下排列，在最下一行列出“总变异”。

在偏差平方和 SS 列，在单元格 B22 中输入“=B17”，将刚才计算出的 SS_A 值移到该单元格，同理，在单元格 B23、B24 和 B25 中分别输入“=C17”、“=D17”和“=E17”，将前面计算出的 SS 转移到方差分析表中。“总变异”在 B27 单元格里输入“=SUM（B22：B25）”。

在自由度 df 列，直接根据题意输入相应的自由度。

在均方 MS 列，MS_A 对应的单元格（D22）内输入“=B22/C22”，然后下拉填充柄至单元格 D25，计算出所有的 MS。将各因子的 MS 与 MS_e 相比较，如小于或等于 MS_e，就应该将对应的因子归入到误差项，得到误差 e^{Δ}。本例中，由于 $MS_C < MS_e$，所以将 C 列的 SS 加到误差 e 列，得到新误差 e^{Δ} 项。在单元格 B26 中输入“=SUM（B24：B25）”，表示 $SS_e{}^{\Delta}=SS_C+SS_e$；在单元格 C26 中输入“=SUM(C24：C25）”，表示 $df_e{}^{\Delta}=df_C+df_e$。在单元格 D26 中输入“=B26/C26”，表示 $MS_e{}^{\Delta}=MS_C+MS_e$。也可选中单元格 B26，然后横拉填充柄将 B26 的公式复制到 C26：D26。

在“F”列，在 F_A 对应的单元格（E22）内输入“=D22/D26”，表示 $F_A=MS_A/MS_e{}^{\Delta'}$，然后下拉填充柄至单元格 E23，计算出 F_B。注意，被合并的 C 因子不用计算 F 值。

在“P-value”列，在单元格 F22 中输入“=F.DIST.RT（E22，C22，C26）”，这里“E22”引用的是 F_A 的值，“C22”引用的是 df_A（第一自由度），“C26”引用的是误差自由度 $df_e{}^{\Delta}$（第二自由度）。选中单元格 F22，然后下拉填充柄至单元格 F23，计算出 F_B 对应的 P-value。

关于显著性的判断。P-value 表示的是因子对实验结果是否显著影响的概率，当 P-value<0.01 时，说明因子对实验指标的影响极其显著；当 0.01≤P-value<0.05 时，说明因子对实验指标的影响显著；当 P-value≥0.05 时，表示因子对实验结果无显著影响。依据图 7-39 结果，可得出的结论是因子 A 和因子 B 对实验结果都没有显著影响。

注意，对于同一张正交表，若表头设计相同，上述方差分析过程中，除了误差 e^{Δ} 和临界值 F_{α} 需要具体判断外，其他所用公式和各数据的相对位置都是相同的，因此，可将该工作表保存起来，只要更换实验数据。

7.5 Excel 在回归分析中的应用

7.5.1 “规划求解”在回归分析中的应用

（1）“规划求解”工具安装

数理分析中，常需求解方程组或解决回归方程的最优问题，这就可使用 Excel 的“规划求解”工具，它可对有多个变量的线性和非线性规划问题进行求解，省去人工编制程序和手工计算的麻烦。

“规划求解”工具的安装，与“分析工具库”的安装步骤相同，可以打开如图 7-40 所示的“加载宏”对话框，选中“规划求解加载项”，点击“转到”或“确定”，就可以将“规划求解”命令添加到 Excel【数据】选项卡下【分析】命令组中，如图 7-41 所示的“加载宏”对话框所示。

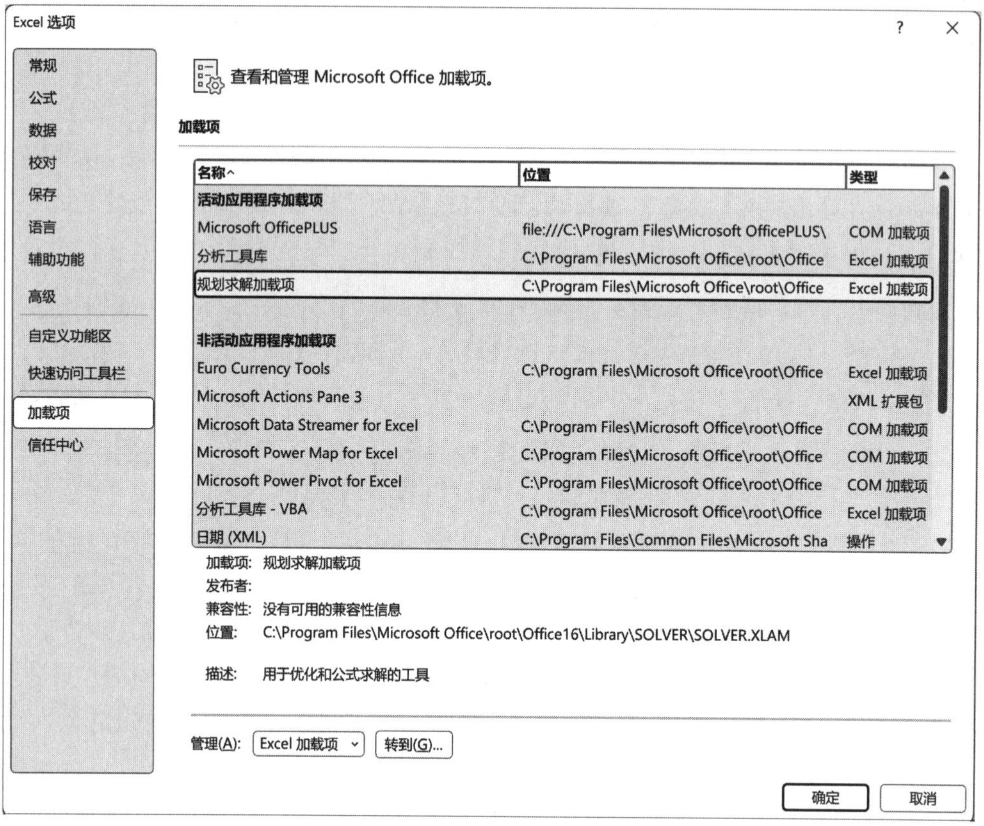

图 7-40 “规划求解”加载

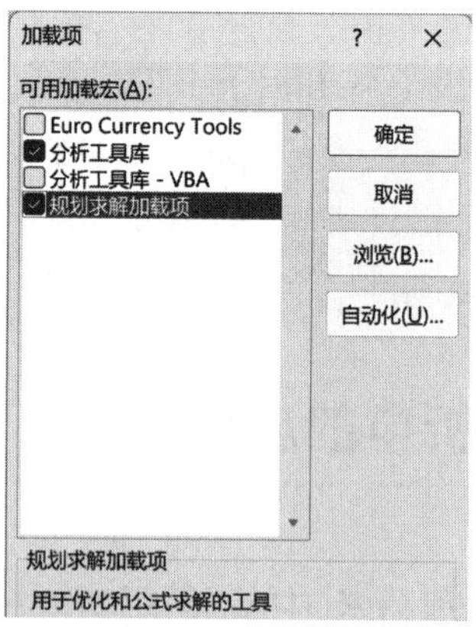

图 7-41 “加载宏”对话框

(2)“规划求解”在解方程组中的应用

在使用“规划求解”工具之前，应建立最优或方程组求解问题的数学模型。在利用最小二乘法求解回归方程的过程中，需通过解正规方程组，得到回归系数。若回归方程的项数较多，则正规方程组中方程的个数也会很多，求解过程将十分繁杂，甚至难以完成，而利用 Excel 中的“规划求解”工具可很好地解决这个问题，并提高结果的准确性。

【例 7-11】如某组实验数据，通过二次多项式拟合这组数据，得到的正规方程组为：

$$\begin{cases}6a+41b_1+428b_2=89\\39a+513b_1+2487b_2=698\\241a+3874b_1+19864b_2=4218\end{cases}$$

试利用“规划求解”工具求出回归系数。

【解】利用 Excel 中的“规划求解”工具。

① 将本例的方程组转变成为方程的右边都为 0 的形式。

$$\begin{cases}6a+41b_1+428b_2-89=0\\39a+513b_1+2487b_2-698=0\\241a+3874b_1+19864b_2-4218=0\end{cases}$$

② 设计如图 7-42 所示的工作表格。

因本方程组中未知数有 3 个，故预留 3 个可变单元格的位置，即将单元格 D2：D4 设为可变单元格（如图 7-42）用来存放方程组的解，其初值可设为 0（空单元格）。

图 7-42（a）中，“1、2、3”表示三个方程的代号，在 B2、B3、B4 三个单元格中分别输入三个方程等号左边部分。注意，单元格 D2 表示 a，D3 表示 b_1，D4 表示 b_2，在输入方程组时应该直接引用。鉴于 a、b_1 和 b_2 的初值均为 0，因此，图 7-42（a）中的数值将按图 7-42（b）显示出来。

	A	B	C	D
1		方程	方程解	
2	1	"=6*D2+41*D3+428*D4-89"	a=	
3	2	"=39*D2+513*D3+2487*D4-698"	b1=	
4	3	"=241*D2+3874*D3+19864*D4-4218"	b2=	

（a）公式显示状态

	A	B	C	D
1		方程	方程解	
2	1	-89	a=	
3	2	-698	b1=	
4	3	-4218	b2=	

（b）初值为 0 的结果

图 7-42 例 7-11 工作表

③ 在 Excel【数据】选项卡下【分析】命令组中，单击“规划求解”命令按钮，打开“规划求解参数”对话框（如图 7-43）。

图 7-43 中，“设置目标”可以选择图 7-42 中任意一个方程所在的单元格。这里选择第二个方程所在单元格“B3”为目标；“到”后选择“目标值”，然后在其后的空格内输入“0”，这表示目标单元格中的数值等于 0，即第二个方程等于 0。

图 7-43 中，将“通过更改可变单元格”设置为“D2：D4”，表示最后的输出结果在这三个单元格内，分别对应着 a、b_1 和 b_2。

图 7-43 中，在“遵守约束”中添加“B2=0”和“B4=0”，表示在第二个方程等于 0 的同时，另外两个方程也应等于 0。添加约束条件时，单击“添加”按钮，这时系统会弹出“添加约束”对话框，如图 7-44 所示。注意，在“单元格引用”中只能输入含有约束条件公式的单元格的名称。如本例中的 B2 或 B4 单元格。约束条件运算符有小于或等于“<=”、大于或等于“>=”、等于“=”、整数“int”、二进制“bin”。在“约束”中可直接输入某个数值，如“0”等，也可引用单元格。输完所有约束条件后，按“确定”返回“规划求解参数”对话框。

图 7-43 中，鉴于本例中系数可为负数，可不选中“使无约束变量为非负数（K）”复选框。

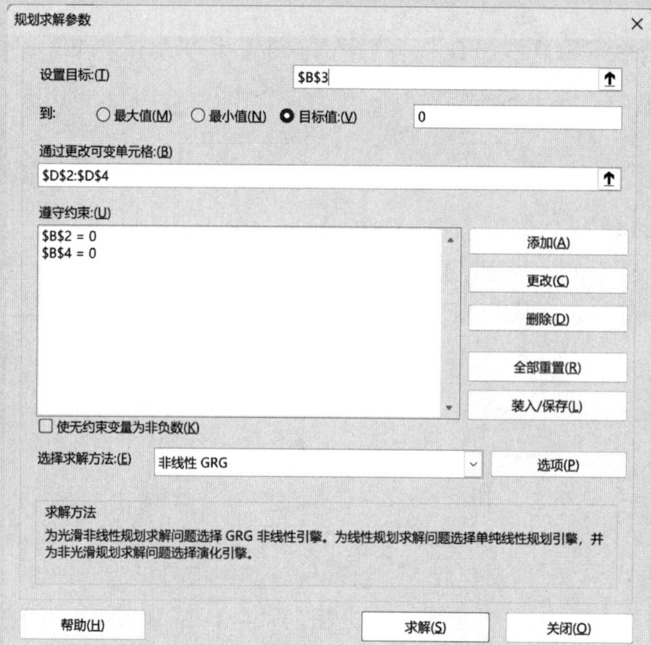

图 7-43 “规划求解参数”对话框

图 7-44 “添加约束”对话框

④ 图 7-43 中，单击“求解”，就会弹出“规划求解结果”对话框（如图 7-45），点击“确定”，得到如图 7-46 的方程组的解。

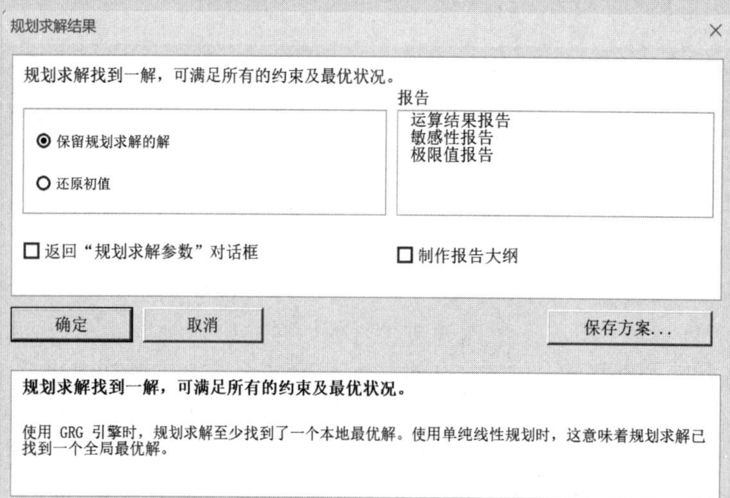

图 7-45 “规划求解结果”对话框

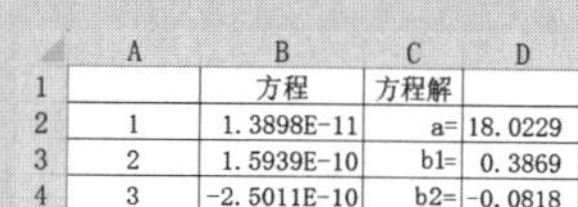

图 7-46 例 7-11 规划求解结果

（3）“规划求解”在最优化问题中的应用

回归分析是实验数理分析中最有效的方法之一，许多实验设计，如回归正交实验设计、均匀实验设计、球面对称设计和配方混料设计等，都要通过回归分析确定实验结果与影响因子之间的回归方程。为了确定最佳工艺参数，就会遇到最优化问题，即规划问题。Excel 中的“规划求解”工具可以解决这个问题。

【例 7-12】低蛋白质天然橡胶制备关键在于蛋白质去除。采用酶消化处理的生物化学方法，假定氮含量 y 与酶用量 x_1(mL/kg)、消化时间 x_2 (h) 及消化温度 x_3 (℃) 三个因子之间的回归方程为 $y=1.6695-3.0414x_1-0.0275x_3+2.7234x_1^2+0.0248x_1x_3+0.00044x_2x_3$。其中，$x_1$ 取值范围为 0.2～0.4，x_2 取值范围为 12～24，x_3 取值范围为 35～45，预测当 x_1、x_2 和 x_3 取什么值时，用 Excel 中“规划求解”工具求解 y 可能取得最小值。

【解】本例提出的问题可利用求极植的方法求解，但如果方程形式很复杂，而且变量的取值范围有要求，就可充分体现出“规划求解”工具的优势，具体步骤如下。

① 建立 Excel 工作表后，选中一个单元格，输入方程的右边部分。如图 7-47 所示，在目标单元格 D2 中输入公式“=1.6695－3.0414 * B2－0.0275 * B4＋2.7234 * B2^2＋0.0248 * B2 * B4＋0.00044 * B3 * B4”，其中单元格 B2、B3 和 B4 为可变单元格，分别为 x_1、x_2 和 x_3 对应的单元格。

	A	B	C	D
1	自变量		目标函数	
2	x_1		y	1.6695
3	x_2			
4	x_3			

图 7-47 例 7-12 工作表

② 在 Excel【数据】选项卡下【分析】命令组中，单击“规划求解”命令按钮，打开“规划求解参数”对话框，如图 7-48，设置目标单元格等于“最小值”，并依据 x_1、x_2 和 x_3 取值范围添加约束条件。

图 7-48 例 7-12“规划求解参数”对话框

③ 在“规划求解参数”对话框中，按“求解”后可得到图 7-49 所示的结果，即在实验范围内，当 $x_1=0.3535\text{mL/kg}$，$x_2=12\text{h}$，$x_3=45℃$ 时，氮含量达到最小值，为 0.3293。注意，这是根据回归方程求出的实验范围内的最小值，只是预测值，还需要实验验证。

	A	B	C	D
1	自变量		目标函数	
2	x_1	0.3535	y	0.3293
3	x_2	12		
4	x_3	45		

图 7-49 例 7-12 规划求解结果

7.5.2 分析工具库在回归分析中的应用

Excel“分析工具库”提供了“回归分析”的分析工具，该工具利用“最小二乘法”对一组数据进行线性拟合，进行一元或多元线性回归分析。由于非线性回归可以转变成线性回归，所以该工具也能处理非线性问题。下面通过一些例子具体说明“分析工具库”的应用。

【例 7-13】以例 5-5 的数据为例，试用 Excel 中分析工具库进行回归分析。

【解】直接利用 Excel 中“分析工具库”中“回归”工具。

第一步在 Excel 中建立如图 7-50 所示的电子表格。注意，数据必须是纵向排列的，且三列自变量应该从左到右连续排列。

由例 5-5 的结果可知，脱色率 y 与阳离子型聚丙烯酰胺用量 x 之间的关系方程为 $y=52.6185+20.4694x-3.1451x^2$，为非线性方程，若将 x 和 x^2 分别看作是两个自变量，则 y 与 x、x^2 之间存在二元线性关系，因此，建立 Excel 表格时，将 x^2（或 $x*x$）作为一个自变量而占有一列。注意在建立电子表格时，多列自变量应是连续的区域。同时，在输入“X 值输入区域”时，应包括图 7-50 中 x 和 x^2 两列的数据，而且这两列数据必须是连续的。

第二步在【数据】选项卡【分析】命令组中，单击“数据分析”按钮，然后打开“分析工具库”中“回归”对话框，见图 7-51。

	A	B	C
1	y	x	x^2
2	62.75	0.5	0.25
3	69.53	1.0	1.00
4	75.78	1.5	2.25
5	80.00	2.0	4.00
6	84.14	2.5	6.25
7	88.05	3.0	9.00
8	85.01	3.5	12.25
9	83.71	4.0	16.00
10	81.07	4.5	20.25

图 7-50 例 7-13 数据表

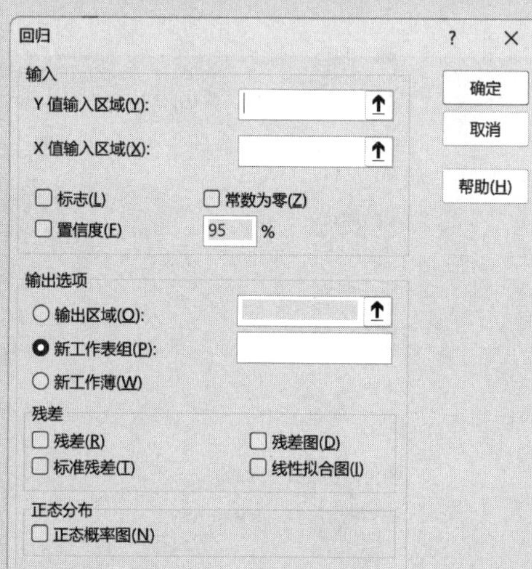

图 7-51 “回归”对话框

第三步填写“回归”对话框。该对话框的内容较多，可以根据需要，选择相关项目。

“Y 值输入区域”：输入对依变量数据区域的引用，该区域必须由单列数据组成，如本例中脱色率 y。

“X 值输入区域”：输入对自变量数据区域的引用，如本例中自变量 x、x^2 所对应的两列数据。若是一元线性回归，则该区域只有一列。

“标志”：若输入区域的第一行中包含标志项，则选中此复选框，并在输出表中生成适宜的数据标志；若输入区域中没有标志项，则应清除此复选框。

“置信度”：如需在汇总输出表中包含附加的置信度信息，则选中此复选框，然后在右侧的编辑框中，输入所要使用的置信度。Excel 默认的置信度为 95%，相当于显著性水准 $\alpha=0.05$。

“常数为零”：若要强制回归线通过原点，则选中此复选框。一般不用理会。

“输出选项”：选择“输出区域”，在此输入对输出表左上角单元格的引用。

“残差”：若需要以残差输出表的形式查看残差，则选中此复选框。

“标准残差”：若需要在残差输出表中包含标准残差，则选中此复选框。

“残差图”：若需要生成一张图表，绘制每个自变量及其残差，则选中此复选框。

“线性拟合图”：若需要为预测值和观察值生成一个图表，则选中此复选框。

“正态概率图”：若需要绘制正态概率图，则选中此复选框。

针对本例，所填写的对话框如图 7-52 所示。

第四步填好“回归”对话框之后，点击【确定】，结果如图 7-53 所示。

第五步结果分析。由图 7-53 可知，所构建回归方程为 $y=52.6185+20.4694x-3.1451x^2$，根据 $R^2=0.9851$，Significance F $=3.3090\times10^{-6}<0.01$，可以判断该回归方程达到极显著。另外，两个偏回归系数及常数项的 P-value 值也都远小于 0.05，进一步揭示所建立的回归方程有意义。

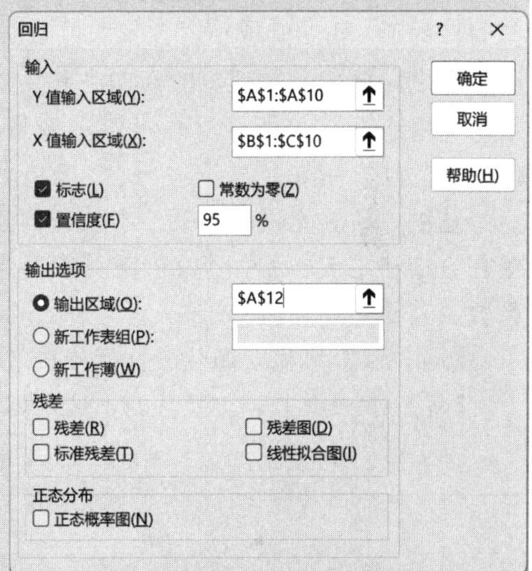

图 7-52 “回归”对话框

	A	B	C	D	E	F	G
12	SUMMARY OUTPUT						
14	回归统计						
15	Multiple R	0.9925					
16	R Square	0.9851					
17	Adjusted R Square	0.9801					
18	标准误差	1.1538					
19	观测值	9					
21	方差分析						
22		df	SS	MS	F	Significance F	
23	回归分析	2	528.0119	264.0060	198.3209	3.3090E-06	
24	残差	6	7.9872	1.3312			
25	总计	8	535.9991				
27	变量项系数及其回归相关值						
28		Coefficient	标准误差	t Stat	P-value	Lower 95%	Upper 95%
29	Intercept	52.6185	1.4681	35.8415	3.1454E-08	49.0262	56.2108
30	x	20.4694	1.3482	15.1830	5.1506E-06	17.1705	23.7683
31	x2	-3.1451	0.2630	-11.9597	2.0707E-05	-3.7885	-2.5016

图 7-53 例 7-13 回归分析结果

在“方差分析”结果中，“Significance F ”表示 F 检验中回归方程不显著的概率。若 Significance F<0.01，则表示回归方程非常显著；若 0.01≤Significance F< 0.05，则可认为回归方程显著；若 Significance F≥0.05，则可认为回归方程不显著。本例中，Significance F$=3.3090\times10^{-6}$ 远小于 0.01，表明所建回归方程达到极显著，即脱色率（y）与阳离子型聚丙烯酰胺量（x）之间存在极显著的非线性关系。

图 7-53 的第 3 个表中，除列出回归系数（coefficient），还列有“标准误差”、“t Stat”和“P-value”等项。其中，“标准误差”表示的是对应回归系数的标准误差。根据“t Stat”绝对值大小，可以直接判断因子的主次顺序。“P-value”表示 t 检验偏回归系数不显著的概率，若 P-value<0.01，则可认为该系数所对应的变量项对实验结果影响非常显著；若 0.01≤P-value<0.05，则可认为该系数所对应的变量项对实验结果影响显著；若 P-value≥0.05 时，则可认为该系数所对应的变量项对实验结果影响并不显著。对于常数项（Intercept），其对应的 P-value 值越小，也越能说明所构建的回归方程所表示常数项为零的概率。

总之，要想获得理想的回归方程，就回归分析结果，需确保如下几点：Significance F 值至少要小于 0.05；至少一半以上变量项的 P-value 要小于 0.05；常数项的 P-value 尽可能小，且越小越好。

这里，需补充说明一下。本例所构建的回归方程与例 5-5 所构建的回归方程是一致的。但在直接利用 Excel 中“分析工具库”进行“回归”时获得更多信息，包括每一个变量项系数及其回归相关值。

【例 7-14】氧化石墨烯改性天然胶乳均匀实验设计及回归分析。

【解】第一步了解实验目的，选定因子及其水平，如表 7-7 所示。

表 7-7 因子水平表

水平	GO 量	S 量	PX 量	ZnO 量
1	0.001	0.6	0.55	0.40
2	0.025	0.7	0.60	0.45
3	0.050	0.8	0.65	0.50
4	0.075	0.9	0.70	0.55
5	0.100	1.0	0.75	0.60
6	0.125	1.1	0.80	0.65
7	0.150	1.2	0.85	0.70
8	0.175	1.3	0.90	0.75

第二步选定合适的均匀实验设计表及其相应的使用表（优选带 * 者）。

根据表 7-7 所列因子及其水平状况，拟选定 $U_8^*(8^5)$ 均匀实验设计表，参见附表 11。

第三步拟定实验方案并加以实施，记录测试结果，如表 7-8 所示。

表 7-8 $U_8^*(8^5)$ 均匀实验设计方案及其结果

实验号 (i)	GO 量，x_1	S 量，x_2	PX 量，x_3	ZnO 量，x_4	断裂能，y
1	0.001	0.7	0.70	0.75	4998.37
2	0.025	0.9	0.90	0.70	4938.29
3	0.050	1.1	0.65	0.65	4369.77
4	0.075	1.3	0.85	0.60	4338.26
5	0.100	0.6	0.60	0.55	5103.30
6	0.125	0.8	0.80	0.50	4396.51
7	0.150	1.0	0.55	0.45	4631.48
8	0.175	1.2	0.75	0.40	4117.33

第四步结果分析。

【法 1】直接观察。

实验号 5 的断裂能最大，可作为“较优”的实验条件。

【法 2】回归分析。

其难点在于数学模型如何探索并最终加以选择。鉴于本例实验次数仅为 8 次，可选变量项有限，一般不超过 8－2＝6 项。为此，只能先假设拟建的数学模型为多元多次方多阶多项式，然后通过对因子的不同方次、交互的不同阶次进行比较加以选择，再做进一步优化调整与分析。

第一阶段：考量因子方次。直接利用 Excel 进行“回归”分析，具体结果见表 7-9 至表 7-11。

表 7-9 一次回归结果

回归统计

回归参量	数值
Multiple R	0.8933
R Square	0.7979
Adjusted R Square	0.5284
标准误差	249.2517
观测值	8

方差分析

变异来源	df	SS	MS	F	Significance F
回归分析	4	735865.3409	183966.3352	2.9612	0.1996
残差	3	186379.1655	62126.3885		
总计	7	922244.5064			

变量项系数及其回归相关值

变量项	Coefficients	标准误差	t Stat	P-value	Lower 95%	Upper 95%
Intercept	60856.6906	132128.9396	0.4606	0.6764	−359636.5650	481349.9461
x_1	−148645.0000	352495.0738	−0.4217	0.7016	−1270441.6451	973151.6451
x_2	−1031.0653	448.7043	−2.2979	0.1052	−2459.0425	396.9120
x_3	−441.1528	897.4085	−0.4916	0.6567	−3297.1072	2414.8017
x_4	−72905.4972	175662.2282	−0.4150	0.7060	−631941.1065	486130.1120

表 7-10 二次回归结果

回归统计

回归参量	数值
Multiple R	0.8746
R Square	0.7649
Adjusted R Square	0.4514
标准误差	268.8335
观测值	8

方差分析

变异来源	df	SS	MS	F	Significance F
回归分析	4	705430.2216	176357.5554	2.4402	0.2448
残差	3	216814.2848	72271.4283		
总计	7	922244.5064			

变量项系数及其回归相关值

变量项	Coefficients	标准误差	t Stat	P-value	Lower 95%	Upper 95%
Intercept	5088.4335	1024.8096	4.9652	0.0157	1827.0321	8349.8349
x_1^2	−5991.6123	25566.7895	−0.2344	0.8298	−87356.5470	75373.3225
x_2^2	−515.2397	246.5085	−2.0901	0.1278	−1299.7398	269.2604
x_3^2	−200.5407	648.0528	−0.3095	0.7772	−2262.9341	1861.8526
x_4^2	549.4094	2038.8763	0.2695	0.8050	−5939.2048	7038.0236

表 7-11 三次回归结果

回归统计

回归参量	数值
Multiple R	0.8601
R Square	0.7397
Adjusted R Square	0.3926
标准误差	282.8836
观测值	8

方差分析

变异来源	df	SS	MS	F	Significance F
回归分析	4	682175.0486	170543.7621	2.1312	0.2802
残差	3	240069.4578	80023.1526		
总计	7	922244.5064			

变量项系数及其回归相关值

变量项	Coefficients	标准误差	t Stat	P-value	Lower 95%	Upper 95%
Intercept	4931.8201	516.4310	9.5498	0.0024	3288.3062	6575.3341
x_1^3	−37924.9859	98210.3123	−0.3862	0.7251	−350474.0315	274624.0596
x_2^3	−333.4766	173.6359	−1.9206	0.1506	−886.0634	219.1102
x_3^3	−140.3550	611.1319	−0.2297	0.8331	−2085.2496	1804.5396
x_4^3	616.7807	1535.7416	0.4016	0.7149	−4270.6345	5504.1959

上述结果表明：鉴于随着方次的增加，所得 Significance F 值反而不断增大，因此再增加方次已没有意义。而且方次越高，所建回归方程越复杂。

第二阶段：考量交互阶次。

(1) 假定为一阶交互

Ⅰ.列数据重建表

见表 7-12。

表 7-12　一阶交互数据表

实验号(i)	x_1x_2	x_1x_3	x_1x_4	x_2x_3	x_2x_4	x_3x_4	断裂能,y
1	0.0007	0.0007	0.0008	0.4900	0.5250	0.5250	4998.37
2	0.0225	0.0225	0.0175	0.8100	0.6300	0.6300	4938.29
3	0.0550	0.0325	0.0325	0.7150	0.7150	0.4225	4369.77
4	0.0975	0.0638	0.0450	1.1050	0.7800	0.5100	4338.26
5	0.0600	0.0600	0.0550	0.3600	0.3300	0.3300	5103.30
6	0.1000	0.1000	0.0625	0.6400	0.4000	0.4000	4396.51
7	0.1500	0.0825	0.0675	0.5500	0.4500	0.2475	4631.48
8	0.2100	0.1313	0.0700	0.9000	0.4800	0.3000	4117.33

Ⅱ.进行回归分析

结果见表 7-13。

表 7-13　一阶回归结果

回归统计

回归参量	数值
Multiple R	0.9983
R Square	0.9967
Adjusted R Square	0.9769
标准误差	55.1757
观测值	8

方差分析

变异来源	df	SS	MS	F	Significance F
回归分析	6	919200.1448	153200.0241	50.3225	0.1075
残差	1	3044.3616	3044.3616		
总计	7	922244.5064			

变量项系数及其回归相关值

变量项	Coefficients	标准误差	t Stat	P-value	Lower 95%	Upper 95%
Intercept	7033.7554	707.5915	9.9404	0.0638	−1957.0473	16024.5580
x_1x_2	393.9254	2228.2851	0.1768	0.8886	−27919.1215	28706.9723
x_1x_3	−29457.7576	3692.7178	−7.9773	0.0794	−76378.1864	17462.6713
x_1x_4	16388.7062	3642.8700	4.4988	0.1392	−29898.3461	62675.7586
x_2x_3	2974.4519	931.8554	3.1920	0.1933	−8865.8938	14814.7976
x_2x_4	−5535.3737	952.5583	−5.8111	0.1085	−17638.7742	6568.0268
x_3x_4	−1064.1296	1318.8739	−0.8068	0.5678	−17822.0110	15693.7518

（2）假定为二阶交互

Ⅰ.列数据重建表

见表 7-14。

表 7-14 二阶数据表

实验号(i)	$x_1x_2x_3$	$x_1x_2x_4$	$x_1x_3x_4$	$x_2x_3x_4$	断裂能,y
1	0.0005	0.0005	0.0005	0.3675	4998.37
2	0.0203	0.0158	0.0158	0.5670	4938.29
3	0.0358	0.0358	0.0211	0.4648	4369.77
4	0.0829	0.0585	0.0383	0.6630	4338.26
5	0.0360	0.0330	0.0330	0.1980	5103.30
6	0.0800	0.0500	0.0500	0.3200	4396.51
7	0.0825	0.0675	0.0371	0.2475	4631.48
8	0.1575	0.0840	0.0525	0.3600	4117.33

Ⅱ.进行回归分析

结果见表 7-15。

表 7-15 二阶回归结果

回归统计

回归参量	数值
Multiple R	0.8715
R Square	0.7596
Adjusted R Square	0.4390
标准误差	271.8559
观测值	8

方差分析

变异来源	df	SS	MS	F	Significance F
回归分析	4	700527.6311	175131.9078	2.3697	0.2522
残差	3	221716.8753	73905.6251		
总计	7	922244.5064			

变量项系数及其回归相关值

变量项	Coefficients	标准误差	t Stat	P-value	Lower 95%	Upper 95%
Intercept	5351.0729	399.1727	13.4054	0.0009	4080.7273	6621.4186
$x_1x_2x_3$	−3779.8762	7044.5611	−0.5366	0.6288	−26198.8136	18639.0611
$x_1x_2x_4$	−4503.2315	13457.5040	−0.3346	0.7599	−47331.0154	38324.5523
$x_1x_3x_4$	385.5949	13947.4204	0.0276	0.9797	−44001.3216	44772.5115
$x_2x_3x_4$	−810.8733	682.3397	−1.1884	0.3202	−2982.3827	1360.6362

第三阶段：假定数学模型，重建数据表，进行回归分析，并作出判断。

在进行数学模型假定之前，首先考虑如下几点：

① 根据实验次数，确定最大变量项数目（应少于实验次数 2 个，以便进行方差分析）。针对本文，共有 8 次实验，故最大变量项数目仅为 8－2＝6 项。

② 根据 Excel 自带“回归”工具的限项（不能超过 16 项）。

针对本文，初步选定变量项为 6 项。

③ 根据前面所得因子方次及其交互阶次综合评判。

综合考量方差分析中的 Significance F 及变量项系数及其回归相关值中的 P-value，由小至大依次选取变量项，而且应该尽可能涵盖所有因子。一般以因子低次、交互低阶为主，通常不超过 3 次、二阶，否则所拟建方程过于复杂。

针对本例，具体选定的 6 个变量项为 x_1，x_2，x_3，x_4，x_1x_3，$x_2x_3x_4$。

(1) 重建数据表

见表 7-16。

表 7-16 数据重建表

实验号(i)	x_1	x_2	x_3	x_4	x_1x_3	$x_2x_3x_4$	断裂能,y
1	0.001	0.7	0.70	0.75	0.0007	0.3675	4998.37
2	0.025	0.9	0.90	0.70	0.0225	0.5670	4938.29
3	0.050	1.1	0.65	0.65	0.0325	0.4648	4369.77
4	0.075	1.3	0.85	0.60	0.0638	0.6630	4338.26
5	0.100	0.6	0.60	0.55	0.0600	0.1980	5103.30
6	0.125	0.8	0.80	0.50	0.1000	0.3200	4396.51
7	0.150	1.0	0.55	0.45	0.0825	0.2475	4631.48
8	0.175	1.2	0.75	0.40	0.1313	0.3600	4117.33

(2) 回归分析

见表 7-17。

表 7-17 回归结果表

回归统计

回归参量	数值
Multiple R	0.9749
R Square	0.9505
Adjusted R Square	0.6536
标准误差	213.6432
观测值	8

方差分析

变异来源	df	SS	MS	F	Significance F
回归分析	6	876601.1036	146100.1839	3.2009	0.4036
残差	1	45643.4028	45643.4028		
总计	7	922244.5064			

变量项系数及其回归相关值

变量项	Coefficients	标准误差	t Stat	P-value	Lower 95%	Upper 95%
Intercept	−75956.9688	155970.0615	−0.4870	0.7115	−2057744.5034	1905830.5658
x_1	234205.0848	422988.4462	0.5537	0.6781	−5140372.7133	5608782.8829
x_2	−2130.9299	1854.2352	−1.1492	0.4559	−25691.2218	21429.3620
x_3	63.7433	3126.7781	0.0204	0.9870	−39665.7392	39793.2258
x_4	108166.0200	208246.0381	0.5194	0.6950	−2537850.7761	2754182.8162
x_1x_3	−21390.2883	15452.0416	−1.3843	0.3983	−217727.0920	174946.5154
$x_2x_3x_4$	2880.6054	4525.0385	0.6366	0.6391	−54615.4605	60376.6713

第四阶段：优化调整。根据所建回归方程显著性要求，一是所得 Significance F 须小于 0.05，二是变量项至少一半以上 P-value 也应该小于 0.05，而常数项 P-value 尽可能小。为此，需对上述回归方程进行调整，采用逐级舍去变量项中 P-value 最大的那一项，再做回归分析，直至满足对回归方程显著性要求。

（1）舍去 x_3

结果见表 7-18。

表 7-18 回归结果表

回归统计

回归参量	数值
Multiple R	0.9749
R Square	0.9505
Adjusted R Square	0.8267
标准误差	151.0999
观测值	8

方差分析

变异来源	df	SS	MS	F	Significance F
回归分析	5	876582.1343	175316.4269	7.6788	0.1192
残差	2	45662.3721	22831.1861		
总计	7	922244.5064			

变量项系数及其回归相关值

变量项	Coefficients	标准误差	t Stat	P-value	Lower 95%	Upper 95%
Intercept	−77135.3227	102455.7959	−0.7529	0.5301	−517967.0325	363696.3872
x_1	237404.5097	277806.6646	0.8546	0.4828	−957901.0942	1432710.1137
x_2	−2162.5987	716.0461	−3.0202	0.0944	−5243.4964	918.2990
x_4	109782.6071	136186.7564	0.8061	0.5048	−476181.7123	695746.9264
x_1x_3	−21180.4515	8150.8850	−2.5985	0.1217	−56250.8791	13889.9760
$x_2x_3x_4$	2960.4851	1600.7749	1.8494	0.2056	−3927.0934	9848.0635

（2）舍去 x_4

结果见表 7-19。

表 7-19 回归结果表

回归统计

回归参量	数值
Multiple R	0.9666
R Square	0.9344
Adjusted R Square	0.8469
标准误差	142.0078
观测值	8

方差分析

变异来源	df	SS	MS	F	Significance F
回归分析	4	861745.8276	215436.4569	10.6830	0.0404
残差	3	60498.6788	20166.2263		
总计	7	922244.5064			

变量项系数及其回归相关值

变量项	Coefficients	标准误差	t Stat	P-value	Lower 95%	Upper 95%
Intercept	5455.8580	254.7883	21.4133	0.0002	4645.0079	6266.7081
x_1	13519.2876	6030.9977	2.2416	0.1108	−5674.0387	32712.6138
x_2	−1868.2282	578.8700	−3.2274	0.0483	−3710.4509	−26.0055
x_1x_3	−17868.0573	6615.7761	−2.7008	0.0737	−38922.4095	3186.2948
$x_2x_3x_4$	2127.0443	1148.5687	1.8519	0.1611	−1528.2139	5782.3026

(3) 舍去 $x_2x_3x_4$

结果见表 7-20。

表 7-20 回归结果表

回归统计

回归参量	数值
Multiple R	0.9270
R Square	0.8594
Adjusted R Square	0.7540
标准误差	180.0417
观测值	8

方差分析

变异来源	df	SS	MS	F	Significance F
回归分析	3	792584.4309	264194.8103	8.1504	0.0353
残差	4	129660.0755	32415.0189		
总计	7	922244.5064			

变量项系数及其回归相关值

变量项	Coefficients	标准误差	t Stat	P-value	Lower 95%	Upper 95%
Intercept	5683.8012	282.8340	20.0959	3.6190×10^{-5}	4898.5281	6469.0744
x_1	4168.7960	4181.8032	0.9969	0.3752	−7441.7512	15779.3432
x_2	−895.8424	308.9700	−2.8994	0.0441	−1753.6806	−38.0043
x_1x_3	−9511.4019	6133.7579	−1.5507	0.1959	−26541.4441	7518.6403

与表 7-19 相比，表 7-20 所得结果中 Significance F 虽有所降低，但变量项 P-value 反而增加，而且失去了 x_2 这个因子，因此，应以表 7-19 所建回归方程为优选方程。最终，所建数学模型可写成 $\hat{y}=5455.8580+13519.2876x_1-1868.2282x_2-17868.0573x_1x_3+2127.0443x_2x_3x_4$。

第五阶段：优化分析。利用 Excel 自带“规划求解”进行优化分析，结果见表 7-21。

表 7-21 规划求解结果

因子与指标	最优取值
GO 量，$x_1=$	0.1750
S 量，$x_2=$	0.6000
PX 量，$x_3=$	0.5500
ZnO 量，$x_4=$	0.7500
断裂能，$\hat{y}=$	5507.4394(最大值)

结果表明：在 GO 量为 0.1750，S 量为 0.6000，PX 量为 0.5500，ZnO 量为 0.7500 的条件下，所得“断裂能”预测值最大可达到 5507.4394。当然，需通过验证实验才能最终加以确认。

【例 7-15】橡胶材料性能除取决于橡胶本身及其助剂之外，常受到加工工艺的影响。为进一步了解加工工艺对橡胶材料性能的影响，考察硫化温度、硫化压力与硫化时间对橡胶材料定伸应力的影响，采用完全随机实验设计，每个因子均选取 3 种水平，重复实验 2 次。具体实验方案设计及其测试结果见表 7-22。试利用 Excel 自带“回归”工具构建数学模型。

表 7-22 橡胶材料硫化工艺实验方案设计及其结果（胶膜定伸应力）

硫化温度 A	硫化压力 B	硫化时间 C	定伸应力(y_{ihvj})/MPa	
			1	2
125	100	12	0.61	0.47
		14	1.52	1.45
		16	1.19	1.03
	120	12	1.39	1.29
		14	1.57	1.52
		16	0.80	1.29
	140	12	0.85	1.21
		14	1.67	1.24
		16	1.66	1.46
135	100	12	1.80	1.50
		14	1.55	1.53
		16	1.72	1.69
	120	12	1.33	1.51
		14	1.54	1.64
		16	1.46	1.03
	140	12	1.12	0.96
		14	1.76	1.27
		16	1.62	1.27
145	100	12	1.22	1.13
		14	1.38	1.08
		16	1.41	1.37
	120	12	1.64	1.71
		14	1.80	1.70
		16	1.75	1.64
	140	12	1.34	1.19
		14	1.46	1.39
		16	1.43	1.56

【解】第一步假定数学模型：

$$\hat{y}=C+a_1x_1+b_1x_2+c_1x_3+a_1b_1x_1x_2+b_1c_1x_2x_3+a_1c_1x_1x_3+a_2x_1^2+b_2x_2^2+c_2x_3^2+a_2b_2x_1^2x_2^2+a_2c_2x_1^2x_3^2+b_2c_2x_2^2x_3^2+a_2b_1x_1^2x_2+a_2c_1x_1^2x_3+b_2a_1x_2^2x_1+b_2c_1x_2^2x_3+c_2a_1x_3^2x_1+c_2b_1x_3^2x_2$$

第二步以 2 次重复观察值取均值计，进行数据重建，如表 7-23 所示。

表 7-23　数据重建表

实验号(i)	x_1	x_2	x_3	x_1x_2	x_2x_3	x_1x_3	x_1^2	x_2^2	x_3^2	$x_1^2x_2^2$	$x_1^2x_3^2$	$x_2^2x_3^2$	$x_1^2x_2$	$x_1^2x_3$	$x_2^2x_1$	$x_2^2x_3$	$x_3^2x_1$	$x_3^2x_2$	y
1	125	100	12	12500	1200	1500	15625	10000	144	156250000	2250000	1440000	1562500	187500	1250000	120000	18000	14400	0.540
2	125	100	14	12500	1400	1750	15625	10000	196	156250000	3062500	1960000	1562500	218750	1250000	140000	24500	19600	1.485
3	125	100	16	12500	1600	2000	15625	10000	256	156250000	4000000	2560000	1562500	250000	1250000	160000	32000	25600	1.110
4	125	120	12	15000	1440	1500	15625	14400	144	225000000	2250000	2073600	1875000	187500	1800000	172800	18000	17280	1.340
5	125	120	14	15000	1680	1750	15625	14400	196	225000000	3062500	2822400	1875000	218750	1800000	201600	24500	23520	1.545
6	125	120	16	15000	1920	2000	15625	14400	256	225000000	4000000	3686400	1875000	250000	1800000	230400	32000	30720	1.045
7	125	140	12	17500	1680	1500	15625	19600	144	306250000	2250000	2822400	2187500	187500	2450000	235200	18000	20160	1.030
8	125	140	14	17500	1960	1750	15625	19600	196	306250000	3062500	3841600	2187500	218750	2450000	274400	24500	27440	1.455
9	125	140	16	17500	2240	2000	15625	19600	256	306250000	4000000	5017600	2187500	250000	2450000	313600	32000	35840	1.560
10	135	100	12	13500	1200	1620	18225	10000	144	182250000	2624400	1440000	1822500	218700	1350000	120000	19440	14400	1.650
11	135	100	14	13500	1400	1890	18225	10000	196	182250000	3572100	1960000	1822500	255150	1350000	140000	26460	19600	1.540
12	135	100	16	13500	1600	2160	18225	10000	256	182250000	4665600	2560000	1822500	291600	1350000	160000	34560	25600	1.705
13	135	120	12	16200	1440	1620	18225	14400	144	262440000	2624400	2073600	2187000	218700	1944000	172800	19440	17280	1.420
14	135	120	14	16200	1680	1890	18225	14400	196	262440000	3572100	2822400	2187000	255150	1944000	201600	26460	23520	1.590
15	135	120	16	16200	1920	2160	18225	14400	256	262440000	4665600	3686400	2187000	291600	1944000	230400	34560	30720	1.245
16	135	140	12	18900	1680	1620	18225	19600	144	357210000	2624400	2822400	2551500	218700	2646000	235200	19440	20160	1.040
17	135	140	14	18900	1960	1890	18225	19600	196	357210000	3572100	3841600	2551500	255150	2646000	274400	26460	27440	1.515
18	135	140	16	18900	2240	2160	18225	19600	256	357210000	4665600	5017600	2551500	291600	2646000	313600	34560	35840	1.445
19	145	100	12	14500	1200	1740	21025	10000	144	210250000	3027600	1440000	2102500	252300	1450000	120000	20880	14400	1.175
20	145	100	14	14500	1400	2030	21025	10000	196	210250000	4120900	1960000	2102500	294350	1450000	140000	28420	19600	1.230
21	145	100	16	14500	1600	2320	21025	10000	256	210250000	5382400	2560000	2102500	336400	1450000	160000	37120	25600	1.390
22	145	120	12	17400	1440	1740	21025	14400	144	302760000	3027600	2073600	2523000	252300	2088000	172800	20880	17280	1.675
23	145	120	14	17400	1680	2030	21025	14400	196	302760000	4120900	2822400	2523000	294350	2088000	201600	28420	23520	1.750
24	145	120	16	17400	1920	2320	21025	14400	256	302760000	5382400	3686400	2523000	336400	2088000	230400	37120	30720	1.695
25	145	140	12	20300	1680	1740	21025	19600	144	412090000	3027600	2822400	2943500	252300	2842000	235200	20880	20160	1.265
26	145	140	14	20300	1960	2030	21025	19600	196	412090000	4120900	3841600	2943500	294350	2842000	274400	28420	27440	1.425
27	145	140	16	20300	2240	2320	21025	19600	256	412090000	5382400	5017600	2943500	336400	2842000	313600	37120	35840	1.495

第三步进行回归分析。鉴于变量项达到 18 项，超过 16 项的上限，无法直接采用 Excel 自带的“回归”工具进行回归。为此，需至少删除其中两项。可以先不考虑后 6 项，即假设的数学模型为：

$$\hat{y}=C+a_1x_1+b_1x_2+c_1x_3+a_1b_1x_1x_2+b_1c_1x_2x_3+a_1c_1x_1x_3+a_2x_1^2+b_2x_2^2+c_2x_3^2+a_2b_2x_1^2x_2^2+a_2c_2x_1^2x_3^2+b_2c_2x_2^2x_3^2$$

进行回归分析，结果如表 7-24 所示。

表 7-24 回归分析表

回归统计

回归参量	数值
Multiple R	0.7528
R Square	0.5667
Adjusted R Square	0.1953
标准误差	0.2433
观测值	27

方差分析

变异来源	df	SS	MS	F	Significance F
回归分析	12	1.0842	0.0903	1.5259	0.2234
残差	14	0.8289	0.0592		
总计	26	1.9131			

变量项系数及其回归相关值

变量项	Coefficients	标准误差	t Stat	P-value	Lower 95%	Upper 95%
Intercept	−247.4751	139.4894	−1.7741	0.0978	−546.6501	51.6999
x_1	1.9052	1.3552	1.4058	0.1816	−1.0015	4.8118
x_2	0.5506	0.9836	0.5598	0.5844	−1.5590	2.6602
x_3	22.4639	10.7676	2.0863	0.0557	−0.6303	45.5581
x_1x_2	0.0008	0.0067	0.1253	0.9020	−0.0135	0.0152
x_2x_3	−0.0412	0.0278	−1.4859	0.1595	−0.1008	0.0183
x_1x_3	−0.1201	0.0757	−1.5868	0.1349	−0.2824	0.0422
x_1^2	−0.0040	0.0027	−1.5047	0.1546	−0.0098	0.0017
x_2^2	−0.0013	0.0021	−0.6270	0.5408	−0.0057	0.0031
x_3^2	−0.4237	0.1942	−2.1813	0.0467	−0.8402	−0.0071
$x_1^2x_2^2$	-1.6261×10^{-8}	1.0292E-07	−0.1580	0.8767	-2.3701×10^{-7}	2.0449×10^{-7}
$x_1^2x_3^2$	1.5696×10^{-5}	9.9989E-06	1.5697	0.1388	-5.7500×10^{-6}	3.7141×10^{-5}
$x_2^2x_3^2$	6.2375×10^{-6}	4.1218E-06	1.5133	0.1525	-2.6029×10^{-6}	1.5078×10^{-5}

第四步根据表 7-24 结果，按 P-value，x_1x_2 及 $x_1^2x_2^2$ 最大，可以考虑将这两项删除而再补上原先未考虑的后 6 项。这样，假定的数学模型可以描述为：

$$\hat{y}=C+a_1x_1+b_1x_2+c_1x_3+b_1c_1x_2x_3+a_1c_1x_1x_3+a_2x_1^2+b_2x_2^2+c_2x_3^2+a_2c_2x_1^2x_3^2+b_2c_2x_2^2x_3^2+a_2b_1x_1^2x_2+a_2c_1x_1^2x_3+b_2a_1x_2^2x_1+b_2c_1x_2^2x_3+c_2a_1x_3^2x_1+c_2b_1x_3^2x_2$$

重新进行回归分析，结果如表 7-25 所示。

表 7-25 回归分析表

回归统计

回归参量	数值
Multiple R	0.8557
R Square	0.7323
Adjusted R Square	0.3040
标准误差	0.2263
观测值	27

方差分析

变异来源	df	SS	MS	F	Significance F
回归分析	16	1.4009	0.0876	1.7096	0.1963
残差	10	0.5121	0.0512		
总计	26	1.9131			

变量项系数及其回归相关值

变量项	Coefficients	标准误差	t Stat	P-value	Lower 95%	Upper 95%
Intercept	−831.6449	1760.4195	−0.4724	0.6468	−4754.1039	3090.8141
x_1	12.7795	25.6754	0.4977	0.6294	−44.4289	69.9879
x_2	−1.6786	5.7258	−0.2932	0.7754	−14.4365	11.0793
x_3	106.1769	254.2743	0.4176	0.6851	−460.3815	672.7354
x_2x_3	0.2102	0.8248	0.2549	0.8040	−1.6275	2.0480
x_1x_3	−1.6120	3.7081	−0.4347	0.6730	−9.8743	6.6503
x_1^2	−0.0465	0.0951	−0.4889	0.6355	−0.2584	0.1654
x_2^2	0.0105	0.0240	0.4359	0.6722	−0.0431	0.0640
x_3^2	−3.4447	9.0735	−0.3796	0.7122	−23.6617	16.7724
$x_1^2x_3^2$	−0.0002	0.0005	−0.3784	0.7130	−0.0013	0.0009
$x_2^2x_3^2$	4.1927×10^{-5}	0.0001	0.3423	0.7392	−0.0002	0.0003
$x_1^2x_2$	4.5032×10^{-5}	2.3000×10^{-5}	1.9579	0.0787	-6.2154×10^{-6}	0.0001
$x_1^2x_3$	0.0055	0.0137	0.3993	0.6980	−0.0251	0.0361
$x_2^2x_1$	−0.0001	2.5851×10^{-5}	−1.9930	0.0743	−0.0001	6.0792×10^{-6}
$x_2^2x_3$	−0.0009	0.0034	−0.2538	0.8048	−0.0085	0.0068
$x_3^2x_1$	0.0547	0.1323	0.4135	0.6880	−0.2401	0.3495
$x_3^2x_2$	−0.0101	0.0294	−0.3424	0.7391	−0.0757	0.0555

第五步优化调整。由于 Significance F=0.1963>0.05，根据表 7-25 的结果，x_2x_3 及 $x_2^2x_3$ 的 P-value 值最大，可以考虑继续删除。为此，其数学模型可描述为：

$$\hat{y}=C+a_1x_1+b_1x_2+c_1x_3+a_1c_1x_1x_3+a_2x_1^2+b_2x_2^2+c_2x_3^2+a_2c_2x_1^2x_3^2+b_2c_2x_2^2x_3^2+a_2b_1x_1^2x_2+a_2c_1x_1^2x_3+b_2a_1x_2^2x_1+c_2a_1x_3^2x_1+c_2b_1x_3^2x_2$$

重新进行回归分析，结果如表 7-26 所示。

表 7-26 回归分析表

回归统计

回归参量	数值
Multiple R	0.8547
R Square	0.7305
Adjusted R Square	0.4162
标准误差	0.2073
观测值	27

方差分析

变异来源	df	SS	MS	F	Significance F
回归分析	14	1.3976	0.0998	2.3239	0.0754
残差	12	0.5155	0.0430		
总计	26	1.9131			

变量项系数及其回归相关值

变量项	Coefficients	标准误差	t Stat	P-value	Lower 95%	Upper 95%
Intercept	−917.7514	1582.4188	−0.5800	0.5727	−4365.5457	2530.0428
x_1	12.7795	23.5147	0.5435	0.5968	−38.4546	64.0135
x_2	−0.2244	0.4469	−0.5021	0.6247	−1.1981	0.7493
x_3	118.6258	228.5558	0.5190	0.6132	−379.3544	616.6060
x_1x_3	−1.6120	3.3961	−0.4747	0.6435	−9.0114	5.7874
x_1^2	−0.0465	0.0871	−0.5338	0.6032	−0.2363	0.1433
x_2^2	0.0044	0.0033	1.3333	0.2072	−0.0028	0.0117
x_3^2	−3.8885	8.1560	−0.4768	0.6421	−21.6590	13.8820
$x_1^2x_3^2$	−0.0002	0.0004	−0.4132	0.6867	−0.0012	0.0008
$x_2^2x_3^2$	1.0860×10^{-5}	4.6224×10^{-6}	2.3494	0.0367	7.8872×10^{-7}	2.0932×10^{-5}
$x_1^2x_2$	4.5032×10^{-5}	2.1064×10^{-5}	2.1378	0.0538	-8.6358×10^{-7}	0.0001
$x_1^2x_3$	0.0055	0.0126	0.4360	0.6705	−0.0219	0.0329
$x_2^2x_1$	−0.0001	2.3676×10^{-5}	−2.1761	0.0502	−0.0001	6.3953×10^{-8}
$x_3^2x_1$	0.0547	0.1212	0.4514	0.6597	−0.2093	0.3187
$x_3^2x_2$	−0.0026	0.0011	−2.3250	0.0384	−0.0050	−0.0002

由于 Significance F=0.0754>0.05，根据表 7-26 的结果，按 P-value，$x_1^2x_3^2$ 最大，可以考虑继续删除。为此，其数学模型可描述为：

$$\hat{y}=C+a_1x_1+b_1x_2+c_1x_3+a_1c_1x_1x_3+a_2x_1^2+b_2x_2^2+c_2x_3^2+b_2c_2x_2^2x_3^2+a_2b_1x_1^2x_2+a_2c_1x_1^2x_3+b_2a_1x_2^2x_1+c_2a_1x_3^2x_1+c_2b_1x_3^2x_2$$

重新进行回归分析，结果如表 7-27 所示。

表 7-27 回归分析表

回归统计

回归参量	数值
Multiple R	0.8525
R Square	0.7267
Adjusted R Square	0.4534
标准误差	0.2005
观测值	27

方差分析

变异来源	df	SS	MS	F	Significance F
回归分析	13	1.3903	0.1069	2.6592	0.0448
残差	13	0.5228	0.0402		
总计	26	1.9131			

变量项系数及其回归相关值

变量项	Coefficients	标准误差	t Stat	P-value	Lower 95%	Upper 95%
Intercept	−266.8256	144.7949	−1.8428	0.0883	−579.6359	45.9846
x_1	3.1007	1.9974	1.5523	0.1446	−1.2145	7.4159
x_2	−0.2244	0.4324	−0.5189	0.6125	−1.1586	0.7098
x_3	24.3538	13.1585	1.8508	0.0870	−4.0734	52.7811
x_1x_3	−0.2102	0.1525	−1.3786	0.1913	−0.5397	0.1192
x_1^2	−0.0106	0.0075	−1.4240	0.1780	−0.0268	0.0055
x_2^2	0.0044	0.0032	1.3780	0.1915	−0.0025	0.0114
x_3^2	−0.5217	0.3449	−1.5124	0.1544	−1.2668	0.2235
$x_2^2x_3^2$	1.0860×10^{-5}	4.4726×10^{-6}	2.4282	0.0304	1.1977×10^{-6}	2.0523×10^{-5}
$x_1^2x_2$	4.5032×10^{-5}	2.0382×10^{-5}	2.2094	0.0457	1.0003×10^{-6}	0.0001
$x_1^2x_3$	0.0003	0.0005	0.5818	0.5707	−0.0008	0.0014
$x_2^2x_1$	−0.0001	2.2908×10^{-5}	−2.2490	0.0425	−0.0001	-2.0310×10^{-6}
$x_3^2x_1$	0.0046	0.0025	1.8533	0.0867	−0.0008	0.0101
$x_3^2x_2$	−0.0026	0.0011	−2.4029	0.0319	−0.0049	−0.0003

尽管 Significance F=0.0448<0.05，但变量项 P-value 并没有至少一半以上小于 0.05。为此，仍然需要做进一步优化调整。因此，继续删除 P-value 值最大的 x_2 这一项。重新进行回归分析，结果如表 7-28 所示。

表 7-28 回归分析表

回归统计

回归参量	数值
Multiple R	0.8491
R Square	0.7211
Adjusted R Square	0.4820
标准误差	0.1952
观测值	27

方差分析

变异来源	df	SS	MS	F	Significance F
回归分析	12	1.3794	0.1150	3.0157	0.0261
残差	14	0.5336	0.0381		
总计	26	1.9131			

变量项系数及其回归相关值

变量项	Coefficients	标准误差	t Stat	P-value	Lower 95%	Upper 95%
Intercept	−269.9765	140.8415	−1.9169	0.0759	−572.0516	32.0986
x_1	2.9506	1.9241	1.5335	0.1474	−1.1762	7.0774
x_3	24.3538	12.8105	1.9011	0.0781	−3.1220	51.8296
x_1x_3	−0.2102	0.1485	−1.4161	0.1786	−0.5287	0.1082
x_1^2	−0.0096	0.0070	−1.3679	0.1929	−0.0245	0.0054
x_2^2	0.0028	0.0008	3.6344	0.0027	0.0012	0.0045
x_3^2	−0.5054	0.3344	−1.5113	0.1530	−1.2227	0.2119
$x_2^2x_3^2$	1.2005×10^{-5}	3.7880×10^{-6}	3.1692	0.0068	3.8803×10^{-6}	2.0129×10^{-5}
$x_1^2x_2$	3.5913×10^{-5}	1.0053×10^{-5}	3.5723	0.0031	1.4351×10^{-5}	0.0001
$x_1^2x_3$	0.0003	0.0005	0.5976	0.5597	−0.0008	0.0013
$x_2^2x_1$	-4.1286×10^{-5}	1.1345×10^{-5}	−3.6392	0.0027	−0.0001	-1.6954×10^{-5}
$x_3^2x_1$	0.0046	0.0024	1.9037	0.0777	−0.0006	0.0099
$x_3^2x_2$	−0.0029	0.0009	−3.1409	0.0072	−0.0048	−0.0009

尽管 Significance F=0.0261<0.05，同样，变量项 P-value 尚未能满足至少一半以上小于 0.05。为此，仍然需要做进一步优化调整。因此，继续删除 P-value 值最大的 $x_1^2x_3$ 这一项。重新进行回归分析，结果如表 7-29 所示。

表 7-29 回归分析表

回归统计

回归参量	数值
Multiple R	0.8449
R Square	0.7139
Adjusted R Square	0.5042
标准误差	0.1910
观测值	27

方差分析

变异来源	df	SS	MS	F	Significance F
回归分析	11	1.3658	0.1242	3.4033	0.0150
残差	15	0.5473	0.0365		
总计	26	1.9131			

变量项系数及其回归相关值

变量项	Coefficients	标准误差	t Stat	P-value	Lower 95%	Upper 95%
Intercept	−195.8300	65.1901	−3.0040	0.0089	−334.7794	−56.8805
x_1	1.8481	0.5342	3.4593	0.0035	0.7094	2.9868
x_3	19.0576	9.0493	2.1060	0.0525	−0.2305	38.3458
x_1x_3	−0.1315	0.0669	−1.9653	0.0682	−0.2741	0.0111
x_1^2	−0.0055	0.0014	−3.8673	0.0015	−0.0085	−0.0025
x_2^2	0.0028	0.0008	3.7149	0.0021	0.0012	0.0044
x_3^2	−0.5054	0.3272	−1.5448	0.1432	−1.2028	0.1920
$x_2^2x_3^2$	1.2005×10^{-5}	3.7059×10^{-6}	3.2394	0.0055	4.1058×10^{-6}	1.9904×10^{-5}
$x_1^2x_2$	3.5913×10^{-5}	9.8355×10^{-6}	3.6514	0.0024	1.4949×10^{-5}	0.0001
$x_2^2x_1$	-4.1286×10^{-5}	1.1099×10^{-5}	−3.7198	0.0021	−0.0001	-1.7629×10^{-5}
$x_3^2x_1$	0.0046	0.0024	1.9458	0.0707	−0.0004	0.0097
$x_3^2x_2$	−0.0029	0.0009	−3.2104	0.0058	−0.0048	−0.0010

结果表明：无论 Significance F 要求小于 0.05，还是变量项 P-value 要求至少一半以上小于 0.05，均已满足理想回归方程的成立条件。因此，最终所构建的回归方程为：

$$\hat{y}=-195.8300+1.8481x_1+19.0576x_3-0.1315x_1x_3-0.0055x_1^2+0.0028x_2^2-0.5054x_3^2+0.000012005x_2^2x_3^2+0.000035913x_1^2x_2-0.000041286x_2^2x_1+0.0046x_3^2x_1-0.0029x_3^2x_2$$。

第六步优化分析。

直接利用 Excel 自带“规划求解”进行优化分析，具体结果见表 7-30。

表 7-30 规划求解结果

因子与指标	最优取值
硫化温度 x_1	145.0
硫化压力 x_2	119.6
硫化时间 x_3	12.0
定伸应力 $\hat{y}=$	1.7825(最大值)

结果表明：在硫化温度为 145.0，硫化压力为 119.6，硫化时间为 12.0 的条件下，定伸应力最大可以达到 1.7825MPa。当然，仍然需要通过验证实验才能最终加以确认。

【例 7-16】某胶乳制品配方与工艺的正交实验设计及其分析。

假定影响该制品性能的因子包括补强剂量 A（g/100g）、促进剂量 B（g/100g）、活性剂量 C（g/100g）、硫化时间 D（h）、硫化温度 E（℃）以及硫化剂量 F（g/100g），每个因子均选 3 种水平。与此同时，拟考察三个因子 B、C、F 可能存在的两两之间的交互作用。采用完全随机化设计，设置 3 次重复。着重考察 3 个性能指标，分别为拉伸强度 y_1（MPa）、永久变形 y_2（%）、撕裂强度 y_3（kN/m），采用指标隶属度加权综合评分法，其权重分别取 0.5、0.2、0.3。其中，y_1、y_3 指标值越高越好，y_2 指标值越低越好。采用 $L_{27}(3)^{13}$ 正交实验设计，其实验方案如表 7-31 所示，所得实验结果如表 7-32 所示。

表 7-31 $L_{27}(3)^{13}$ 正交实验设计方案

实验号	因子及其交互作用												空列
(*i*)	B	C	B×C	B×C	F	B×F	B×F	C×F	C×F	D	E	A	
1	0.4	0.50	1	1	1.0	1	1	1	1	2	50	0.1	1
2	0.4	0.50	1	1	1.5	2	2	2	2	3	60	0.2	2
3	0.4	0.50	1	1	2.0	3	3	3	3	4	70	0.3	3
4	0.4	0.75	2	2	1.0	1	1	2	3	3	60	0.3	3
5	0.4	0.75	2	2	1.5	2	2	3	1	4	70	0.1	1
6	0.4	0.75	2	2	2.0	3	3	1	2	2	50	0.2	2
7	0.4	1.00	3	3	1.0	1	1	3	2	4	70	0.2	2
8	0.4	1.00	3	3	1.5	2	2	1	3	2	50	0.3	3
9	0.4	1.00	3	3	2.0	3	3	2	1	3	60	0.1	1
10	0.5	0.50	2	3	1.0	2	3	1	1	3	70	0.2	3
11	0.5	0.50	2	3	1.5	3	1	2	2	4	50	0.3	1
12	0.5	0.50	2	3	2.0	1	2	3	3	2	60	0.1	2
13	0.5	0.75	3	1	1.0	2	3	2	3	4	50	0.1	2
14	0.5	0.75	3	1	1.5	3	1	3	1	2	60	0.2	3
15	0.5	0.75	3	1	2.0	1	2	1	2	3	70	0.3	1
16	0.5	1.00	1	2	1.0	2	3	3	2	2	60	0.3	1
17	0.5	1.00	1	2	1.5	3	1	1	3	3	70	0.1	2
18	0.5	1.00	1	2	2.0	1	2	2	1	4	50	0.2	3
19	0.6	0.50	3	2	1.0	3	2	1	1	4	60	0.3	2
20	0.6	0.50	3	2	1.5	1	3	2	2	2	70	0.1	3
21	0.6	0.50	3	2	2.0	2	1	3	3	3	50	0.2	1
22	0.6	0.75	1	3	1.0	3	2	2	3	2	70	0.2	1
23	0.6	0.75	1	3	1.5	1	3	3	1	3	50	0.3	2
24	0.6	0.75	1	3	2.0	2	1	1	2	4	60	0.1	3
25	0.6	1.00	2	1	1.0	3	2	3	2	3	50	0.1	3
26	0.6	1.00	2	1	1.5	1	3	1	3	4	60	0.2	1
27	0.6	1.00	2	1	2.0	2	1	2	1	1	70	0.3	2

表 7-32 $L_{27}(3)^{13}$ 正交设计实验结果

实验号	第 1 次			第 2 次			第 3 次		
(*i*)	y_1	y_2	y_3	y_1	y_2	y_3	y_1	y_2	y_3
1	15.0	0.05	25.1	15.2	0.08	25.5	15.7	0.09	25.7
2	15.6	0.21	32.2	15.4	0.27	32.6	15.7	0.23	32.9

续表

实验号 (i)	第1次			第2次			第3次		
	y_1	y_2	y_3	y_1	y_2	y_3	y_1	y_2	y_3
3	16.0	0.18	40.2	16.3	0.17	40.5	16.8	0.14	40.3
4	18.0	0.09	47.3	18.2	0.07	47.7	18.7	0.06	47.5
5	19.0	0.11	26.7	19.1	0.16	26.1	19.5	0.15	26.4
6	22.0	0.22	28.1	22.4	0.26	28.5	22.3	0.28	28.9
7	17.0	0.24	49.2	17.2	0.27	49.5	17.7	0.26	49.4
8	26.0	0.17	47.6	26.7	0.19	47.2	26.4	0.14	47.3
9	28.6	0.16	43.1	28.5	0.14	43.2	28.9	0.19	43.9
10	18.6	0.13	45.2	18.3	0.11	45.7	18.7	0.15	45.3
11	23.5	0.20	34.7	23.2	0.26	34.3	23.7	0.27	34.8
12	26.1	0.15	36.8	26.4	0.19	36.4	26.8	0.16	36.5
13	24.0	0.08	33.5	24.2	0.06	33.9	24.7	0.09	33.2
14	27.3	0.07	46.7	27.2	0.09	46.9	27.5	0.08	46.2
15	29.0	0.23	48.6	29.3	0.25	48.1	29.8	0.28	48.2
16	29.7	0.33	49.6	29.5	0.31	49.8	29.6	0.35	49.2
17	28.2	0.28	36.1	28.5	0.29	36.7	28.7	0.23	36.8
18	24.7	0.26	29.7	24.9	0.22	29.2	24.2	0.27	29.6
19	20.3	0.29	28.3	20.7	0.27	28.6	20.2	0.23	28.9
20	21.6	0.34	31.8	21.1	0.32	31.2	21.3	0.31	31.4
21	17.5	0.25	37.2	17.9	0.29	37.5	17.7	0.22	37.7
22	28.4	0.06	41.2	28.0	0.08	41.6	28.6	0.09	41.9
23	26.7	0.12	40.8	26.4	0.18	40.7	26.2	0.17	40.2
24	25.4	0.14	44.1	25.2	0.17	44.6	25.7	0.16	44.2
25	23.2	0.32	32.5	23.7	0.34	32.7	23.1	0.35	32.2
26	17.6	0.31	29.4	17.2	0.33	29.6	17.5	0.30	29.9
27	19.5	0.27	30.2	19.9	0.29	30.9	19.4	0.26	30.3

① 以综合均分为指标，采用方差分析，优化实验方案并进行指标估计；

② 构建合适的回归方程。

假设数学模型为：

$$\hat{y}=a+b_1x_1+b_{11}x_1^2+b_2x_2+b_{22}x_2^2+b_3x_3+b_{33}x_3^2+b_4x_4+b_{44}x_4^2+b_5x_5+b_{55}x_5^2+b_6x_6+b_{66}x_6^2+b_{12}x_1x_2+b_{13}x_1x_3+b_{14}x_1x_4+b_{15}x_1x_5+b_{16}x_1x_6+b_{23}x_2x_3+b_{24}x_2x_4+b_{25}x_2x_5+b_{26}x_2x_6+b_{34}x_3x_4+b_{35}x_3x_5+b_{36}x_3x_6+b_{45}x_4x_5+b_{46}x_4x_6+b_{56}x_5x_6$$

【解】第一步计算综合均分。

根据指标隶属度加权评分法，先计算隶属度，再计算综合分以及综合总分与综合均分，具体结果见表 7-33 所示。

表 7-33 综合分计算结果

试验号	隶属度									综合分			综合总分	综合均分
	第 1 次			第 2 次			第 3 次			第 1 次	第 2 次	第 3 次		
(i)	L_1	L_2	L_3	L_1	L_2	L_3	L_1	L_2	L_3	M_1	M_2	M_3	M	y
1	0.000	1.000	0.000	0.000	0.929	0.000	0.000	0.897	0.000	0.200	0.186	0.179	0.565	0.1883
2	0.041	0.448	0.290	0.014	0.250	0.292	0.000	0.414	0.304	0.197	0.145	0.174	0.516	0.1718
3	0.068	0.552	0.616	0.077	0.607	0.617	0.078	0.724	0.616	0.329	0.345	0.369	1.043	0.3477
4	0.204	0.862	0.906	0.210	0.964	0.914	0.213	1.000	0.920	0.546	0.572	0.582	1.700	0.5668
5	0.272	0.793	0.065	0.273	0.643	0.025	0.270	0.690	0.030	0.314	0.272	0.282	0.868	0.2894
6	0.476	0.414	0.122	0.503	0.286	0.123	0.468	0.241	0.135	0.358	0.346	0.323	1.026	0.3421
7	0.136	0.345	0.984	0.140	0.250	0.988	0.142	0.310	1.000	0.432	0.416	0.433	1.281	0.4271
8	0.748	0.586	0.918	0.804	0.536	0.893	0.759	0.724	0.911	0.767	0.777	0.798	2.342	0.7806
9	0.925	0.621	0.735	0.930	0.714	0.728	0.936	0.552	0.768	0.807	0.826	0.809	2.442	0.8141
10	0.245	0.724	0.820	0.217	0.821	0.831	0.213	0.690	0.827	0.513	0.522	0.492	1.528	0.5093
11	0.578	0.483	0.392	0.559	0.286	0.362	0.567	0.276	0.384	0.503	0.446	0.454	1.403	0.4676
12	0.755	0.655	0.478	0.783	0.536	0.449	0.787	0.655	0.456	0.652	0.633	0.661	1.947	0.6488
13	0.612	0.897	0.343	0.629	1.000	0.346	0.638	0.897	0.316	0.588	0.618	0.593	1.800	0.6000
14	0.837	0.931	0.882	0.839	0.893	0.881	0.837	0.931	0.865	0.869	0.862	0.864	2.596	0.8652
15	0.952	0.379	0.959	0.986	0.321	0.930	1.000	0.241	0.949	0.840	0.836	0.833	2.509	0.8364
16	1.000	0.034	1.000	1.000	0.107	1.000	0.986	0.000	0.992	0.807	0.821	0.790	2.419	0.8062
17	0.898	0.207	0.449	0.930	0.179	0.461	0.922	0.414	0.468	0.625	0.639	0.684	1.948	0.6494
18	0.660	0.276	0.188	0.678	0.429	0.152	0.603	0.276	0.165	0.441	0.471	0.406	1.318	0.4393
19	0.361	0.172	0.131	0.385	0.250	0.128	0.319	0.414	0.135	0.254	0.281	0.283	0.817	0.2725
20	0.449	0.000	0.273	0.413	0.071	0.235	0.397	0.138	0.241	0.307	0.291	0.298	0.896	0.2986
21	0.170	0.310	0.494	0.189	0.179	0.494	0.142	0.448	0.506	0.295	0.278	0.312	0.886	0.2953
22	0.912	0.966	0.657	0.895	0.929	0.663	0.915	0.897	0.684	0.846	0.832	0.842	2.520	0.8400
23	0.796	0.759	0.641	0.783	0.571	0.626	0.745	0.621	0.612	0.742	0.694	0.680	2.115	0.7052
24	0.707	0.690	0.776	0.699	0.607	0.786	0.709	0.655	0.781	0.724	0.707	0.720	2.151	0.7170
25	0.558	0.069	0.302	0.594	0.000	0.296	0.525	0.000	0.274	0.383	0.386	0.345	1.114	0.3714
26	0.177	0.103	0.176	0.140	0.036	0.169	0.128	0.172	0.177	0.162	0.128	0.151	0.441	0.1470
27	0.306	0.241	0.208	0.329	0.179	0.222	0.262	0.310	0.194	0.264	0.267	0.252	0.782	0.2607

第二步计算 K 值，并进行交互作用搭配计算，结果见表 7-34、表 7-35 所示。

表 7-34　K 值计算结果

K	B	C	B×C	B×C	F	B×F	B×F	C×F	C×F	D	E	A	空列
K_1	11.784	9.600	14.595	11.365	13.745	12.773	13.312	13.328	13.032	15.092	12.569	13.731	14.053
K_2	17.467	17.286	10.809	11.879	13.124	13.291	13.950	13.377	13.315	14.759	15.028	12.111	12.233
K_3	11.723	14.087	15.569	17.729	14.104	14.910	13.711	14.269	14.627	11.123	13.376	15.131	14.687

表 7-35　水平搭配效应

B×C			
因子	C_1	C_2	C_3
B_1	2.12	3.59	6.07
B_2	4.88	6.90	5.68
B_3	2.60	6.79	2.34

B×F			
因子	F_1	F_2	F_3
B_1	3.55	3.73	4.51
B_2	5.75	5.95	5.77
B_3	4.45	3.45	3.82

C×F			
因子	F_1	F_2	F_3
C_1	2.91	2.81	3.88
C_2	6.02	5.58	5.69
C_3	4.81	4.73	4.54

第三步进行方差分析，具体结果见表 7-36 所示。

表 7-36　方差分析表

变异来源	平方和	自由度	均方	F	$F_{0.05}$	$F_{0.01}$
A	0.169	2	0.0846	34.0425**		
B	0.806	2	0.4031	162.2778**		
C	1.104	2	0.5522	222.2938**	3.162	5.006
D	0.359	2	0.1796	72.2919**		
E	0.116	2	0.0582	23.4311**		
F	0.018	2	0.0091	3.6651*		
B×C	1.394	4	0.3485	140.3125**		
B×F	0.100	4	0.0249	10.0375**	2.537	3.674
C×F	0.074	4	0.0186	7.4926**		
空列	0.120					
重复误差	0.019					
总误差	0.139	56	0.0025			
总变异	4.281	80				

结果表明：①因子及交互作用的主次顺序依次为 C，B，B×C，D，A，E，B×F，C×F，F；②除 F 达到一般显著之外，其余因子及交互作用均达到极显著。

第四步挑选最适水平组合，确定最优方案，并进行综合均分预测。

首先，因子 C 达到极显著，依据指标值越高越好原则，选 K 值大的所对应的为最优水平，根据表 7-34 应选 C_2。但因 C 与 B、F 有交互作用，故仍需作具体分析。

其次，因子 B 达到极显著，依据指标值越高越好原则，选 K 值大的所对应的为最优水平，根据表 7-34 应选 B_2。但因 B 与 C、F 有交互作用，故仍需作具体分析。

鉴于因子 B、C、F 两两之间均存在交互作用，故 B、C、F 最优水平的选取应作具体分析，需根据搭配计算结果进行优化挑选。

根据 B×C 搭配结果，应该选 B_2C_2；根据 B×F 搭配结果，应该选 B_2F_2；根据 C×F 搭配结果，应该选 C_2F_1。

再次，A、D、E 三个因子均达到极显著，因它们彼此之间及其与 B、C、F 均无交互作用，依据指标值越高越好原则，选 K 值大的所对应的为最优水平，根据表 7-34 应选 A_3，D_1，E_2。

最终，挑选的优化组合为 $A_3B_2C_2D_1E_2F_2$ 或 $A_3B_2C_2D_1E_2F_1$。到底哪一个更好？可以通过指标估计再做选择。

先以最适水平组合 $A_3B_2C_2D_1E_2F_2$ 为例，预测综合均分，有：

$\bar{y}=0.506$；

$a_3=15.131/(9\times3)-0.506=0.055$；$b_2=17.467/(9\times3)-0.506=0.141$；

$c_2=17.286/(9\times3)-0.506=0.134$；$d_1=15.092/(9\times3)-0.506=0.053$；

$e_2=15.028/(9\times3)-0.506=0.051$；$f_2=13.124/(9\times3)-0.506=-0.020$；

$b_2c_2=6.90/9-0.506-0.141-0.134=-0.014$；$b_2f_2=5.95/9-0.506-0.141-(-0.020)=0.034$；

$c_2f_2=5.58/9-0.506-0.134-(-0.020)=-0.001$；

$\hat{y}=0.506+0.055+0.141+0.134+0.053+0.051+(-0.020)+(-0.014)+0.034+(-0.001)=0.939$。

再以最适水平组合 $A_3B_2C_2D_1E_2F_1$ 为例，预测综合均分，有：

$\bar{y}=0.506$；

$a_3=15.131/(9\times3)-0.506=0.055$；$b_2=17.467/(9\times3)-0.506=0.141$；

$c_2=17.286/(9\times3)-0.506=0.134$；$d_1=15.092/(9\times3)-0.506=0.053$；

$e_2=15.028/(9\times3)-0.506=0.051$；$f_1=13.745/(9\times3)-0.506=0.003$；

$b_2c_2=6.90/9-0.506-0.141-0.134=-0.014$；$b_2f_1=5.57/9-0.506-0.141-0.003=-0.012$；

$c_2f_1=6.02/9-0.506-0.134-0.003=0.025$；

$\hat{y}=0.506+0.055+0.141+0.134+0.053+0.051+0.003+(-0.014)+(-0.012)+0.025=0.943$。

经对综合均分估计的比较，最终选定最适水平组合应为 $A_3B_2C_2D_1E_2F_1$。也就是说，选定的优化方案为补强剂量 0.3g/100g、促进剂量 0.5g/100g、活性剂量 0.75g/100g、硫化时间 2h、硫化温度 60℃、硫化剂量 1.0g/100g，而且在这个优化条件下，综合均分估计值（最大值）可以达到 0.943。

鉴于所挑选的最适水平组合 $A_3B_2C_2D_1E_2F_1$ 并未出现在 27 个实验组合之中，故有必要进行验证实验。

第五步构建回归方程。

① 数据重建　根据假定的数学模型，对实验数据进行重建，见表 7-37 所示。

② 优选交互项　鉴于 Excel 进行回归分析时最大处理能力为 16 项，而所假定数学模型共有 27 项。为此，需考虑如何从 27 项中预先筛选出 16 项。根据本实验设计，从专业角度看，应该重点考虑因子本身对性能的影响，至于因子彼此之间是否都存在交互作用，可以预先对 15 项交互项进行回归分析，从中挑选出影响程度最大的 4 个交互项。

为此，仅仅对 15 项交互项进行回归分析，结果如表 7-38 所示。

根据各变量项 P-value，越小表明其影响程度越大。为此，可从中挑选出 4 项 P-value 小的交互项，即 x_4x_5，x_4x_6，x_3x_5，x_2x_3。

表 7-37　数据重建表

实验号(i)	x_1	x_2	x_3	x_4	x_5	x_6	x_1^2	x_2^2	x_3^2	x_4^2	x_5^2	x_6^2	x_1x_2	x_1x_3	y
1	0.1	0.4	0.50	2	50	1.0	0.01	0.16	0.2500	4	2500	1	0.04	0.050	0.1883
2	0.2	0.4	0.50	3	60	1.5	0.04	0.16	0.2500	9	3600	2.25	0.08	0.100	0.1718
3	0.3	0.4	0.50	4	70	2.0	0.09	0.16	0.2500	16	4900	4	0.12	0.150	0.3477
4	0.3	0.4	0.75	3	60	1.0	0.09	0.16	0.5625	9	3600	1	0.12	0.225	0.5668
5	0.1	0.4	0.75	4	70	1.5	0.01	0.16	0.5625	16	4900	2.25	0.04	0.075	0.2894
6	0.2	0.4	0.75	2	50	2.0	0.04	0.16	0.5625	4	2500	4	0.08	0.150	0.3421
7	0.2	0.4	1.00	4	70	1.0	0.04	0.16	1.0000	16	4900	1	0.08	0.200	0.4271
8	0.3	0.4	1.00	2	50	1.5	0.09	0.16	1.0000	4	2500	2.25	0.12	0.300	0.7806
9	0.1	0.4	1.00	3	60	2.0	0.01	0.16	1.0000	9	3600	4	0.04	0.100	0.8141
10	0.2	0.5	0.50	3	70	1.0	0.04	0.25	0.2500	9	4900	1	0.10	0.100	0.5093
11	0.3	0.5	0.50	4	50	1.5	0.09	0.25	0.2500	16	2500	2.25	0.15	0.150	0.4676
12	0.1	0.5	0.50	2	60	2.0	0.01	0.25	0.2500	4	3600	4	0.05	0.050	0.6488
13	0.1	0.5	0.75	4	50	1.0	0.01	0.25	0.5625	16	2500	1	0.05	0.075	0.6000
14	0.2	0.5	0.75	2	60	1.5	0.04	0.25	0.5625	4	3600	2.25	0.10	0.150	0.8652
15	0.3	0.5	0.75	3	70	2.0	0.09	0.25	0.5625	9	4900	4	0.15	0.225	0.8364
16	0.3	0.5	1.00	2	60	1.0	0.09	0.25	1.0000	4	3600	1	0.15	0.300	0.8062
17	0.1	0.5	1.00	3	70	1.5	0.01	0.25	1.0000	9	4900	2.25	0.05	0.100	0.6494
18	0.2	0.5	1.00	4	50	2.0	0.04	0.25	1.0000	16	2500	4	0.10	0.200	0.4393
19	0.3	0.6	0.50	4	60	1.0	0.09	0.36	0.2500	16	3600	1	0.18	0.150	0.2725
20	0.1	0.6	0.50	2	70	1.5	0.01	0.36	0.2500	4	4900	2.25	0.06	0.050	0.2986
21	0.2	0.6	0.50	3	50	2.0	0.04	0.36	0.2500	9	2500	4	0.12	0.100	0.2953
22	0.2	0.6	0.75	2	70	1.0	0.04	0.36	0.5625	4	4900	1	0.12	0.150	0.8400
23	0.3	0.6	0.75	3	50	1.5	0.09	0.36	0.5625	9	2500	2.25	0.18	0.225	0.7052
24	0.1	0.6	0.75	4	60	2.0	0.01	0.36	0.5625	16	3600	4	0.06	0.075	0.7170
25	0.1	0.6	1.00	3	50	1.0	0.01	0.36	1.0000	9	2500	1	0.06	0.100	0.3714
26	0.2	0.6	1.00	4	60	1.5	0.04	0.36	1.0000	16	3600	2.25	0.12	0.200	0.1470
27	0.3	0.6	1.00	2	70	2.0	0.09	0.36	1.0000	4	4900	4	0.18	0.300	0.2607

续表

实验号(i)	x_1x_4	x_1x_5	x_1x_6	x_2x_3	x_2x_4	x_2x_5	x_2x_6	x_3x_4	x_3x_5	x_3x_6	x_4x_5	x_4x_6	x_5x_6	y
1	0.2	5	0.10	0.200	0.8	20	0.40	1.00	25.0	0.500	100	2	50	0.1883
2	0.6	12	0.30	0.200	1.2	24	0.60	1.50	30.0	0.750	180	4.5	90	0.1718
3	1.2	21	0.60	0.200	1.6	28	0.80	2.00	35.0	1.000	280	8	140	0.3477
4	0.9	18	0.30	0.300	1.2	24	0.40	2.25	45.0	0.750	180	3	60	0.5668
5	0.4	7	0.15	0.300	1.6	28	0.60	3.00	52.5	1.125	280	6	105	0.2894
6	0.4	10	0.40	0.300	0.8	20	0.80	1.50	37.5	1.500	100	4	100	0.3421
7	0.8	14	0.20	0.400	1.6	28	0.40	4.00	70.0	1.000	280	4	70	0.4271
8	0.6	15	0.45	0.400	0.8	20	0.60	2.00	50.0	1.500	100	3	75	0.7806
9	0.3	6	0.20	0.400	1.2	24	0.80	3.00	60.0	2.000	180	6	120	0.8141
10	0.6	14	0.20	0.250	1.5	35	0.50	1.50	35.0	0.500	210	3	70	0.5093
11	1.2	15	0.45	0.250	2.0	25	0.75	2.00	25.0	0.750	200	6	75	0.4676
12	0.2	6	0.20	0.250	1.0	30	1.00	1.00	30.0	1.000	120	4	120	0.6488
13	0.4	5	0.10	0.375	2.0	25	0.50	3.00	37.5	0.750	200	4	50	0.6000
14	0.4	12	0.30	0.375	1.0	30	0.75	1.50	45.0	1.125	120	3	90	0.8652
15	0.9	21	0.60	0.375	1.5	35	1.00	2.25	52.5	1.500	210	6	140	0.8364
16	0.6	18	0.30	0.500	1.0	30	0.50	2.00	60.0	1.000	120	2	60	0.8062
17	0.3	7	0.15	0.500	1.5	35	0.75	3.00	70.0	1.500	210	4.5	105	0.6494
18	0.8	10	0.40	0.500	2.0	25	1.00	4.00	50.0	2.000	200	8	100	0.4393
19	1.2	18	0.30	0.300	2.4	36	0.60	2.00	30.0	0.500	240	4	60	0.2725
20	0.2	7	0.15	0.300	1.2	42	0.90	1.00	35.0	0.750	140	3	105	0.2986
21	0.6	10	0.40	0.300	1.8	30	1.20	1.50	25.0	1.000	150	6	100	0.2953
22	0.4	14	0.20	0.450	1.2	42	0.60	1.50	52.5	0.750	140	2	70	0.8400
23	0.9	15	0.45	0.450	1.8	30	0.90	2.25	37.5	1.125	150	4.5	75	0.7052
24	0.4	6	0.20	0.450	2.4	36	1.20	3.00	45.0	1.500	240	8	120	0.7170
25	0.3	5	0.10	0.600	1.8	30	0.60	3.00	50.0	1.000	150	3	50	0.3714
26	0.8	12	0.30	0.600	2.4	36	0.90	4.00	60.0	1.500	240	6	90	0.1470
27	0.6	21	0.60	0.600	1.2	42	1.20	2.00	70.0	2.000	140	4	140	0.2607

表 7-38 回归分析表

回归统计

回归参量	数值
Multiple R	0.6544
R Square	0.4282
Adjusted R Square	−0.3515
标准误差	0.2717
观测值	27

方差分析

变异来源	df	SS	MS	F	Significance F
回归分析	15	0.6083	0.0406	0.5492	0.8609
残差	11	0.8123	0.0738		
总计	26	1.4206			

变量项系数及其回归相关值

变量项	Coefficients	标准误差	t Stat	P-value	Lower 95%	Upper 95%
Intercept	0.5233	0.3449	1.5170	0.1575	−0.2359	1.2825
x_1x_2	4.4508	8.3562	0.5326	0.6049	−13.9412	22.8428
x_1x_3	0.2670	3.8790	0.0688	0.9464	−8.2707	8.8047
x_1x_4	−1.0152	1.1342	−0.8951	0.3899	−3.5114	1.4811
x_1x_5	0.0433	0.0806	0.5368	0.6021	−0.1341	0.2207
x_1x_6	−0.9583	2.0047	−0.4780	0.6420	−5.3706	3.4541
x_2x_3	−3.9197	2.9349	−1.3356	0.2087	−10.3793	2.5399
x_2x_4	1.2275	0.9345	1.3135	0.2157	−0.8293	3.2843
x_2x_5	0.0031	0.0330	0.0947	0.9262	−0.0696	0.0758
x_2x_6	−1.8516	1.5270	−1.2126	0.2507	−5.2125	1.5094
x_3x_4	0.2704	0.4966	0.5445	0.5970	−0.8226	1.3633
x_3x_5	0.0375	0.0277	1.3553	0.2025	−0.0234	0.0984
x_3x_6	−0.7037	0.6920	−1.0168	0.3311	−2.2268	0.8195
x_4x_5	−0.0177	0.0095	−1.8617	0.0896	−0.0386	0.0032
x_4x_6	0.2545	0.1592	1.5986	0.1382	−0.0959	0.6049
x_5x_6	0.0148	0.0159	0.9320	0.3713	−0.0202	0.0499

③ 重新拟定数学模型　根据所挑选的 4 项交互项，与 12 项因子项（含一次、二次）共同组成新的假定数学模型。重新进行回归分析。结果如表 7-39 所示。

表 7-39　回归分析表

回归统计

回归参量	数值
Multiple R	0.8958
R Square	0.8025
Adjusted R Square	0.4866
标准误差	0.1675
观测值	27

方差分析

变异来源	df	SS	MS	F	Significance F
回归分析	16	1.1401	0.0713	2.5399	0.0693
残差	10	0.2805	0.0281		
总计	26	1.4206			

变量项系数及其回归相关值

变量项	Coefficients	标准误差	t Stat	P-value	Lower 95%	Upper 95%
Intercept	−10.6121	3.3713	−3.1477	0.0104	−18.1238	−3.1003
x_1	−3.1774	2.7635	−1.1498	0.2770	−9.3348	2.9801
x_2	26.2433	7.9568	3.2982	0.0080	8.5143	43.9722
x_3	8.3249	2.2366	3.7221	0.0040	3.3414	13.3085
x_4	−0.0923	0.6019	−0.1533	0.8812	−1.4334	1.2488
x_5	0.0923	0.0860	1.0738	0.3082	−0.0993	0.2839
x_6	−0.9270	0.8808	−1.0525	0.3174	−2.8894	1.0355
x_1^2	8.5912	6.8379	1.2564	0.2375	−6.6446	23.8270
x_2^2	−21.9425	7.6450	−2.8702	0.0167	−38.9767	−4.9084
x_3^2	−3.2252	1.0941	−2.9479	0.0146	−5.6629	−0.7875
x_4^2	−0.0612	0.0684	−0.8950	0.3918	−0.2136	0.0912
x_5^2	−0.0008	0.0007	−1.1136	0.2915	−0.0023	0.0008
x_6^2	0.1186	0.2735	0.4335	0.6739	−0.4909	0.7280
x_4x_5	0.0016	0.0068	0.2283	0.8240	−0.0137	0.0168
x_4x_6	0.1949	0.1034	1.8850	0.0888	−0.0355	0.4252
x_3x_5	−0.0055	0.0200	−0.2764	0.7879	−0.0501	0.0391
x_2x_3	−5.6454	2.0019	−2.8200	0.0182	−10.1060	−1.1848

结果表明：无论是对 Significance F 要求小于 0.05，还是对变量项 P-value 至少一半以上要小于 0.05，均未满足，故所假定的回归方程并不合适，需要进行优化调整。

④ 优化调整　其目的是确保回归方程成立的基本要求，也就是 Significance F 要小于 0.05，且变量项至少一半以上的 P-value 也要小于 0.05。为此，可以考虑逐步舍去 P-value 最大的变量项。

a. 舍去变量项 x_4，重新进行回归分析，结果见表 7-40 所示。

表 7-40　回归分析表

回归统计

回归参量	数值
Multiple R	0.8955752
R Square	0.802055
Adjusted R Square	0.5321299
标准误差	0.1598869
观测值	27

方差分析

变异来源	df	SS	MS	F	Significance F
回归分析	15	1.1394	0.0760	2.9714	0.0372
残差	11	0.2812	0.0256		
总计	26	1.4206			

变量项系数及其回归相关值

变量项	Coefficients	标准误差	t Stat	P-value	Lower 95%	Upper 95%
Intercept	−10.7166	3.1518	−3.4002	0.0059	−17.6536	−3.7795
x_1	−3.1774	2.6380	−1.2045	0.2537	−8.9836	2.6288
x_2	25.8349	7.1573	3.6096	0.0041	10.0818	41.5879
x_3	8.3270	2.1350	3.9002	0.0025	3.6278	13.0261
x_5	0.0946	0.0808	1.1707	0.2664	−0.0833	0.2725
x_6	−0.9147	0.8373	−1.0925	0.2980	−2.7575	0.9281
x_1^2	8.5912	6.5274	1.3162	0.2149	−5.7754	22.9578
x_2^2	−21.5852	6.9504	−3.1056	0.0100	−36.8830	−6.2873
x_3^2	−3.2252	1.0444	−3.0882	0.0103	−5.5239	−0.9265
x_4^2	−0.0683	0.0478	−1.4310	0.1802	−0.1735	0.0368
x_5^2	−0.0008	0.0007	−1.1666	0.2681	−0.0022	0.0007
x_6^2	0.1186	0.2611	0.4541	0.6586	−0.4561	0.6932
x_4x_5	0.0008	0.0048	0.1772	0.8626	−0.0097	0.0114
x_4x_6	0.1908	0.0954	2.0008	0.0707	−0.0191	0.4007
x_3x_5	−0.0057	0.0191	−0.3009	0.7691	−0.0477	0.0362

结果表明：尽管 Significance F=0.0372 已经小于 0.05，但变量项 P-value 至少一半以上并没有小于 0.05，故所构建的回归方程并不合适，仍然需要进行优化调整。

b. 再舍去 P-value 值较大的 x_4x_5，重新进行回归分析，结果见表 7-41 所示。

表 7-41 回归分析表

回归统计

回归参量	数值
Multiple R	0.8953
R Square	0.8015
Adjusted R Square	0.5699
标准误差	0.1533
观测值	27

方差分析

变异来源	df	SS	MS	F	Significance F
回归分析	14	1.1386	0.0813	3.4607	0.0187
残差	12	0.2820	0.0235		
总计	26	1.4206			

变量项系数及其回归相关值

变量项	Coefficients	标准误差	t Stat	P-value	Lower 95%	Upper 95%
Intercept	−10.6619	3.0074	−3.5452	0.0040	−17.2144	−4.1093
x_1	−3.1774	2.5293	−1.2562	0.2329	−8.6882	2.3335
x_2	25.3851	6.4164	3.9563	0.0019	11.4049	39.3653
x_3	8.3249	2.0470	4.0669	0.0016	3.8648	12.7849
x_5	0.0970	0.0764	1.2694	0.2283	−0.0695	0.2635
x_6	−0.9273	0.7999	−1.1593	0.2689	−2.6701	0.8155
x_1^2	8.5912	6.2584	1.3728	0.1949	−5.0446	22.2271
x_2^2	−21.1620	6.2584	−3.3814	0.0055	−34.7978	−7.5261
x_3^2	−3.2252	1.0013	−3.2209	0.0073	−5.4069	−1.0435
x_4^2	−0.0610	0.0227	−2.6823	0.0200	−0.1105	−0.0114
x_5^2	−0.0008	0.0006	−1.2167	0.2471	−0.0021	0.0006
x_6^2	0.1186	0.2503	0.4736	0.6443	−0.4269	0.6640
x_4x_6	0.1950	0.0886	2.2018	0.0480	0.0020	0.3879
x_3x_5	−0.0055	0.0182	−0.3030	0.7671	−0.0453	0.0342

结果表明：尽管 Significance F=0.0187 已经小于 0.05，但变量项 P-value 至少一半以上尚未小于 0.05，故所构建的回归方程并不合适，仍然需要进行优化调整。

c. 继续舍去 P-value 值较大的 x_3x_5，重新进行回归分析，结果见表 7-42 所示。

表 7-42 回归分析表

回归统计

回归参量	数值
Multiple R	0.8944
R Square	0.8000
Adjusted R Square	0.5999
标准误差	0.1478
观测值	27

方差分析

变异来源	df	SS	MS	F	Significance F
回归分析	13	1.1364	0.0874	3.9993	0.0090
残差	13	0.2842	0.0219		
总计	26	1.4206			

变量项系数及其回归相关值

变量项	Coefficients	标准误差	t Stat	P-value	Lower 95%	Upper 95%
Intercept	−10.4097	2.7872	−3.7349	0.0025	−16.4310	−4.3884
x_1	−3.1774	2.4393	−1.3025	0.2153	−8.4472	2.0925
x_2	25.4095	6.1878	4.1064	0.0012	12.0417	38.7774
x_3	8.0095	1.6998	4.7120	0.0004	4.3372	11.6817
x_5	0.0929	0.0725	1.2807	0.2227	−0.0638	0.2495
x_6	−0.9468	0.7689	−1.2314	0.2400	−2.6080	0.7143
x_1^2	8.5912	6.0358	1.4234	0.1782	−4.4484	21.6308
x_2^2	−21.1620	6.0358	−3.5061	0.0039	−34.2015	−8.1224
x_3^2	−3.2252	0.9657	−3.3397	0.0053	−5.3115	−1.1389
x_4^2	−0.0626	0.0213	−2.9363	0.0116	−0.1087	−0.0165
x_5^2	−0.0008	0.0006	−1.2616	0.2293	−0.0021	0.0005
x_6^2	0.1186	0.2414	0.4911	0.6316	−0.4030	0.6401
x_4x_6	0.2015	0.0829	2.4319	0.0302	0.0225	0.3805
x_2x_3	−5.6785	1.7567	−3.2324	0.0065	−9.4737	−1.8833

结果表明：尽管 Significance F=0.0090 已经远小于 0.05，而且变量项 P-value 至少一半以上也已经小于 0.05，但其中 x_6^2 这一项的 P-value 明显比其他变量项的要大得多，足以说明其影响程度不大，可以考虑将其舍去。

d. 进一步舍去 P-value 值较大的 x_6^2，重新进行回归分析，结果如表 7-43 所示。

表 7-43 回归分析表

回归统计

回归参量	数值
Multiple R	0.8923
R Square	0.7963
Adjusted R Square	0.6216
标准误差	0.1438
观测值	27

方差分析

变异来源	df	SS	MS	F	Significance F
回归分析	12	1.1312	0.0943	4.5596	0.0044
残差	14	0.2894	0.0207		
总计	26	1.4206			

变量项系数及其回归相关值

变量项	Coefficients	标准误差	t Stat	P-value	Lower 95%	Upper 95%
Intercept	−10.6567	2.6661	−3.9972	0.0013	−16.3748	−4.9386
x_1	−3.1774	2.3723	−1.3394	0.2018	−8.2655	1.9107
x_2	25.4095	6.0177	4.2224	0.0009	12.5028	38.3162
x_3	8.0095	1.6531	4.8451	0.0003	4.4639	11.5550
x_5	0.0929	0.0705	1.3169	0.2090	−0.0584	0.2441
x_6	−0.5912	0.2511	−2.3547	0.0337	−1.1296	−0.0527
x_1^2	8.5912	5.8699	1.4636	0.1654	−3.9986	21.1810
x_2^2	−21.1620	5.8699	−3.6051	0.0029	−33.7517	−8.5722
x_3^2	−3.2252	0.9392	−3.4340	0.0040	−5.2396	−1.2108
x_4^2	−0.0626	0.0207	−3.0193	0.0092	−0.1071	−0.0181
x_5^2	−0.0008	0.0006	−1.2972	0.2155	−0.0020	0.0005
x_4x_6	0.2015	0.0806	2.5006	0.0254	0.0287	0.3743
x_2x_3	−5.6785	1.7085	−3.3238	0.0050	−9.3428	−2.0143

结果表明：Significance F＝0.0044 已经远小于 0.05，且常数项及变量项 P-value 也有至少一半以上已远小于 0.05，说明所构建的回归方程比较合适，无需再进行优化调整。

最终，写出所构建的回归方程为：

$$\hat{y} = -10.6567 - 3.1774x_1 + 8.5912{x_1}^2 + 25.4095x_2 - 21.1620{x_2}^2 + 8.0095x_3 - 3.2252{x_3}^2 - 0.0626{x_4}^2 + 0.0929x_5 - 0.0008{x_5}^2 - 0.5912x_6 - 5.6785x_2x_3 + 0.2015x_4x_6$$

⑤ 优化分析直接利用 Excel 进行“规划求解”获得优化方案及其结果，如表 7-44 所示。

表 7-44 规划求解结果

因子与指标	优化取值
补强剂量 x_1＝	0.10
促进剂量 x_2＝	0.4919
活性剂量 x_3＝	0.8087
硫化时间 x_4＝	2.00
硫化温度 x_5＝	60.98
硫化剂量 x_6＝	1.00
综合均分 $\hat{y}$＝	0.9920

结果表明：在补强剂量为 0.10g/100g、促进剂量为 0.4919g/100g、活性剂量为 0.8087g/100g、硫化时间为 2.00h、硫化温度为 60.98℃、硫化剂量为 1.00g/100g 的优化条件下，综合均分可以达到 0.9920。当然，仍需要通过验证实验，才能最终确认所构建的回归方程是否有实际意义，所获得的优化方案是否合适。

值得思考的问题是，正交优化分析所得优化值与回归分析所得优化值并不完全一致。或许与下列情形有关：

第一、正交分析时未考虑交互问题，即使存在交互问题，也只是在方案设置时给予考虑而并没有真正地加以实施；而回归分析时假定存在交互作用。

第二、正交分析所得优化值的各因子水平值选取只能从原先规划的水平值中挑选；而回归分析时，所得优化值对应的各因子取值则在原取值范围内进行选取。

第三、回归分析时，假定数学模型不完美（本例仅为多元二次一阶多项式）。

思考题

s7-1 如何利用 Excel 实现分位数值的查取？

s7-2 如何评判所构建的数学模型（回归方程）有价值（意义）？

s7-3 正交优化分析所得优化值与回归分析所得优化值是否一致？

s7-4 利用 Excel“分析工具库”中“回归”工具所得结果，如何判别回归方程、常数项、变量项的显著性及各因子的主次顺序等问题？

s7-5 利用 Excel“分析工具库”进行“回归”时，针对并不显著的回归方程，如何优化调整？

习题

x7-1 针对例 7-15，假定回归模型为

$$\hat{y}=C+a_1x_1+b_1x_2+c_1x_3+a_2{x_1}^2+b_2{x_2}^2+c_2{x_3}^2+a_1b_1x_1x_2+a_1c_1x_1x_3+b_1c_1x_2x_3+a_2b_1{x_1}^2x_2+a_2c_1{x_1}^2x_3+a_1b_2{x_2}^2x_1+b_2c_1{x_2}^2x_3+c_2a_1{x_3}^2x_1+c_2b_1{x_3}^2x_2+a_1b_1c_1x_1x_2x_3$$ 呢？

x7-2 某发动机材料 30CrMnSiA 在使用前需要调质处理，以改善合金的抗拉强度和伸长率等性能。实验结果如表 1 所示。试分别构建抗拉强度、伸长率与各实验因子的数学模型并作优化分析。假定数学模型为 $y=a+b_1x_1+b_2x_2+b_3x_3+b_4x_4+b_{12}x_1x_2+b_{34}x_3x_4$。

表 1 发动机材料调质实验及其结果

实验号 (i)	实验方案				性能测试结果			
	淬火温度 x_1	淬火时间 x_2	回火温度 x_3	回火时间 x_4	抗拉强度 σ_b/MPa		伸长率 δ/%	
1	850	25	500	55	1143.2	1173.2	15.6	15.6
2	860	35	560	50	1033.4	1040.1	17.2	19.2
3	870	45	480	45	1349.9	1329.5	14.4	14.8
4	880	20	540	40	1175.6	1169.4	17.6	16.8
5	890	30	460	35	1411.1	1431.4	12.4	12.4
6	900	40	520	30	1203.6	1148.2	15.6	14.0
7	910	50	580	60	1052.3	1055.3	18.8	18.4

x7-3 天然橡胶改性效果，与所选纳米材料的粒径及其用量有关。今选择 3 种纳米粒径 A（nm）和 3 种纳米用量 B（g/100g），作重复 3 次的析因实验，实验方案设计及其结果见表 2，改性效果用效能（E）来表征。试利用 Excel 建立效能与纳米粒径及其用量的多项式回归方程并作优化分析。

表 2 实验方案设计及其结果

纳米粒径 A/nm	纳米用量 B/(g/100g)		
	B_1(1.25)	B_2(1.50)	B_3(1.75)
A_1(15)	26.8	30.8	30.0
	27.3	30.5	30.3
	27.0	31.5	29.5
A_2(20)	26.0	27.5	32.2
	25.7	27.4	32.4
	24.5	26.3	31.8
A_3(25)	29.7	24.8	30.7
	29.2	25.1	31.2
	28.7	26.3	29.9

x7-4 选用正交实验设计研究 CR-MMA 接枝共聚反应最佳工艺条件。考虑三个因子（温度 A、时间 B、溶剂用量 C），每个因子安排 3 种水平，采用完全随机化重复实验，设置 4 次重复，选用 $L_9(3^4)$ 来安排实验，其实验方案及其结果如表 3 所示。试采用“串接法”利用 Excel 构建拉伸强度与所选三个因子之间的数学模型（假设为三元二次多项式回归方程）。

x7-5 碳纳米管纳米流体研究中，为了提高流体稳定性，设置 4 个因子，采用 $U_{12}^*(12^4)$ 均匀实验设计，实验方案及其实验结果如表 4 所示。试利用 Excel 构建合适的数学模型（假定为多项式回归方程）。

表 3 CR-MMA 接枝共聚反应 $L_9(3^4)$ 实验方案及其结果

实验号 (i)	因子及其水平				拉伸强度 y_i/MPa			
	A/℃	B/min	C/mL	D(空列)	1	2	3	4
1	1(50)	1(40)	1(200)	1	16.8	16.2	18.3	17.9
2	1	2(60)	2(150)	2	17.0	21.6	18.2	25.3
3	1	3(80)	3(100)	3	16.7	17.7	17.6	17.4
4	2(65)	1	2	3	18.2	21.3	18.6	18.8
5	2	2	3	1	24.5	21.0	27.2	24.7
6	2	3	1	2	17.1	18.4	20.9	20.6
7	3(80)	1	3	2	25.7	19.3	23.0	28.6
8	3	2	1	3	23.6	20.2	19.4	22.0
9	3	3	2	1	22.0	23.4	27.0	22.4

表 4 碳纳米管纳米流体均匀设计 $U_{12}^*(12^4)$ 实验方案及其结果

实验号(i)	碳纳米管质量分数 x_1	分散剂质量分数 x_2	pH 值 x_3	振荡时间 x_4	Zeta 电位 y
1	0.56	2.55	9.01	5.0	−28.5
2	0.65	5.00	4.23	3.5	−26.7
3	0.74	2.14	12.06	2.0	−36.9
4	0.83	4.59	6.96	0.5	−28.2
5	0.92	1.73	2.26	5.5	−13.0
6	1.00	4.18	10.01	4.0	−32.9
7	1.10	1.32	5.08	2.5	−36.2
8	1.18	3.77	13.03	1.0	−20.0
9	1.27	0.91	8.07	6.0	−32.6
10	1.36	3.36	3.30	4.5	−20.9
11	1.45	0.50	11.30	3.0	−42.1
12	1.54	2.96	6.10	1.5	−32.5

x7-6 选用 $Mg(OH)_2$，Sb_2O_3，ZnO，MoO_3，四溴双酚 A，钼酸铵，$CaCO_3$ 这 7 个因子，均取 16 种水平，选用均匀实验设计表 $U_{16}^*(16^{12})$ 安排实验，对各种因子进行综合分析，考察指标包括烟量指数 y_1，氧指数 y_2，体积电阻率 y_3，表面电阻率 y_4。具体实验方案及其结果如表 5 所示。试以氧指数这一考察指标为例，构建其合适的多项式回归方程。至于其他考察指标，或引入某一综合指标（以综合分计，可采用指标隶属度法，并自行设定权重）与 7 个因子的相关数学模型，亦可自行解决。

表 5 基于 $U_{16}^*(16^{12})$ 均匀设计 PVC 阻燃电缆料实验及其结果

实验号(i)	x_1，$Mg(OH)_2$	x_2，Sb_2O_3	x_3，ZnO	x_4，MoO_3	x_5，四澳双酚 A	x_6，钼酸铵	x_7，$CaCO_3$	烟量指数 y_1	氧指数 y_2	体积电阻率 y_3	表面电阻率 y_4
1	3.92	0.39	0.78	1.57	2.55	2.94	7.84	72	27.5	0.41	4.24
2	4.29	0.71	1.43	2.86	1.61	2.32	6.79	73	26.8	14.0	2.85
3	5.33	1.14	2.29	1.33	0.95	2.10	6.86	50	29.0	13.7	3.26
4	5.57	1.39	2.78	2.61	0.17	1.56	5.91	65	29.0	8.47	1.30
5	6.67	1.85	0.56	1.11	2.59	1.30	5.93	68	28.0	5.47	1.38
6	6.78	2.03	1.19	2.37	1.70	0.85	5.09	83	30.0	7.17	2.04
7	7.93	2.52	1.98	0.90	1.08	0.54	5.05	71	30.0	0.95	3.26
8	7.93	2.65	2.48	2.15	0.33	0.17	4.30	91	29.5	6.48	3.26
9	9.12	0.18	0.35	0.70	2.63	2.81	4.21	87	25.0	5.97	3.67
10	9.03	0.48	0.97	1.94	1.77	2.26	3.55	82	27.1	4.97	5.70
11	10.26	0.85	1.71	0.51	1.20	2.05	3.42	48	28.2	9.72	3.67
12	10.08	1.10	2.20	1.73	0.47	1.58	2.83	57	27.5	6.20	1.39
13	11.33	1.50	0.17	0.33	2.67	1.33	2.67	40	29.0	16.5	1.63
14	11.08	1.69	0.77	1.54	1.85	0.92	2.15	45	30.0	11.1	1.63

续表

实验号(i)	x_1，$Mg(OH)_2$	x_2，Sb_2O_3	x_3，ZnO	x_4，MoO_3	x_5，四溴双酚 A	x_6，钼酸铵	x_7，$CaCO_3$	烟量指数 y_1	氧指数 y_2	体积电阻率 y_3	表面电阻率 y_4
15	12.36	2.11	1.46	0.16	1.30	0.65	1.95	42	31.0	16.2	3.26
16	12.03	2.26	1.95	1.35	0.60	0.30	1.50	43	32.0	10.9	20.4

x7-7 利用 $U_{10}^*(10^8)$ 均匀实验设计研究丁基胶乳与天然胶乳并用成效。着重考察 IIRL/NRL 并用比、硫磺、氧化锌、促 C_1、促 C_2 和促 C_3 等 6 个因子对所得并用胶膜力学性能的影响。具体实验方案及其结果如表 6 所示。试构建拉伸强度与上述 6 个因子的回归模型，并进行优化分析。假定回归模型为多元二次一阶交互多项式方程。

表 6 丁基胶乳与天然胶乳并用 $U_{10}^*(10^8)$ 均匀实验设计及其结果

实验号(i)	IIRL/NRL 并用比	硫磺/g	氧化锌/g	促 C_1/g	促 C_2/g	促 C_3/g	拉伸强度(y)/MPa
1	0.0000	0.35	0.30	0.35	0.45	0.60	19.58
2	0.0526	0.45	0.45	0.60	0.25	0.55	21.82
3	0.1111	0.55	0.60	0.30	0.60	0.50	21.68
4	0.1765	0.65	0.20	0.55	0.40	0.45	14.63
5	0.2500	0.75	0.35	0.25	0.20	0.40	18.01
6	0.3333	0.30	0.50	0.50	0.55	0.35	9.81
7	0.4286	0.40	0.65	0.20	0.35	0.30	8.88
8	0.5385	0.50	0.25	0.45	0.15	0.25	7.28
9	0.6667	0.60	0.40	0.15	0.50	0.20	3.52
10	0.8182	0.70	0.55	0.40	0.30	0.15	4.33

x7-8 以线形聚 D，L-乳酸为聚合物基材，以亮蓝（EDS）作为水溶性模型药物，采用复乳-溶剂挥发法制备亮蓝聚乳酸微球（PLA/EDS），用均匀实验设计的方法安排实验，制备聚乳酸载药微球，具体实验方案及其结果如表 7 所示。试通过构建合适的数学模型，分析制备工艺参数对载药微球的药物包封率和粒径有何影响。

表 7 水溶性药物聚乳酸微球制备均匀设计方案及其结果

实验号(i)	x_1，内水相体积/mL	x_2，PLA 的二氯甲烷(DCM)溶液浓度/(mg/mL)	x_3，外水相 PVA 浓度(质量分数)/%	x_4，搅拌速度/(r/min)	x_5，外水相氯化钠浓度(质量分数)/%	药物包封率(y_1)	平均粒径(y_2)
1	0.1	70	1.5	1100	0.7	88.6	60.8
2	0.3	100	2.0	1400	0.1	97.6	23.8
3	0.8	80	0.5	1200	0.4	93.8	54.6
4	0.2	50	4.0	1300	0.3	90.3	48.8
5	0.7	60	3.0	1000	0	95.6	63.3
6	0.6	40	2.5	1500	0.6	86.1	19.0
7	0.4	30	1.0	900	0.2	94.9	68.8
8	0.5	90	3.5	800	0.5	96.7	77.5

x7-9 利用 Tollens 反应制备 2-羟甲基环戊酮，为提高收率，着重考察 4 个因子。其中，因子 A 为环戊酮与甲醛之比，取值范围 1～5.5，并考虑 6 种水平；因子 B 为反应温度（℃），取值范围为 5～60，并考虑 6 种水平；因子 C 为反应时间（h），取值范围为 1～6.5，并考虑 12 种水平；因子 D 为碱量（1mol/L 碳酸钾水溶液），取值范围为 15～70，并考虑 12 种水平。采用水平不等均匀设计，实验方案及其结果见表 8。试进行回归分析。

表 8 利用 Tollens 反应制备 2-羟甲基环戊酮不等均匀设计及其结果

试验号(i)	环戊酮与甲醛之比	反应温度/℃	反应时间/h	碱量/(1mol/L 碳酸钾水溶液)	收率/%
1	1.0	27	4.5	60	0.0220
2	1.0	60	2.0	45	0.0283
3	1.9	27	6.0	30	0.0062
4	1.9	60	3.5	15	0.1049
5	2.8	16	1.0	65	0.0420
6	2.8	49	5.0	50	0.0987
7	3.7	16	2.5	35	0.1022
8	3.7	49	6.5	20	0.2424
9	4.6	5	4.0	70	0.0938
10	4.6	38	1.5	55	0.1327
11	5.5	5	5.5	40	0.1243
12	5.5	38	3.0	25	0.2777

附 表

附表 1　标准正态 u 分布函数 $\Phi(u)=\frac{1}{\sqrt{2\pi}}e^{-\frac{1}{2}u^2}$ 的数值表

u	0	1	2	3	4	5	6	7	8	9
0.0	0.3989	0.3989	0.3989	0.3989	0.3986	0.3984	0.3982	0.3980	0.3977	0.3973
0.1	0.3970	0.3965	0.3961	0.3956	0.3951	0.3945	0.3939	0.3932	0.3925	0.3918
0.2	0.3910	0.3902	0.3894	0.3885	0.3876	0.3867	0.3857	0.3847	0.3836	0.3825
0.3	0.3814	0.3802	0.3790	0.3778	0.3765	0.3752	0.3739	0.3726	0.3712	0.3697
0.4	0.3683	0.3668	0.3653	0.3637	0.3621	0.3605	0.3589	0.3572	0.3555	0.3538
0.5	0.3521	0.3503	0.3485	0.3467	0.3448	0.3429	0.3410	0.3391	0.3372	0.3352
0.6	0.3332	0.3312	0.3292	0.3271	0.3251	0.3230	0.3209	0.3187	0.3166	0.3144
0.7	0.3123	0.3101	0.3079	0.3056	0.3034	0.3011	0.2989	0.2966	0.2943	0.2920
0.8	0.2897	0.2874	0.2850	0.2827	0.2803	0.2780	0.2756	0.2732	0.2709	0.2685
0.9	0.2661	0.2637	0.2613	0.2589	0.2565	0.2541	0.2516	0.2492	0.2468	0.2444
1.0	0.2420	0.2396	0.2371	0.2347	0.2323	0.2299	0.2275	0.2251	0.2227	0.2203
1.1	0.2179	0.2155	0.2131	0.2107	0.2083	0.2059	0.2036	0.2012	0.1989	0.1965
1.2	0.1942	0.1919	0.1895	0.1872	0.1849	0.1826	0.1804	0.1781	0.1758	0.1736
1.3	0.1714	0.1691	0.1669	0.1647	0.1626	0.1604	0.1582	0.1561	0.1539	0.1518
1.4	0.1497	0.1476	0.1456	0.1435	0.1415	0.1394	0.1374	0.1354	0.1334	0.1315
1.5	0.1295	0.1276	0.1257	0.1238	0.1219	0.1200	0.1182	0.1163	0.1145	0.1127
1.6	0.1109	0.1092	0.1074	0.1057	0.1040	0.1023	0.1006	0.0989	0.0973	0.0957
1.7	0.0940	0.0925	0.0909	0.0893	0.0878	0.0863	0.0848	0.0833	0.0818	0.0804
1.8	0.0790	0.0775	0.0761	0.0748	0.0734	0.0721	0.0707	0.0694	0.0681	0.0669
1.9	0.0656	0.0644	0.0632	0.0620	0.0608	0.0596	0.0584	0.0573	0.0562	0.0551
2.0	0.0540	0.0529	0.0519	0.0508	0.0498	0.0488	0.0478	0.0468	0.0459	0.0449
2.1	0.0440	0.0431	0.0422	0.0413	0.0404	0.0396	0.0387	0.0379	0.0371	0.0363
2.2	0.0355	0.0347	0.0339	0.0332	0.0325	0.0317	0.0310	0.0303	0.0297	0.0290
2.3	0.0283	0.0277	0.0270	0.0264	0.0258	0.0252	0.0246	0.0241	0.0235	0.0229
2.4	0.0224	0.0219	0.0213	0.0208	0.0203	0.0198	0.0194	0.0189	0.0184	0.0180
2.5	0.0175	0.0171	0.0167	0.0163	0.0158	0.0154	0.0151	0.0147	0.0143	0.0139
2.6	0.0136	0.0132	0.0129	0.0126	0.0122	0.0119	0.0116	0.0113	0.0110	0.0107
2.7	0.0104	0.0101	0.0099	0.0096	0.0093	0.0091	0.0088	0.0086	0.0084	0.0081
2.8	0.0079	0.0077	0.0075	0.0073	0.0071	0.0069	0.0067	0.0065	0.0063	0.0061
2.9	0.0060	0.0058	0.0056	0.0055	0.0053	0.0051	0.0050	0.0048	0.0047	0.0046
3.0	0.0044	0.0043	0.0042	0.0040	0.0039	0.0038	0.0037	0.0036	0.0035	0.0034
3.1	0.0033	0.0032	0.0031	3.0030	0.0029	0.0028	0.0027	0.0026	0.0025	0.0025
3.2	0.0024	0.0023	0.0022	0.0022	0.0021	0.0020	0.0020	0.0019	0.0018	0.0018
3.3	0.0017	0.0017	0.0016	0.0016	0.0015	0.0015	0.0014	0.0014	0.0013	0.0013
3.4	0.0012	0.0012	0.0012	0.0011	0.0011	0.0010	0.0010	0.0010	0.0009	0.0009

续表

u	0	1	2	3	4	5	6	7	8	9
3.5	0.0009	0.0008	0.0008	0.0008	0.0008	0.0007	0.0007	0.0007	0.0007	0.0006
3.6	0.0006	0.0006	0.0006	0.0005	0.0005	0.0005	0.0005	0.0005	0.0005	0.0004
3.7	0.0004	0.0004	0.0004	0.0004	0.0004	0.0004	0.0003	0.0003	0.0003	0.0003
3.8	0.0003	0.0003	0.0003	0.0003	0.0003	0.0002	0.0002	0.0002	0.0002	0.0002
3.9	0.0002	0.0002	0.0002	0.0002	0.0002	0.0002	0.0002	0.0002	0.0001	0.0001

附表 2 标准正态 *u* 分布的累积函数表

u	0.00	0.01	0.02	0.03	0.04	0.05	0.06	0.07	0.08	0.09
0.0	0.5000	0.5040	0.5080	0.5120	0.5160	0.5199	0.5239	0.5279	0.5319	0.5359
0.1	0.5398	0.5438	0.5478	0.5517	0.5557	0.5596	0.5636	0.5675	0.5714	0.5753
0.2	0.5793	0.5832	0.5871	0.5910	0.5948	0.5987	0.6026	0.6064	0.6103	0.6141
0.3	0.6179	0.6217	0.6255	0.6293	0.6331	0.6368	0.6406	0.6443	0.6480	0.6517
0.4	0.6554	0.6591	0.6628	0.6664	0.6700	0.6736	0.6772	0.6808	0.6844	0.6879
0.5	0.6915	0.6950	0.6985	0.7019	0.7054	0.7088	0.7123	0.7157	0.7190	0.7224
0.6	0.7257	0.7291	0.7324	0.7357	0.7389	0.7422	0.7454	0.7486	0.7517	0.7549
0.7	0.7580	0.7611	0.7642	0.7673	0.7703	0.7734	0.7764	0.7794	0.7823	0.7852
0.8	0.7881	0.7910	0.7939	0.7967	0.7995	0.8023	0.8051	0.8078	0.8106	0.8133
0.9	0.8159	0.8186	0.8212	0.8238	0.8264	0.8289	0.8315	0.8340	0.8365	0.8389
1.0	0.8413	0.8438	0.8461	0.8485	0.8508	0.8531	0.8554	0.8577	0.8599	0.8621
1.1	0.8643	0.8665	0.8686	0.8708	0.8729	0.8749	0.8770	0.8790	0.8810	0.8830
1.2	0.8849	0.8869	0.8888	0.8907	0.8925	0.8944	0.8962	0.8980	0.8997	0.9015
1.3	0.9032	0.9049	0.9066	0.9082	0.9099	0.9115	0.9131	0.9147	0.9162	0.9177
1.4	0.9192	0.9207	0.9222	0.9236	0.9251	0.9265	0.9278	0.9292	0.9306	0.9319
1.5	0.9332	0.9345	0.9357	0.9370	0.9382	0.9394	0.9406	0.9418	0.9430	0.9441
1.6	0.9452	0.9463	0.9474	0.9484	0.9495	0.9505	0.9515	0.9525	0.9535	0.9545
1.7	0.9554	0.9564	0.9573	0.9582	0.9591	0.9599	0.9608	0.9616	0.9625	0.9633
1.8	0.9641	0.9648	0.9656	0.9664	0.9671	0.9678	0.9686	0.9693	0.9700	0.9706
1.9	0.9713	0.9719	0.9726	0.9732	0.9738	0.9744	0.9750	0.9756	0.9762	0.9767
2.0	0.9772	0.9778	0.9783	0.9788	0.9793	0.9798	0.9803	0.9808	0.9812	0.9817
2.1	0.9821	0.9826	0.9830	0.9834	0.9838	0.9842	0.9846	0.9850	0.9854	0.9857
2.2	0.9861	0.9864	0.9868	0.9871	0.9874	0.9878	0.9881	0.9884	0.9887	0.9890
2.3	0.9893	0.9896	0.9898	0.9901	0.9904	0.9906	0.9909	0.9911	0.9913	0.9916
2.4	0.9918	0.9920	0.9922	0.9925	0.9927	0.9929	0.9931	0.9932	0.9934	0.9936
2.5	0.9938	0.9940	0.9941	0.9943	0.9945	0.9946	0.9948	0.9949	0.9950	0.9952
2.6	0.9953	0.9955	0.9956	0.9957	0.9959	0.9960	0.9961	0.9962	0.9963	0.9964
2.7	0.9965	0.9966	0.9967	0.9968	0.9969	0.9970	0.9971	0.9972	0.9973	0.9974
2.8	0.9974	0.9975	0.9976	0.9977	0.9977	0.9978	0.9979	0.9979	0.9980	0.9981
2.9	0.9981	0.9982	0.9982	0.9983	0.9984	0.9984	0.9985	0.9985	0.9986	0.9986
3.0	0.9987	0.9990	0.9993	0.9995	0.9997	0.9998	0.9998	0.9999	0.9999	1.0000

注：附表 2 最后一行自左至右依次是 $u(=3.0)$、…、$u(=3.9)$ 的值。

附表 3　标准正态 u 分布双侧分位数（$u_{\alpha/2}$）表

α	0.00	0.01	0.02	0.03	0.04	0.05	0.06	0.07	0.08	0.09
0.0	∞	2.575829	2.326348	2.170090	2.053749	1.959964	1.880794	1.811911	1.750686	1.695398
0.1	1.644854	1.598193	1.554774	1.514012	1.475791	1.439531	1.405072	1.372204	1.340755	1.310579
0.2	1.281552	1.253565	1.226528	1.200359	1.174987	1.150349	1.126391	1.103063	1.080319	1.058122
0.3	1.036433	1.015222	0.994458	0.974114	0.954165	0.934589	0.915365	0.896473	0.877896	0.859617
0.4	0.841621	0.823894	0.806421	0.789192	0.772193	0.755415	0.738847	0.722479	0.706303	0.690309
0.5	0.674490	0.658838	0.643345	0.628006	0.612813	0.597760	0.582841	0.568051	0.553385	0.538836
0.6	0.524401	0.510073	0.495850	0.481727	0.467699	0.453762	0.439913	0.426148	0.412463	0.398855
0.7	0.385320	0.371856	0.358459	0.345125	0.331853	0.318639	0.305481	0.292375	0.279319	0.266311
0.8	0.253347	0.240426	0.227545	0.214702	0.201893	0.189113	0.176374	0.163658	0.150969	0.138304
0.9	0.125661	0.113039	0.100434	0.087845	0.075270	0.062707	0.050154	0.037608	0.025069	0.012533

α	0.001	0.0001	0.00001	0.000001	0.0000001
$u_{\alpha/2}$	3.29053	3.89059	4.41717	4.89164	5.32672

注：若需查单侧（u_α），仍按附表 3 查，只需将 α 放大 1 倍。

附表 4　t 分布双侧分位数($t_{\alpha/2}$)表 $p\{|t|>t_{\alpha/2,df}\}=\alpha$

df	α													df
	0.9	0.8	0.7	0.6	0.5	0.4	0.3	0.2	0.1	0.05	0.02	0.01	0.001	
1	0.158	0.325	0.510	0.727	1.000	1.376	1.963	3.078	6.314	12.706	31.821	63.657	636.619	1
2	0.142	0.289	0.445	0.617	0.816	1.061	1.386	1.886	2.920	4.303	6.965	9.925	31.591	2
3	0.137	0.277	0.424	0.584	0.765	0.978	1.250	1.638	2.353	3.182	4.541	5.841	12.924	3
4	0.134	0.271	0.414	0.569	0.741	0.941	1.190	1.533	2.132	2.776	3.747	4.604	8.610	4
5	0.132	0.267	0.408	0.559	0.727	0.920	1.156	1.476	2.015	2.571	3.365	4.032	6.859	5
6	0.131	0.265	0.404	0.553	0.718	0.906	1.134	1.440	1.943	2.447	3.143	3.707	5.959	6
7	0.130	0.263	0.402	0.549	0.711	0.896	1.119	1.415	1.895	2.365	2.998	3.499	5.405	7
8	0.130	0.262	0.399	0.546	0.706	0.889	1.108	1.397	1.860	2.306	2.896	3.355	5.041	8
9	0.129	0.261	0.398	0.543	0.703	0.883	1.100	1.383	1.833	2.262	2.821	3.250	4.781	9
10	0.129	0.260	0.397	0.542	0.700	0.879	1.093	1.372	1.812	2.228	2.764	3.169	4.587	10
11	0.129	0.260	0.396	0.540	0.697	0.876	1.088	1.363	1.796	2.201	2.718	3.106	4.437	11
12	0.121	0.259	0.395	0.539	0.695	0.873	1.083	1.356	1.782	2.179	2.681	3.055	4.318	12
13	0.128	0.259	0.394	0.538	0.694	0.870	1.079	1.350	1.771	2.160	2.650	3.012	4.221	13
14	0.128	0.258	0.393	0.537	0.692	0.868	1.076	1.345	1.761	2.145	2.624	2.977	4.140	14
15	0.128	0.258	0.393	0.536	0.691	0.866	1.074	1.341	1.753	2.131	2.602	2.947	4.073	15
16	0.128	0.258	0.392	0.535	0.690	0.865	1.071	1.337	1.746	2.120	2.583	2.921	4.015	16
17	0.128	0.257	0.392	0.534	0.689	0.863	1.069	1.333	1.740	2.110	2.567	2.898	3.965	17

续表

df	α													df
	0.9	**0.8**	**0.7**	**0.6**	**0.5**	**0.4**	**0.3**	**0.2**	**0.1**	**0.05**	**0.02**	**0.01**	**0.001**	
18	0.127	0.257	0.392	0.534	0.688	0.862	1.067	1.330	1.734	2.101	2.552	2.878	3.922	**18**
19	0.127	0.257	0.391	0.533	0.688	0.861	1.066	1.328	1.729	2.093	2.539	2.861	3.883	**19**
20	0.127	0.257	0.391	0.533	0.687	0.860	1.064	1.325	1.725	2.086	2.528	2.845	3.850	**20**
21	0.127	0.257	0.391	0.532	0.686	0.859	1.063	1.323	1.721	2.080	2.518	2.831	3.819	**21**
22	0.127	0.256	0.390	0.532	0.686	0.858	1.061	1.321	1.717	2.074	2.508	2.819	3.792	**22**
23	0.127	0.256	0.390	0.532	0.685	0.858	1.060	1.319	1.714	2.069	2.500	2.807	3.767	**23**
24	0.127	0.256	0.390	0.531	0.685	0.857	1.059	1.318	1.711	2.064	2.492	2.797	3.745	**24**
25	0.127	0.256	0.390	0.531	0.684	0856	1.058	1.316	1.708	2.060	2.485	2.787	3.725	**25**
26	0.127	0.256	0.390	0.531	0.684	0.856	1.058	1.315	1.706	2.056	2.479	2.779	3.707	**26**
27	0.127	0.256	0.389	0.531	0.684	0.855	1.057	1.314	1.703	2.052	2.473	2.771	3.690	**27**
28	0.127	0.256	0.389	0.530	0.683	0.855	1.056	1.313	1.701	2.048	2.467	2.763	3.674	**28**
29	0.127	0.256	0.389	0.530	0.683	0.854	1.055	1.311	1.699	2.045	2.462	2.756	3.659	**29**
30	0.127	0.256	0.389	0.530	0.683	0.854	1.055	1.310	1.697	2.042	2.457	2.750	3.646	**30**
40	0.126	0.255	0.388	0.529	0.681	0.851	1.050	1.303	1.684	2.021	2.423	2.704	3.551	**40**
60	0.126	0.254	0.387	0.527	0.679	0.848	1.046	1.296	1.671	2.000	2.390	2.660	3.460	**60**
120	0.126	0.254	0.386	0.526	0.677	0.845	1.041	1.289	1.658	1.980	2.358	2.617	3.373	**120**
∞	0.126	0.253	0.385	0.524	0.674	0.842	1.036	1.282	1.645	1.960	2.326	2.576	3.291	∞

注：若需查单侧（$t_{\alpha,df}$），仍按附表4查，只需将 α 放大1倍。

附表5 χ^2 分布右侧分位数表 $p\{\chi^2>\chi^2_{\alpha,df}\}=\alpha$

df	α											
	0.995	**0.99**	**0.975**	**0.95**	**0.90**	**0.75**	**0.25**	**0.10**	**0.05**	**0.025**	**0.01**	**0.005**
1	—	—	0.001	0.004	0.016	0.102	1.323	2.706	3.841	5.024	6.635	7.879
2	0.010	0.020	0.051	0.103	0.511	0.575	2.773	4.605	5.991	7.378	9.510	10.597
3	0.072	0.115	0.216	0.352	0.584	1.213	4.108	6.551	7.815	9.348	11.345	12.838
4	0.207	0.297	0.484	0.711	1.064	1.923	5.385	7.779	9.488	11.143	13577	14.860
5	0.412	0.554	0.831	1.145	1.610	2.675	6.626	9.236	11.071	12.833	15.086	16.750
6	0.676	0.872	1.237	1.635	2.204	3.455	7.841	10.645	12.592	14.449	16.812	18.548
7	0.989	1.239	1.690	2.167	2.833	4555	9.037	12.017	14.067	16.013	18.475	20578
8	1.344	1.646	2.180	2.733	3.490	5.071	10.519	13.362	15.507	17.535	20.090	21.955
9	1.735	2.088	2.700	3.325	4.168	5.899	11.389	14.684	16.919	19.023	21.666	23.589
10	2.156	2.558	3.247	3.940	4.865	6.737	12.549	15.987	18.307	20.483	23.209	25.188
11	2.603	3.053	3.816	4.575	5.578	7.584	13.701	17.575	19.675	21.920	24.725	26.757
12	3.074	3.571	4.404	5.226	6.304	8.438	14.845	18.549	21.026	23.337	26.517	28.599

续表

df	α											
	0.995	**0.99**	**0.975**	**0.95**	**0.90**	**0.75**	**0.25**	**0.10**	**0.05**	**0.025**	**0.01**	**0.005**
13	3.565	4.107	5.009	5.892	7.042	9.299	15.984	19.812	22.362	24.736	27.688	29.819
14	4.075	4.660	5.629	6.571	7.790	10.165	17.117	21.064	23.685	26.119	29.141	31.319
15	4.601	5.229	6.262	7.261	8.547	11.037	18.545	22.307	24.996	27.488	30.578	32.801
16	5.142	5.812	6.908	7.962	9.312	11.912	19.369	23.542	26.296	28.845	32.000	34.267
17	5.697	6.408	7.564	8.672	10.085	12.792	20.489	24.769	27.587	30.191	33.409	35.718
18	6.265	7.015	8.231	9.390	10.865	13.675	21.605	25.989	28.869	31.526	34.805	37.156
19	6.844	7.633	8.907	10.117	11.651	14.562	22.718	27.504	30.144	32.852	36.191	38.582
20	7.434	8.260	9.591	10.851	12.443	15.452	23.828	28.412	31.410	34.170	37.566	39.997
21	8.034	8.897	10.283	11.591	13.240	16.344	24.935	29.615	32.671	35.479	38.932	41.401
22	8.643	9.542	10.982	12.338	14.042	17.540	26.039	30.813	33.924	36.781	40.289	42.796
23	9.260	10.196	11.689	13.091	14.848	18.137	27.141	32.007	35.172	38.076	41.638	44.181
24	9.886	10.856	12.401	13.848	15.659	19.037	28.541	33.196	36.415	39.364	42.980	45.559
25	10.520	11.524	13.120	14.611	16.473	19.939	29.339	34.382	37.652	40.646	44.314	46.928
26	11.160	12.198	13.844	15.379	17.592	20.843	30.435	35.363	38.885	41.923	45.642	48.590
27	11.808	12.879	14.573	16.151	18.114	21.749	31.528	36.741	40.113	43.194	46.963	49.645
28	12.461	13.565	15.308	16.928	18.939	22.657	32.620	37.916	41.337	44.461	48.578	50.993
29	13.121	14.257	16.047	17.708	19.768	23.567	33.711	39.087	42.557	45.722	49.588	52.336
30	13.787	14.954	16.791	18.493	20.599	24.478	34.800	40.556	43.773	46.979	50.892	53.672
31	14.458	15.655	17.539	19.581	21.434	25.390	35.887	41.422	44.985	48.232	52.191	55.003
32	15.134	16.362	18.291	20.072	22.271	26.304	36.973	42.585	46.194	49.480	53.486	56.328
33	15.815	17.074	19.047	20.867	23.110	27.219	38;058	43.745	47.400	50.725	54.776	57.648
34	15.815	17.074	19.047	20.867	23.110	27.219	38;058	43.745	47.400	50.725	54.776	57.648
35	17.192	18.509	20.569	22.465	24.797	29.054	40.523	46.059	49.802	53.203	57.342	60.275
36	17.887	19.533	21.336	23.569	25.643	29.973	41.304	47.512	50.998	54.437	58.619	61.581
37	18.586	19.960	22.106	24.075	26.492	30.893	42.383	48.363	52.192	55.668	59.892	62.883
38	19.589	20.691	22.878	24.884	27.343	31.815	43.462	49.513	53.384	56.896	61.162	64.181
39	19.996	21.426	23.654	25.695	28.196	32.737	44.539	50.660	54.572	58.120	62.428	65.476
40	20.707	22.164	24.433	26.509	29.051	33.660	45.616	51.805	55.758	59.342	63.691	66.766
41	21.421	22.506	25.515	27.326	29.907	34.585	46.692	52.949	56.942	60.561	64.950	68.053
42	22.138	23.650	25.999	28.144	30.765	35.510	47.766	54.090	58.124	61.777	66.506	69.336
43	22.859	24.398	26.785	28.965	31.625	36.436	48.840	55.530	59.304	62.990	67.459	70.616
44	23.584	25.148	27.575	29.787	32.487	37.363	49.913	56.369	60.481	64.201	68.710	71.893
45	24.311	25.901	28.366	30.612	33.350	38.291	50.985	57.505	61.656	65.410	69.957	73.166

附表 6　F 分布右侧分位数表 $p\{F>F_{\alpha,df_1,df_2}\}=\alpha$

(1) $\alpha=0.10$

df_2	df_1=1	2	3	4	5	6	7	8	9	10	12	15	20	24	30	40	60	120	∞
1	39.86	49.50	53.59	55.83	57.24	58.20	58.91	59.44	59.86	60.19	60.71	61.22	61.74	62.00	62.26	62.53	62.79	63.06	63.33
2	8.53	9.00	9.16	9.24	9.29	9.33	9.35	9.37	9.38	9.39	9.41	9.42	9.44	9.45	9.46	9.47	9.47	9.48	9.49
3	5.54	5.46	5.39	5.34	5.31	5.28	5.27	5.25	5.24	5.23	5.22	5.20	5.18	5.18	5.17	5.16	5.15	5.14	5.13
4	4.54	4.32	4.19	4.11	4.05	4.01	3.98	3.95	3.94	3.92	3.90	3.87	3.84	3.83	3.82	3.80	3.79	3.78	3.76
5	4.06	3.78	3.62	3.52	3.45	3.40	3.37	3.34	3.32	3.30	3.27	3.24	3.21	3.19	3.17	3.16	3.14	3.12	3.10
6	3.78	3.46	3.29	3.18	3.11	3.05	3.01	2.98	2.96	2.94	2.90	2.87	2.84	2.82	2.80	2.78	2.76	2.74	2.72
7	3.59	3.26	3.07	2.96	3.88	2.83	2.78	2.75	2.72	2.70	2.67	2.63	2.59	2.58	2.56	2.54	2.51	2.49	2.47
8	3.46	3.11	2.92	2.81	2.73	2.67	2.62	2.59	2.56	2.54	2.50	2.46	2.42	2.40	2.38	2.36	2.34	2.32	2.29
9	3.36	3.01	2.81	2.69	2.61	2.55	2.51	2.47	2.44	2.42	2.38	2.34	2.30	2.28	2.25	2.23	2.21	2.18	2.16
10	3.29	2.92	2.73	2.61	2.52	2.46	2.41	2.38	2.35	2.32	2.28	2.24	2.20	2.18	2.16	2.13	2.11	2.08	2.06
11	3.23	2.86	2.66	2.54	2.45	2.39	2.34	2.30	2.27	2.25	2.21	2.17	2.12	2.10	2.08	2.05	2.03	2.00	1.97
12	3.18	2.81	2.61	2.48	2.39	2.33	2.28	2.24	2.21	2.19	2.15	2.10	2.06	2.04	2.01	1.99	1.96	1.93	1.90
13	3.14	2.76	2.56	2.43	2.35	2.28	2.23	2.20	2.16	2.14	2.10	2.05	2.01	1.98	1.96	1.93	1.90	1.88	1.85
14	3.10	2.73	2.52	2.39	2.31	2.24	2.19	2.15	2.12	2.10	2.05	2.01	1.96	1.94	1.91	1.89	1.86	1.83	1.80
15	3.07	2.70	2.49	2.36	2.27	2.21	2.16	2.12	2.09	2.06	2.02	1.97	1.92	1.90	1.87	1.85	1.82	1.79	1.76
16	3.05	2.67	2.46	2.33	2.24	2.18	2.13	2.09	2.06	2.03	1.99	1.94	1.89	1.87	1.84	1.81	1.78	1.75	1.72
17	3.03	2.64	2.44	2.31	2.22	2.15	2.10	2.06	2.03	2.00	1.96	1.91	1.86	1.84	1.81	1.78	1.75	1.72	1.69
18	3.01	2.62	2.42	2.29	2.20	2.13	2.08	2.04	2.00	1.98	1.93	1.89	1.84	1.81	1.78	1.75	1.72	1.69	1.66
19	2.99	2.61	2.40	2.27	2.18	2.11	2.06	2.02	1.98	1.96	1.91	1.86	1.81	1.79	1.76	1.73	1.70	1.67	1.63
20	2.97	2.59	2.38	2.25	2.16	2.09	2.04	2.00	1.96	1.94	1.89	1.84	1.79	1.77	1.74	1.71	1.68	1.64	1.61
21	2.96	2.57	2.36	2.23	2.14	2.08	2.02	1.98	1.95	1.92	1.87	1.83	1.78	1.75	1.72	1.69	1.66	1.62	1.59
22	2.95	2.56	2.35	2.22	2.13	2.06	2.01	1.97	1.93	1.90	1.86	1.81	1.76	1.73	1.70	1.67	1.64	1.60	1.57
23	2.94	2.55	2.34	2.21	2.11	2.05	1.99	1.95	1.92	1.89	1.84	1.80	1.74	1.72	1.69	1.66	1.62	1.59	1.55
24	2.93	2.54	2.33	2.19	2.10	2.04	1.98	1.94	1.91	1.88	1.83	1.78	1.73	1.70	1.67	1.64	1.61	1.57	1.53
25	2.92	2.53	2.32	2.18	2.09	2.02	1.97	1.93	1.89	1.87	1.82	1.77	1.72	1.69	1.66	1.63	1.59	1.56	1.52
26	2.91	2.52	2.31	2.17	2.08	2.01	1.96	1.92	1.88	1.86	1.81	1.76	1.71	1.68	1.65	1.61	1.58	1.54	1.50
27	2.90	2.51	2.30	2.17	2.07	2.00	1.95	1.91	1.87	1.85	1.80	1.75	1.70	1.67	1.64	1.60	1.5	1.53	1.49
28	2.89	2.50	2.29	2.16	2.06	2.00	1.94	1.90	1.87	1.84	1.79	1.74	1.69	1.66	1.63	1.59	1.56	1.52	1.48
29	2.89	2.50	2.28	2.15	2.06	1.99	1.93	1.89	1.8	1.83	1.78	1.73	1.68	1.65	1.62	1.58	1.55	1.51	1.47
30	2.88	2.49	2.28	2.14	2.05	1.98	1.93	1.88	1.85	1.82	1.77	1.72	1.67	1.64	1.61	1.5	1.54	1.50	1.46
40	2.84	2.44	2.23	2.09	2.00	1.93	1.87	1.83	1.79	1.76	1.71	1.66	1.61	1.57	1.54	1.51	1.47	1.42	1.38
60	2.70	2.39	2.18	2.04	1.95	1.87	1.82	1.77	1.74	1.71	1.66	1.60	1.54	1.51	1.48	1.44	1.40	1.35	1.29
120	2.75	2.35	2.13	1.99	1.90	1.82	1.77	1.72	1.68	1.65	1.60	1.55	1.48	1.45	1.41	1.37	1.32	1.26	1.19
∞	2.71	2.30	2.08	1.94	1.85	1.77	1.72	1.67	1.63	1.60	1.55	1.49	1.42	1.38	1.34	1.30	1.24	1.17	1.00

（2）$\alpha=0.05$

df_2	df_1																		
	1	2	3	4	5	6	7	8	9	10	12	15	20	24	30	40	60	120	∞
1	161.4	199.5	215.7	224.6	230.2	234.0	236.8	238.9	240.5	241.9	243.9	245.9	248.0	249.1	250.1	251.1	252.2	253.3	254.3
2	18.51	19.00	19.16	19.25	19.30	19.33	19.35	19.37	19.38	19.40	19.41	19.43	19.45	19.45	19.46	19.47	19.48	19.49	19.50
3	10.13	9.55	9.28	9.12	9.01	8.94	8.89	8.85	8.81	8.79	8.74	8.70	8.66	8.64	8.62	8.59	8.57	8.55	8.53
4	7.71	6.94	6.59	6.39	6.26	6.16	6.09	6.04	6.00	5.96	5.91	5.86	5.80	5.77	5.75	5.72	5.69	5.66	5.63
5	6.61	5.79	5.41	5.19	5.05	4.95	4.88	4.82	4.77	4.74	4.68	4.62	4.56	4.53	4.50	4.46	4.43	4.40	4.36
6	5.99	5.14	4.76	4.53	4.39	4.28	4.21	4.15	4.10	4.06	4.00	3.94	3.87	3.84	3.81	3.77	3.74	3.70	3.67
7	5.59	4.74	4.35	4.12	3.97	3.87	3.79	3.73	4.68	3.64	3.57	3.51	3.44	3.41	3.38	3.34	3.30	3.27	3.23
8	5.32	4.46	4.07	3.84	3.69	3.58	3.50	3.44	3.39	3.35	3.28	3.22	3.15	3.12	3.08	3.04	3.01	2.97	2.93
9	5.12	4.26	3.86	3.63	3.48	3.37	3.29	3.23	3.18	3.14	3.07	3.01	2.94	2.90	2.86	2.83	2.79	2.75	2.71
10	4.96	4.10	3.71	3.48	3.33	3.22	3.14	3.07	3.02	2.98	2.91	2.85	2.77	2.74	2.70	2.66	2.62	2.58	2.54
11	4.84	3.98	3.59	3.36	3.20	3.09	3.01	2.95	2.90	2.85	2.79	2.72	2.65	2.61	2.57	2.53	2.49	2.45	2.40
12	4.75	3.89	3.49	3.26	3.11	3.00	2.91	2.85	2.80	2.75	2.69	2.62	2.54	2.51	2.47	2.43	2.38	2.34	2.30
13	4.67	3.81	3.41	3.18	3.03	2.92	2.83	2.77	2.71	2.67	2.60	2.53	2.46	2.42	2.38	2.34	2.30	2.25	2.21
14	4.60	3.74	3.34	3.11	2.96	2.85	2.76	2.70	2.65	2.60	2.53	2.46	2.39	2.35	2.31	2.27	2.22	2.18	2.13
15	4.54	3.68	3.29	3.06	2.90	2.79	2.71	2.64	2.59	2.54	2.48	2.40	2.33	2.29	2.25	2.20	2.16	2.11	2.07
16	4.49	3.63	3.24	3.01	2.85	2.74	2.66	2.59	2.54	2.49	2.42	2.35	2.28	2.24	2.19	2.15	2.11	2.06	2.01
17	4.45	3.59	3.20	2.96	2.81	2.70	2.61	2.55	2.49	2.45	2.38	2.31	2.23	2.19	2.15	2.10	2.06	2.01	1.96
18	4.41	3.55	3.16	2.93	2.77	2.66	2.58	2.51	2.46	2.41	2.34	2.27	2.19	2.15	2.11	2.06	2.02	1.97	1.92
19	4.38	3.52	3.13	2.90	2.74	2.63	2.54	2.48	2.42	2.38	2.31	2.23	2.16	2.11	2.07	2.03	1.98	1.93	1.88
20	4.35	3.49	3.10	2.87	2.71	2.60	2.51	2.45	2.39	2.35	2.28	2.20	2.12	2.08	2.04	1.99	1.95	1.90	1.84
21	4.32	3.47	3.07	2.84	2.68	2.57	2.49	2.42	2.37	2.32	2.25	2.18	2.10	2.05	2.01	1.96	1.92	1.87	1.81
22	4.30	3.44	3.05	2.82	2.66	2.55	2.46	2.40	2.34	2.30	2.23	2.15	2.07	2.03	1.98	1.94	1.89	1.84	1.78
23	4.28	3.42	3.03	2.80	2.64	2.53	2.44	2.37	2.32	2.27	2.20	2.13	2.05	2.01	1.96	1.91	1.86	1.81	1.76
24	4.26	3.40	3.01	2.78	2.62	2.51	2.42	2.36	2.30	2.25	2.18	2.11	2.03	1.98	1.94	1.89	1.84	1.79	1.73
25	4.24	3.39	2.99	2.76	2.60	2.49	2.40	2.34	2.28	2.24	2.16	2.09	2.01	1.96	1.92	1.87	1.82	1.77	1.71
26	4.23	3.37	2.98	2.74	2.59	2.47	2.39	2.32	2.27	2.22	2.15	2.07	1.99	1.95	1.90	1.85	1.80	1.75	1.69
27	4.21	3.35	2.96	2.73	2.57	2.46	2.37	2.31	2.25	2.20	2.13	2.06	1.97	1.93	1.88	1.84	1.79	1.73	1.67
28	4.20	3.34	2.95	2.71	2.56	2.45	2.36	2.29	2.24	2.19	2.12	2.04	1.96	1.91	1.87	1.82	1.77	1.71	1.65
29	4.18	3.33	2.93	2.70	2.55	2.43	2.35	2.28	2.22	2.18	2.10	2.03	1.94	1.90	1.85	1.81	1.75	1.70	1.64
30	4.17	3.32	2.92	2.69	2.53	2.42	2.33	2.27	2.21	2.16	2.09	2.01	1.93	1.89	1.84	1.79	1.74	1.68	1.62
40	4.08	3.23	2.84	2.61	2.45	2.34	2.25	2.18	2.12	2.08	2.00	1.92	1.84	1.79	1.74	1.69	1.64	1.58	1.51
60	4.00	3.15	2.76	2.53	2.37	2.25	2.17	2.10	2.04	1.99	1.92	1.84	1.75	1.70	1.65	1.59	1.53	1.47	1.39
120	3.92	3.07	2.68	2.45	2.29	2.17	2.09	2.02	1.96	1.91	1.83	1.75	1.66	1.61	1.55	1.50	1.43	1.35	1.25
∞	3.84	3.00	2.60	2.37	2.21	2.10	2.01	1.94	1.88	1.83	1.75	1.67	1.57	1.52	1.46	1.39	1.32	1.22	1.00

(3) $\alpha=0.025$

$df2$	df_1																	
	1	2	3	4	5	6	7	8	9	10	12	15	20	24	30	40	60	120	∞
1	647.8	799.5	864.2	899.6	921.8	937.1	948.2	956.7	963.3	968.6	976.7	984.9	993.1	997.2	1001	1006	1010	1014	1018
2	38.51	39.00	39.17	39.25	30.30	39.33	39.36	39.37	39.39	39.40	39.41	39.43	39.45	39.46	39.46	39.47	39.48	39.49	39.50
3	17.44	16.04	15.44	15.10	14.88	14.73	14.62	14.54	14.47	14.42	14.34	14.25	14.17	14.12	14.08	14.04	13.99	13.95	13.90
4	12.22	10.65	9.98	9.60	9.36	9.20	9.07	8.98	8.90	8.84	8.75	8.66	8.56	8.51	8.46	8.41	8.36	8.31	8.26
5	10.01	8.43	7.76	7.39	7.15	6.98	6.85	6.76	6.68	6.62	6.52	6.43	6.33	6.28	6.23	6.18	6.12	6.07	6.02
6	8.81	7.26	6.60	6.23	5.99	5.82	5.70	5.60	5.52	5.46	5.37	5.27	5.17	5.12	5.07	5.01	4.96	4.90	4.85
7	8.07	6.54	5.89	5.52	5.29	5.12	4.99	4.90	4.82	4.76	4.67	4.57	4.47	4.42	4.36	4.31	4.25	4.20	4.14
8	7.57	6.06	5.42	5.05	4.82	4.65	4.53	4.43	4.36	4.30	4.20	4.10	4.00	3.95	3.89	3.84	3.78	3.73	3.67
9	7.21	5.71	5.08	4.72	4.48	4.32	4.20	4.10	4.03	3.96	3.87	3.77	3.67	3.61	3.56	3.51	3.45	3.39	3.33
10	6.94	5.46	4.83	4.47	4.24	4.07	3.95	3.85	3.78	3.72	3.62	3.52	3.42	3.37	3.31	3.26	3.20	3.14	3.08
11	6.72	5.26	4.63	4.28	4.04	3.88	3.76	3.66	3.59	3.53	3.43	3.33	3.23	3.17	3.12	3.06	3.00	2.94	2.88
12	6.55	5.10	4.47	4.12	3.89	3.73	3.61	3.51	3.44	3.37	3.28	3.18	3.07	3.02	2.96	2.91	2.85	2.79	2.72
13	6.41	4.97	4.35	4.00	3.77	3.60	3.48	3.39	3.31	3.25	3.15	3.05	2.95	2.89	2.84	2.78	2.72	2.66	2.60
14	6.30	4.86	4.24	3.89	3.66	3.50	3.38	3.29	3.21	3.15	3.05	2.95	2.84	2.79	2.73	2.67	2.61	2.55	2.49
15	6.20	4.77	4.15	3.80	3.58	3.41	3.29	3.20	3.12	3.06	2.96	2.86	2.76	2.70	2.64	2.59	2.52	2.46	2.40
16	6.12	4.69	4.08	3.73	3.50	3.34	3.22	3.12	3.05	2.99	2.89	2.79	2.68	2.63	2.57	2.51	2.45	2.38	2.32
17	6.04	4.62	4.01	3.66	3.44	3.28	3.16	3.06	2.98	2.92	2.82	2.72	2.62	2.56	2.50	2.44	2.38	2.32	2.25
18	5.98	4.56	3.95	3.61	3.38	3.22	3.10	3.01	2.93	2.87	2.77	2.67	2.56	2.50	2.44	2.38	2.32	2.26	2.19
19	5.92	4.51	3.90	3.56	3.33	3.17	3.05	2.96	2.88	2.82	2.72	2.62	2.51	2.45	2.39	2.33	2.27	2.20	2.13
20	5.87	4.46	3.86	3.51	3.29	3.13	3.01	2.91	2.84	2.77	2.68	2.57	2.46	2.41	2.35	2.29	2.22	2.16	2.09
21	5.83	4.42	3.82	3.48	3.25	3.09	2.97	2.87	2.80	2.73	2.64	2.53	2.42	2.37	2.31	2.25	2.18	2.11	2.04
22	5.79	4.38	3.78	3.44	3.22	3.05	2.93	2.84	2.76	2.70	2.60	2.50	2.39	2.33	2.27	2.21	2.14	2.08	2.00
23	5.75	4.35	3.75	3.41	3.18	3.02	2.90	2.81	2.73	2.67	2.57	2.47	2.36	2.30	2.24	2.18	2.11	2.04	1.97
24	5.72	4.32	3.72	3.38	3.15	2.99	2.87	2.78	2.70	2.64	2.54	2.44	2.33	2.27	2.21	2.15	2.08	2.08	1.94
25	5.69	4.29	3.69	3.35	3.13	2.97	2.85	2.75	2.68	2.61	2.51	2.41	2.30	2.24	2.18	2.12	2.05	1.98	1.91
26	5.66	4.27	3.67	3.33	3.10	2.94	2.82	2.73	2.65	2.59	2.49	2.39	2.28	2.22	2.16	2.09	2.03	1.95	1.88
27	5.63	4.24	3.65	3.31	3.08	2.92	2.80	2.71	2.63	2.57	2.47	2.36	2.25	2.19	2.13	2.07	2.00	1.93	1.85
28	5.61	4.2	3.63	3.29	3.06	2.90	2.78	2.69	2.61	2.55	2.45	2.34	2.23	2.17	2.11	2.05	1.98	1.91	1.83
29	5.59	4.20	3.61	3.27	3.04	2.88	2.76	2.67	2.59	2.53	2.43	2.32	2.21	2.15	2.09	2.03	1.96	1.89	1.81
30	5.57	4.18	3.59	3.25	3.03	2.87	2.75	2.65	2.57	2.51	2.41	2.31	2.20	2.14	2.07	2.01	1.94	1.87	1.79
40	5.42	4.05	3.46	3.13	2.90	2.74	2.62	2.53	2.45	2.39	2.29	2.18	2.07	2.01	1.94	1.88	1.80	1.72	1.64
60	5.29	3.93	3.34	3.01	2.79	2.63	2.51	2.41	2.33	2.27	2.17	2.06	1.94	1.88	1.82	1.74	1.67	1.58	1.48
120	5.15	3.80	3.23	2.89	2.67	2.52	2.39	2.30	2.22	2.16	2.05	1.94	1.82	1.76	1.69	1.61	1.53	1.43	1.31
∞	5.02	3.69	3.12	2.79	2.57	2.41	2.29	2.19	2.11	2.05	1.94	1.83	1.71	1.64	1.57	1.48	1.39	1.27	1.00

（4）$\alpha=0.01$

df_2	df_1																		
	1	**2**	**3**	**4**	**5**	**6**	**7**	**8**	**9**	**10**	**12**	**15**	**20**	**24**	**30**	**40**	**60**	**120**	∞
1	4052	4999.5	5403	5625	5764	5859	5928	5982	6022	6056	6106	6157	6209	6235	6261	6287	6313	6339	6366
2	98.50	99.00	99.17	99.25	99.30	99.33	99.36	99.37	99.39	99.40	99.42	99.43	99.45	99.46	99.47	99.47	99.48	99.49	99.50
3	34.12	30.82	29.46	28.71	28.24	27.91	27.67	27.49	27.35	27.23	27.05	26.87	26.69	26.60	26.50	26.41	26.32	26.22	26.13
4	21.20	18.00	16.69	15.98	15.52	15.21	14.98	14.80	14.66	14.55	14.37	14.20	14.02	13.93	13.84	13.75	13.65	13.56	13.46
5	16.26	13.27	12.06	11.39	10.97	10.67	10.46	10.29	10.16	10.05	9.89	9.72	9.55	9.47	9.38	9.29	9.20	9.11	9.02
6	13.75	10.92	9.78	9.15	8.75	8.47	8.26	8.10	7.98	7.87	7.72	7.56	7.40	7.31	7.23	7.14	7.06	6.97	6.88
7	12.25	9.55	8.45	7.85	7.46	7.19	6.99	6.84	6.72	6.62	6.47	6.31	6.16	6.07	5.99	5.91	5.82	5.74	5.65
8	11.26	8.65	7.59	7.01	6.63	6.37	6.18	6.03	5.91	5.81	5.67	5.52	5.36	5.28	5.20	5.12	5.03	4.95	4.86
9	10.56	8.02	6.99	6.42	6.06	5.80	5.61	5.47	5.35	5.26	5.11	4.96	4.81	4.73	4.65	4.57	4.48	4.40	4.31
10	10.04	7.56	6.55	5.99	5.64	5.39	5.20	5.06	4.94	4.85	4.71	4.56	4.41	4.33	4.25	4.17	4.08	4.00	3.91
11	9.65	7.21	6.22	5.67	5.32	5.07	4.89	4.74	4.63	4.54	4.40	4.25	4.10	4.02	3.94	3.86	3.78	3.69	3.60
12	9.33	6.93	5.95	5.41	5.06	4.82	4.64	4.50	4.39	4.30	4.16	4.01	3.86	3.78	3.70	3.62	3.54	3.45	3.36
13	9.07	6.70	5.74	5.21	4.86	4.62	4.44	4.30	4.19	4.10	3.96	3.82	3.66	3.59	3.51	3.43	3.34	3.25	3.17
14	8.86	6.51	5.56	5.04	4.69	4.46	4.28	4.14	4.03	3.94	3.80	3.66	3.51	3.43	3.35	3.27	3.18	3.09	3.00
15	8.68	6.36	5.42	4.89	4.56	4.32	4.14	4.00	3.89	3.80	3.67	3.52	3.37	3.29	3.21	3.13	3.05	2.96	2.87
16	8.53	6.23	5.29	4.77	4.44	4.20	4.03	3.89	3.78	3.69	3.55	3.41	3.26	3.18	3.10	3.02	2.93	2.84	2.75
17	8.40	6.11	5.19	4.67	4.34	4.10	3.93	3.79	3.68	3.59	3.46	3.31	3.16	3.08	3.00	2.92	2.83	2.75	2.65
18	8.29	6.01	5.09	4.58	4.25	4.01	3.84	3.71	3.60	3.51	3.37	3.23	3.08	3.00	2.92	2.84	2.75	2.66	2.57
19	8.18	5.93	5.01	4.50	4.17	3.94	3.77	3.63	3.52	3.43	3.30	3.15	3.00	2.92	2.84	2.76	2.67	2.58	2.49
20	8.10	5.85	4.94	4.43	4.10	3.87	3.70	3.56	3.46	3.37	3.23	3.09	2.94	2.86	2.78	2.69	2.61	2.52	2.42
21	8.02	5.78	4.87	4.37	4.04	3.81	3.64	3.51	3.40	3.31	3.17	3.03	2.88	2.80	2.72	2.64	2.55	2.46	2.36
22	7.95	5.72	4.82	4.31	3.99	3.76	3.59	3.45	3.35	3.26	3.12	2.98	2.83	2.75	2.67	2.58	2.50	2.40	2.31
23	7.88	5.66	4.76	4.26	3.94	3.71	3.54	3.41	3.30	3.21	3.07	2.93	2.78	2.70	2.62	2.54	2.45	2.35	2.26
24	7.82	5.61	4.72	4.22	3.90	3.67	3.50	3.36	3.26	3.17	3.03	2.89	2.74	2.66	2.58	2.49	2.40	2.31	2.21
25	7.77	5.57	4.68	4.18	3.85	3.63	3.46	3.32	3.22	3.13	2.99	2.85	2.70	2.62	2.54	2.45	2.36	2.27	2.17
26	7.72	5.53	4.64	4.14	3.82	3.59	3.42	3.29	3.18	3.09	2.96	2.81	2.66	2.58	2.50	2.42	2.30	2.23	2.13
27	7.68	5.49	4.60	4.11	3.78	3.56	3.39	3.26	3.15	3.06	2.93	2.78	2.63	2.55	2.47	2.38	2.29	2.20	2.10
28	7.64	5.45	4.57	4.07	3.75	3.53	3.36	3.23	3.12	3.03	2.90	2.75	2.60	2.52	2.44	2.35	2.26	2.17	2.06
29	7.60	5.42	4.54	4.04	3.73	3.50	3.33	3.20	3.09	3.00	2.87	2.73	2.57	2.49	2.41	2.33	2.23	2.14	2.03
30	7.56	5.39	4.51	4.02	3.70	3.47	3.30	3.17	3.07	2.98	2.84	2.70	2.55	2.47	2.39	2.30	2.21	2.11	2.01
40	7.31	5.18	4,31	3.83	3.51	3.29	3.12	2.99	2.89	2.80	2.66	2.52	2.37	2.29	2.20	2.11	2.02	1.92	1.80
60	7.08	4.93	4.13	3.65	3.34	3.12	2.95	2.82	2.72	2.63	2.50	2.35	2.20	2.12	2.03	1.94	1.84	1.73	1.60
120	6.85	4.79	3.95	3.48	3.17	2.96	2.79	2.66	2.56	2.47	2.34	2.19	2.03	1.95	1.86	1.76	1.66	1.53	1.38
∞	6.63	4.61	3.78	3.32	3.02	2.80	2.64	2.51	2.41	2.32	2.18	2.04	1.88	1.79	1.70	1.59	1.47	1.32	1.00

附表 7 Duncan's 新复极差测验 5%和 1%*SSR* 值表

df	*α*	测验极差的平均个数(*p*)													
		2	3	4	5	6	7	8	9	10	12	14	16	18	20
1	0.05	18.0	18.0	18.0	18.0	18.0	18.0	18.0	18.0	18.0	18.0	18.0	18.0	18.0	18.0
	0.01	90.0	90.0	90.0	90.0	90.0	90.0	90.0	90.0	90.0	90.0	90.0	90.0	90.0	90.0
2	0.05	6.09	6.09	6.09	6.09	6.09	6.09	6.09	6.09	6.09	6.09	6.09	6.09	6.09	6.09
	0.01	14.0	14.0	14.0	14.0	14.0	14.0	14.0	14.0	14.0	14.0	14.0	14.0	14.0	14.0
3	0.05	4.50	4.50	4.50	4.50	4.50	4.50	4.50	4.50	4.50	4.50	4.50	4.50	4.50	4.50
	0.01	8.26	8.50	8.60	8.70	8.80	8.90	8.90	9.0	9.0	9.0	9.10	9.20	9.30	9.30
4	0.05	3.93	4.01	4.02	4.02	4.02	4.02	4.02	4.02	4.02	4.02	4.02	4.02	4.02	4.02
	0.01	6.51	6.80	6.90	7.0	7.10	7.10	7.20	7.20	7.30	7.30	7.40	7.40	7.50	7.50
5	0.05	3.64	3.74	3.79	3.83	3.83	3.83	3.83	3.83	3.83	3.83	3.83	3.83	3.83	3.83
	0.01	5.70	5.96	6.11	6.18	6.26	6.33	6.40	6.44	6.50	6.60	6.60	6.70	6.70	6.80
6	0.05	3.46	3.58	3.64	3.68	3.68	3.68	3.68	3.68	3.68	3.68	3.68	3.68	3.68	3.68
	0.01	5.24	5.51	5.65	5.73	5.81	5.88	5.95	6.0	6.0	6.10	6.20	6.20	6.30	6.30
7	0.05	3.35	3.47	3.54	3.58	3.60	3.61	3.61	3.61	3.61	3.61	3.61	3.61	3.61	3.61
	0.01	4.95	5.22	5.37	5.45	5.53	5.61	5.69	5.73	5.80	5.80	5.90	5.90	6.0	6.0
8	0.05	3.26	3.39	3.47	3.52	3.55	3.56	3.56	3.56	3.56	3.56	3.56	3.56	3.56	3.56
	0.01	4.74	5.00	5.14	5.23	5.32	5.40	5.47	5.51	5.50	5.60	5.70	5.70	5.80	5.80
9	0.05	3.20	3.34	3.41	3.47	3.50	3.52	3.52	3.52	3.52	3.52	3.52	3.52	3.52	3.52
	0.01	4.60	4.86	4.99	5.08	5.17	5.25	5.32	5.36	5.40	5.50	5.50	5.60	5.70	5.70
10	0.05	3.15	3.30	3.37	3.43	3.46	3.47	3.47	3.47	3.47	3.47	3.47	3.47	3.47	3.48
	0.01	4.48	4.73	4.88	4.96	5.06	5.13	5.20	5.24	5.28	5.36	5.42	5.48	5.54	5.55
11	0.05	3.11	3.27	3.35	3.39	3.43	3.44	3.45	3.46	3.46	3.46	3.46	3.46	3.47	3.48
	0.01	4.39	4.63	4.77	4.86	4.94	5.01	5.06	5.12	5.15	5.24	5.28	5.34	5.38	5.39
12	0.05	3.08	3.23	3.33	3.36	3.40	3.42	3.44	3.44	3.46	3.36	3.46	3.46	3.47	3.48
	0.01	4.32	4.55	4.68	4.76	4.84	4.92	4.96	5.02	5.07	5.13	5.17	5.22	5.24	5.26
13	0.05	3.06	3.21	3.30	3.35	3.38	3.41	3.42	3.44	3.45	3.45	3.46	3.46	3.47	3.47
	0.01	4.26	4.48	4.62	4.69	4.74	4.84	4.88	4.94	4.98	5.04	5.08	5.13	5.14	5.15
14	0.05	3.03	3.18	3.27	3.33	3.37	3.39	3.41	3.42	3.44	3.45	3.46	3.46	3.47	3.47
	0.01	4.21	4.42	4.55	4.63	4.70	4.78	4.83	4.87	4.91	4.96	5.00	5.04	5.06	5.07
15	0.05	3.01	3.16	3.25	3.31	3.36	3.38	3.40	3.42	3.43	3.44	3.45	3.46	3.47	3.47
	0.01	4.17	4.37	4.50	4.58	4.64	4.72	4.77	4.81	4.84	4.90	4.94	4.97	4.99	5.00
16	0.05	3.00	3.15	3.23	3.30	3.34	3.37	3.39	3.41	3.43	3.44	3.45	3.46	3.47	3.47
	0.01	4.13	4.34	4.45	4.54	4.60	4.67	4.72	4.76	4.79	4.84	4.88	4.91	4.93	4.94
17	0.05	2.98	3.13	3.22	3.28	3.33	3.36	3.38	3.40	3.42	3.44	3.45	3.46	3.47	3.47
	0.01	4.10	4.30	4.41	4.50	4.56	4.63	4.68	4.72	4.75	4.80	4.83	4.86	4.88	4.89

续表

df	α	测验极差的平均个数(p)													
		2	3	4	5	6	7	8	9	10	12	14	16	18	20
18	0.05	2.97	3.12	3.21	3.27	3.32	3.35	3.37	3.39	3.41	3.44	3.45	3.46	3.47	3.47
	0.01	4.07	4.27	4.38	4.46	4.53	4.59	4.64	4.68	4.71	4.76	4.79	4.82	4.84	4.85
19	0.05	2.96	3.11	3.19	3.26	3.31	3.35	3.37	3.39	3.41	3.43	3.45	3.46	3.47	3.47
	0.01	4.05	4.24	4.35	4.43	4.50	4.56	4.61	4.64	4.67	4.72	4.76	4.79	4.81	4.82
20	0.05	2.95	3.10	3.18	3.25	3.30	3.34	3.36	3.38	3.40	3.43	3.44	3.46	3.47	3.47
	0.01	4.02	4.22	4.33	4.40	4.47	4.53	4.58	4.61	4.65	4.69	4.73	4.76	4.78	4.79
22	0.05	2.93	3.08	3.17	3.24	3.29	3.32	3.35	3.37	3.39	3.42	3.44	3.45	3.46	3.47
	0.01	3.99	4.17	4.28	4.36	4.42	4.48	4.53	4.57	4.60	4.65	4.68	4.71	4.74	4.75
24	0.05	2.92	3.07	3.15	3.22	3.28	3.31	3.34	3.37	3.38	3.41	3.44	3.45	3.46	3.47
	0.01	3.96	4.14	4.24	4.33	4.39	4.44	4.49	4.53	4.57	4.62	4.64	4.67	4.70	4.72
26	0.05	2.91	3.06	3.14	3.21	3.27	3.30	3.34	3.36	3.38	3.41	3.43	3.45	3.46	3.47
	0.01	3.93	4.11	4.21	4.30	4.36	4.41	4.46	4.50	4.53	4.58	4.62	4.65	4.67	4.69
28	0.05	2.90	3.04	3.13	3.20	3.26	3.30	3.33	3.35	3.37	3.40	3.43	3.45	3.46	3.47
	0.01	3.91	4.08	4.18	4.28	4.34	4.39	4.43	4.47	4.51	4.56	4.60	4.62	4.65	4.67
30	0.05	2.89	3.04	3.12	3.20	3.25	3.29	3.32	3.35	3.37	3.40	3.43	3.44	3.46	3.47
	0.01	3.89	4.06	4.16	6.22	4.32	4.36	4.41	4.45	4.48	4.54	4.58	4.61	4.63	4.65
40	0.05	2.86	3.01	3.10	3.17	3.22	3.27	3.30	3.33	3.35	3.39	3.42	3.44	3.46	3.47
	0.01	3.82	3.99	4.10	4.17	4.24	4.30	4.43	4.37	4.41	4.46	4.51	4.54	4.57	4.59
60	0.05	2.83	2.98	3.08	3.14	3.20	3.24	3.28	3.31	3.33	3.37	3.40	3.43	3.45	3.47
	0.01	3.76	3.92	4.03	4.12	4.17	4.23	4.27	4.31	4.34	4.39	4.44	4.47	4.50	4.53
100	0.05	2.80	2.95	3.05	3.12	3.18	3.22	3.26	3.29	3.32	3.36	3.40	3.42	3.45	3.47
	0.01	3.71	3.86	3.98	4.06	4.11	4.17	4.21	4.25	4.29	4.35	4.38	4.42	4.45	4.48
∞	0.05	2.77	2.92	3.02	3.09	3.15	3.19	3.23	3.26	3.29	3.34	3.38	3.41	3.44	3.47
	0.01	3.64	3.80	3.90	3.98	4.04	4.09	4.14	4.17	4.20	4.26	4.31	4.34	4.38	4.41

附表 8 正交多项式系数 C_{ij}（a 为处理数）及其相关参数

处理数 a (i)	观察值 $y_{i.}$	$a=3$		$a=4$			$a=5$				$a=6$					$a=7$					
		一次	二次	一次	二次	三次	一次	二次	三次	四次	一次	二次	三次	四次	五次	一次	二次	三次	四次	五次	六次
1		−1	1	−3	1	−1	−2	2	−1	1	−5	5	−5	1	−1	−3	5	−1	3	−1	1
2		0	−2	−1	−1	3	−1	−1	2	−4	−3	−1	7	−3	5	−2	0	1	−7	4	−6
3		1	1	1	−1	−3	0	−2	0	6	−1	−4	4	2	−10	−1	−3	1	1	−5	15
4				3	1	1	1	−1	−2	−4	1	−4	−4	2	10	0	−4	0	6	0	−20
5							2	2	1	1	3	−1	−7	−3	−5	1	−3	−1	1	5	15
6											5	5	5	1	1	2	0	−1	−7	−4	−6
7																3	5	1	3	1	1

续表

处理数 a (i)	观察值 $y_{i.}$	$a=3$		$a=4$			$a=5$				$a=6$					$a=7$					
		一次	二次	一次	二次	三次	一次	二次	三次	四次	一次	二次	三次	四次	五次	一次	二次	三次	四次	五次	六次
正交对比系数平方和 $Q_C=\sum_{i=1}^{a}C_{ij}^{2}$		2	6	20	4	20	10	14	10	70	70	84	180	28	252	28	84	6	154	84	924
常数值 λ_j		1	3	2	1	10/3	1	1	5/6	35/12	2	3/2	5/3	7/12	21/10	1	1	1/6	7/12	7/20	77/60
效应 $E=\sum_{i=1}^{a}C_{ij}y_{i.}$																					
平方和 $SS=E^2/(k\times Q_C)$																					
模型参数 $\alpha_j=E/(k\times Q_C)$																					

处理数 a (i)	观察值 y_i	$a=8$						$a=9$						$a=10$					
		一次	二次	三次	四次	五次	六次	一次	二次	三次	四次	五次	六次	一次	二次	三次	四次	五次	六次
1		−7	7	−7	7	−7	1	−4	28	−14	14	−4	4	−9	6	−42	18	−6	3
2		−5	1	5	−13	23	−5	−3	7	7	−21	11	−17	−7	2	14	−22	14	−11
3		−3	−3	7	−3	−17	9	−2	−8	13	−11	−4	22	−5	−1	35	−17	−1	10
4		−1	−5	3	9	−15	−5	−1	−17	9	9	−9	1	−3	−3	31	3	−11	6
5		1	−5	−3	9	15	−5	0	−20	0	18	0	−20	−1	−4	12	18	−6	−8
6		3	−3	−7	−3	17	9	1	−17	−9	9	9	1	1	−4	−12	18	6	−8
7		5	1	−5	−13	−23	−5	2	−8	−13	−11	4	22	3	−3	−31	3	11	6
8		7	7	7	7	7	1	3	7	−7	−21	−11	−17	5	−1	−35	−17	1	10
9								4	28	14	14	4	4	7	2	−14	−22	−14	−11
10														9	6	42	18	6	3
正交对比系数平方和 $Q_C=\sum_{i=1}^{a}C_{ij}^{2}$		168	168	264	616	2184	264	60	2772	990	2002	468	1980	330	132	8580	2860	780	660
常数值 λ_j		2	1	2/3	7/12	7/10	11/60	1	3	5/6	7/12	3/20	11/60	2	1/2	5/3	5/12	1/10	11/240
效应 $E=\sum_{i=1}^{a}C_{ij}y_{i.}$																			
平方和 $SS=E^2/(k\times Q_C)$																			
模型参数 $\alpha_j=E/(k\times Q_C)$																			

附表 9　常用正交实验设计表

＜1＞$L_4(2^3)$ 正交表

实验号(i)	列号(g)		
	1	2	3
1	1	1	1
2	1	2	2
3	2	1	2
4	2	2	1

＜2＞$L_8(2^7)$ 正交表

实验号(i)	列号(g)						
	1	2	3	4	5	6	7
1	1	1	1	1	1	1	1
2	1	1	1	2	2	2	2
3	1	2	2	1	1	2	2
4	1	2	2	2	2	1	1
5	2	1	2	1	2	1	2
6	2	1	2	2	1	2	1
7	2	2	1	1	2	2	1
8	2	2	1	2	1	1	2

＜3＞$L_8(4^1\times 2^4)$ 正交表

实验号(i)	列号(g)				
	1	2	3	4	5
1	1	1	1	1	1
2	1	2	2	2	2
3	2	1	1	2	2
4	2	2	2	1	1
5	3	1	2	1	2
6	3	2	1	2	1
7	4	1	2	2	1
8	4	2	1	1	2

＜4＞$L_9(3^4)$ 正交表

实验号（i）	列号（g）			
	1	2	3	4
1	1	1	1	1
2	1	2	2	2
3	1	3	3	3
4	2	1	2	3
5	2	2	3	1
6	2	3	1	2
7	3	1	3	2
8	3	2	1	3
9	3	3	2	1

＜5＞$L_{16}(4^5)$ 正交表

实验号（i）	列号（g）				
	1	2	3	4	5
1	1	1	1	1	1
2	1	2	2	2	2

续表

实验号（i）	列号（g）				
	1	2	3	4	5
3	1	3	3	3	3
4	1	4	4	4	4
6	2	1	2	3	4
6	2	2	1	4	3
7	2	3	4	1	2
8	2	4	3	2	1
9	3	1	3	4	2
10	3	2	4	3	1
11	3	3	1	2	4
12	3	4	2	1	3
13	4	1	4	2	3
14	4	2	3	1	4
15	4	3	2	4	1
16	4	4	1	3	2

＜6＞ $L_{25}(5^6)$ 正交表

实验号（i）	列号（g）					
	1	2	3	4	5	6
1	1	1	1	1	1	1
2	1	2	2	2	2	2
3	1	3	3	3	3	3
4	1	4	4	4	4	4
5	1	5	5	5	5	5
6	2	1	2	3	4	5
7	2	2	3	4	5	1
8	2	3	4	5	1	2
9	2	4	5	1	2	3
10	2	5	1	2	3	4
11	3	1	3	5	2	4
12	3	2	4	1	3	5
13	3	3	5	2	4	1
14	3	4	1	3	5	2
15	3	5	2	4	1	3

续表

实验号（i）	列号（g）					
	1	2	3	4	5	6
16	4	1	4	2	5	3
17	4	2	5	3	1	4
18	4	3	1	4	2	5
19	4	4	2	5	3	1
20	4	5	3	1	4	2
21	5	1	5	4	3	2
22	5	2	1	5	4	3
23	5	3	2	1	5	4
24	5	4	3	2	1	5
25	5	5	4	3	2	1

<7> $L_{12}(3^1\times2^4)$ 正交表

实验号（i）	列号（g）				
	1	2	3	4	5
1	1	1	1	1	1
2	1	1	1	2	2
3	1	2	2	1	2
4	1	2	2	2	1
5	2	1	2	1	1
6	2	1	2	2	2
7	2	2	1	1	2
8	2	2	1	2	1
9	3	1	2	1	2
10	3	1	1	2	1
11	3	2	1	1	2
12	3	2	2	2	1

<8> $L_{18}(3^7)$ 正交表

实验号（i）	列号（g）						
	1	2	3	4	5	6	7
1	1	1	1	1	1	1	1
2	1	2	2	2	2	2	2
3	1	3	3	3	3	3	3
4	2	1	1	2	2	3	3

续表

实验号 (*i*)	列号 (*g*)						
	1	**2**	**3**	**4**	**5**	**6**	**7**
5	2	2	2	3	3	1	1
6	2	3	3	1	1	2	2
7	3	1	2	1	3	2	3
8	3	2	3	2	1	3	1
9	3	3	1	3	2	1	2
10	1	1	3	3	2	2	1
11	1	2	1	1	3	3	2
12	1	3	2	2	1	1	3
13	2	1	2	3	1	3	2
14	2	2	3	1	2	1	3
15	2	3	1	2	3	2	1
16	3	1	3	2	3	1	2
17	3	2	1	3	1	2	3
18	3	3	2	1	2	3	1

<9> $L_{27}(3^{13})$ 正交表

实验号 (*i*)	列号 (*g*)												
	1	**2**	**3**	**4**	**5**	**6**	**7**	**8**	**9**	**10**	**11**	**12**	**13**
1	1	1	1	1	1	1	1	1	1	1	1	1	1
2	1	1	1	1	2	2	2	2	2	2	2	2	2
3	1	1	1	1	3	3	3	3	3	3	3	3	3
4	1	2	2	2	1	1	1	2	3	2	3	2	3
5	1	2	2	2	2	2	2	3	1	3	1	3	1
6	1	2	2	2	3	3	3	1	2	1	2	1	2
7	1	3	3	3	1	1	1	3	2	3	2	3	2
8	1	3	3	3	2	2	2	1	3	1	3	1	3
9	1	3	3	3	3	3	3	2	1	2	1	2	1
10	2	1	2	3	1	2	3	1	1	2	3	3	2
11	2	1	2	3	2	3	1	2	2	3	1	1	3
12	2	1	2	3	3	1	2	3	3	1	2	2	1
13	2	2	3	1	1	2	3	2	3	3	2	1	1
14	2	2	3	1	2	3	1	3	1	1	3	2	2
15	2	2	3	1	3	1	2	1	2	2	1	3	3
16	2	3	1	2	1	2	3	3	2	1	1	2	3

续表

实验号（i）	列号（g）												
	1	**2**	**3**	**4**	**5**	**6**	**7**	**8**	**9**	**10**	**11**	**12**	**13**
17	2	3	1	2	2	3	1	1	3	2	2	3	1
18	2	3	1	2	3	1	2	2	1	3	3	1	2
19	3	1	3	2	1	3	2	1	1	3	2	2	3
20	3	1	3	2	2	1	3	2	2	1	3	3	1
21	3	1	3	2	3	2	1	3	3	2	1	1	2
22	3	2	1	3	1	3	2	2	3	1	1	3	2
23	3	2	1	3	2	1	3	3	1	2	2	1	3
24	3	2	1	3	3	2	1	1	2	3	3	2	1
25	3	3	2	1	1	3	2	3	2	2	3	1	1
26	3	3	2	1	2	1	3	1	3	3	1	2	2
27	3	3	2	1	3	2	1	2	1	1	2	3	3

＜10＞ $L_8(2^7)$ 二列间的交互作用表

列号（g）	列号（g）						
	1	**2**	**3**	**4**	**5**	**6**	**7**
1	(1)	3	2	5	4	7	6
2		(2)	1	6	7	4	5
3			(3)	7	6	5	4
4				(4)	1	2	3
5					(5)	3	2
6						(6)	1
7							(7)

＜11＞ $L_{16}(2^{15})$ 二列间的交互作用表

列号（g）	列号（g）														
	1	**2**	**3**	**4**	**5**	**6**	**7**	**8**	**9**	**10**	**11**	**12**	**13**	**14**	**15**
1	(1)	2	2	5	4	7	6	9	8	11	10	13	12	15	14
2		(2)	1	6	7	4	5	10	11	8	9	14	15	12	13
3			(3)	7	6	5	4	11	10	9	8	15	14	13	12
4				(4)	1	2	3	12	13	14	15	8	9	10	11
5					(5)	3	2	13	12	15	14	9	8	11	10
6						(6)	1	14	15	12	13	10	11	8	9
7							(7)	15	14	13	12	11	10	9	8
8								(8)	1	2	3	4	5	6	7
9									(9)	3	2	5	4	7	6

续表

列号（g）	列号（g）														
	1	**2**	**3**	**4**	**5**	**6**	**7**	**8**	**9**	**10**	**11**	**12**	**13**	**14**	**15**
10										(10)	1	6	7	4	5
11											(11)	7	6	5	4
12												(12)	1	2	3
13													(13)	3	2
14														(14)	1
15															(15)

<12> $L_{27}(3^{13})$ 二列间的交互作用表

列号（g）	列号（g）												
	1	**2**	**3**	**4**	**5**	**6**	**7**	**8**	**9**	**10**	**11**	**12**	**13**
1	(1)	3	2	2	6	5	5	9	8	8	12	11	11
1		4	4	3	7	7	6	10	10	9	13	13	12
2		(2)	1	1	8	9	10	5	6	7	5	6	7
2			4	3	11	12	13	11	12	13	8	9	10
3			(3)	1	9	10	8	7	5	6	6	7	5
3				2	13	11	12	12	13	11	10	8	9
4				(4)	10	8	9	6	7	5	7	5	6
4					12	13	11	13	11	12	9	10	8
5					(5)	1	1	2	3	4	2	4	3
5						7	6	11	13	12	8	10	9
6						(6)	1	4	2	3	3	2	4
6							5	13	12	11	10	9	8
7							(7)	3	4	2	4	3	2
7								12	11	13	9	8	10
8								(8)	1	1	2	3	4
8									10	9	5	7	6
9									(9)	1	4	2	3
9										8	7	6	5
10										(10)	3	4	2
10											6	5	7
11											(11)	1	1
11												13	2
12												(12)	1
12													12

<13> $L_{18}(2^1\times3^7)$ 正交表

实验号 (*i*)	列号 (*g*)							
	1′	1	2	3	4	5	6	7
1	1	1	1	1	1	1	1	1
2	1	1	2	2	2	2	2	2
3	1	1	3	3	3	3	3	3
4	1	2	1	1	2	2	3	3
5	1	2	2	2	3	3	1	1
6	1	2	3	3	1	1	2	2
7	1	3	1	2	1	3	2	3
8	1	3	2	3	2	1	3	1
9	1	3	3	1	3	2	1	2
10	2	1	1	3	3	2	2	1
11	2	1	2	1	1	3	3	2
12	2	1	3	2	2	1	1	3
13	2	2	1	2	3	1	3	2
14	2	2	2	3	1	2	1	3
15	2	2	3	1	2	3	2	1
16	2	3	1	3	2	3	1	2
17	2	3	2	1	3	1	2	3
18	2	3	3	2	1	2	3	1

<14> $L_{18}(6^1\times3^6)$ 正交表

实验号 (*i*)	列号 (*g*)						
	1	2	3	4	5	6	7
1	1	1	1	1	1	1	1
2	1	2	2	2	2	2	2
3	1	3	3	3	3	3	3
4	2	1	1	2	2	3	3
5	2	2	2	3	3	1	1
6	2	3	3	1	1	2	2
7	3	1	2	1	3	2	3
8	3	2	3	2	1	3	1
9	3	3	1	3	2	1	2
10	4	1	3	3	2	2	1
11	4	2	1	1	3	3	2
12	4	3	2	2	1	1	3

续表

实验号 (*i*)	列号 (*g*)						
	1	**2**	**3**	**4**	**5**	**6**	**7**
13	5	1	2	3	1	3	2
14	5	2	3	1	2	1	3
15	5	3	1	2	3	2	1
16	6	1	3	2	3	1	2
17	6	2	1	3	1	2	3
18	6	3	2	1	2	3	1

＜15＞ $L_{32}(4^9)$ 正交表

实验号 (*i*)	列号 (*g*)								
	1	**2**	**3**	**4**	**5**	**6**	**7**	**8**	**9**
1	1	1	1	1	1	1	1	1	1
2	1	2	2	2	2	2	2	2	2
3	1	3	3	3	3	3	3	3	3
4	1	4	4	4	4	4	4	4	4
5	2	1	1	2	3	2	3	4	4
6	2	2	2	1	4	1	4	3	3
7	2	3	3	4	1	4	1	2	2
8	2	4	4	3	2	3	2	1	1
9	3	1	2	3	1	4	2	3	4
10	3	2	1	4	2	3	1	4	3
11	3	3	4	1	3	2	4	1	2
12	3	4	3	2	4	1	3	2	1
13	4	1	2	4	3	3	4	2	1
14	4	2	1	3	4	4	3	1	2
15	4	3	4	2	1	1	2	4	3
16	4	4	3	1	2	2	1	3	4
17	1	1	4	1	2	4	3	2	3
18	1	2	3	2	1	3	4	1	4
19	1	3	2	3	4	2	1	4	1
20	1	4	1	4	3	1	2	3	2
21	2	1	4	2	4	3	1	3	2
22	2	2	3	1	3	4	2	4	1
23	2	3	2	4	2	1	3	1	4
24	2	4	1	3	1	2	4	2	3

续表

实验号 (i)	列号 (g)								
	1	**2**	**3**	**4**	**5**	**6**	**7**	**8**	**9**
25	3	1	3	3	2	1	4	4	2
26	3	2	4	4	1	2	3	3	1
27	3	3	1	1	4	3	2	2	4
28	3	4	2	2	3	4	1	1	3
29	4	1	3	4	4	2	2	1	3
30	4	2	4	3	3	1	1	2	4
31	4	3	1	2	2	4	4	3	1
32	4	4	2	1	1	3	3	4	2

＜16＞ $L_8(2^7)$ 表头设计

因子数	列号						
	1	**2**	**3**	**4**	**5**	**6**	**7**
3	A	B	A×B	C	A×C	B×C	
4	A	B	A×B C×D	C	A×C B×D	B×C A×D	D
4	A	B	A×B	C	A×C	D	A×D
		C×D		B×D		B×C	
5	A	B	A×B	C	A×C	D	E
	D×E	C×D	C×E	B×D	B×E	A×E	A×D
						B×C	

＜17＞ $L_8(4\times2^4)$ 表头设计

因子数	列号				
	1	**2**	**3**	**4**	**5**
2	A	B	$(A\times B)_1$	$(A\times B)_2$	$(A\times B)_3$
3	A	B	C		
4	A	B	C	D	
5	A	B	C	D	E

＜18＞ $L_{16}(2^{15})$ 表头设计

因子数	列号														
	1	**2**	**3**	**4**	**5**	**6**	**7**	**8**	**9**	**10**	**11**	**12**	**13**	**14**	**15**
4	A	B	A×B	C	A×C	B×C		D	A×D	B×D		C×D			
5	A	B	A×B	C	A×C	B×C	D×E	D	A×D	B×D	C×E	C×D	B×E	A×E	E

续表

因子数	列号														
	1	2	3	4	5	6	7	8	9	10	11	12	13	14	15
6	A	B	A×B	C	A×C	B×C		D	A×D	B×D	E	C×D	F		C×E
			D×E		D×F	E×F			B×E	A×E		A×F			B×F
									C×F						
7	A	B	A×B	C	A×C	B×C		D	A×D	B×D	E	C×D	F	G	C×E
			D×E		D×F	E×F			B×E	A×E		A×F			B×F
			F×G		E×G	D×G			C×F	C×G		B×G			A×G
8	A	B	A×B	C	A×C	B×C	H	D	A×D	B×D	E	C×D	F	G	C×E
			D×E		D×F	E×F			B×E	A×E		A×F			B×F
			F×G		E×G	D×G			C×F	C×G		B×G			A×G
			C×H		B×H	A×H			G×H	F×H		F×H			D×H

<19> $L_{27}(3^{13})$ 表头设计

因子数	列号（g）												
	1	2	3	4	5	6	7	8	9	10	11	12	13
3	A	B	$(A\times B)_1$	$A\times B)_2$	C	$(A\times C)_1$	$(A\times C)_2$	$(B\times C)_1$			$(B\times C)_2$		
4	A	B	$(A\times B)_1$	$(A\times B)_2$	C	$(A\times C)_1$	$(A\times C)_2$	$(B\times C)_1$	D	$(A\times D)_1$	$(B\times C)_2$	$(B\times D)_1$	$(C\times D)_1$
			$(C\times D)_2$			$(B\times D)_2$		$(A\times D)_2$					

<20> $L_{16}(4\times 2^{12})$ 表头设计

因子数	列号（g）												
	1	2	3	4	5	6	7	8	9	10	11	12	13
3	A	B	$(A\times B)_1$	$(A\times B)_2$	$(A\times B)_3$	C	$(A\times C)_1$	$(A\times C)_2$	$(A\times C)_3$	B×C			
4	A	B	$(A\times B)_1$	$(A\times B)_2$	$(A\times B)_3$	C	$(A\times C)_1$	$(A\times C)_2$	$(A\times C)_3$	B×C	D	$(A\times D)_3$	$(A\times D)_2$
			C×D				B×D			$(A\times D)_1$			
5	A	B	$(A\times B)_1$	$(A\times B)_2$	$(A\times B)_3$	C	$(A\times C)_1$	$(A\times C)_2$	$(A\times C)_3$	B×C	D	E	$(A\times E)_1$
			C×D	C×E			B×D	B×E		$(A\times D)_1$	$(A\times E)_3$	$(A\times D)_3$	$(A\times D)_2$
										$(A\times E)_2$			

附表 10 相关系数 r 与 R 临界值表

$n-m-1$	α	自变量的个数 m				$n-m-1$	α	自变量的个数 m			
		1	2	3	4			1	2	3	4
1	0.05	0.997	0.999	0.999	0.999	3	0.05	0.878	0.930	0.950	0.961
	0.01	1.000	1.000	1.000	1.000		0.01	0.959	0.976	0.983	0.987
2	0.05	0.950	0.975	0.983	0.987	4	0.05	0.811	0.881	0.912	0.930
	0.01	0.990	0.995	0.997	0.998		0.01	0.917	0.949	0.962	0.970

续表

$n-m-1$	α	自变量的个数 m				$n-m-1$	α	自变量的个数 m			
		1	2	3	4			1	2	3	4
5	0.05	0.754	0.863	0.874	0.898	15	0.05	0.482	0.574	0.630	0.670
	0.01	0.874	0.917	0.937	0.949		0.01	0.606	0.677	0.721	0.752
6	0.05	0.707	0.795	0.839	0.867	20	0.05	0.423	0.509	0.563	0.604
	0.01	0.834	0.886	0.911	0.927		0.01	0.537	0.608	0.652	0.685
7	0.05	0.666	0.758	0.807	0.838	25	0.05	0.381	0.462	0.514	0.553
	0.01	0.798	0.855	0.885	0.904		0.01	0.487	0.555	0.600	0.633
8	0.05	0.632	0.726	0.777	0.811	30	0.05	0.349	0.426	0.476	0.514
	0.01	0.765	0.827	0.860	0.882		0.01	0.449	0.514	0.558	0.591
9	0.05	0.602	0.697	0.750	0.786	35	0.05	0.325	0.397	0.445	0.482
	0.01	0.735	0.800	0.836	0.861		0.01	0.418	0.481	0.523	0.556
10	0.05	0.567	0.671	0.726	0.763	40	0.05	0.304	0.373	0.419	0.455
	0.01	0.708	0.776	0.814	0.840		0.01	0.393	0.454	0.494	0.526
11	0.05	0.553	0.648	0.703	0.741	45	0.05	0.288	0.353	0.397	0.432
	0.01	0.684	0.753	0.793	0.821		0.01	0.372	0.430	0.470	0.501
12	0.05	0.532	0.627	0.683	0.722	50	0.05	0.273	0.336	0.379	0.412
	0.01	0.661	0.732	0.773	0.802		0.01	0.354	0.410	0.449	0.479
13	0.05	0.514	0.608	0.664	0.703	100	0.05	0.195	0.241	0.274	0.300
	0.01	0.641	0.712	0.755	0.785		0.01	0.254	0.297	0.327	0.351
14	0.05	0.497	0.590	0.646	0.686	1000	0.05	0.062	0.077	0.088	0.097
	0.01	0.623	0.694	0.737	0.768		0.01	0.081	0.096	0.106	0.115

附表 11　常用均匀实验设计表及其使用表

$U_6^*(6^4)$ 均匀实验设计表

实验号	列号			
	1	2	3	4
1	1	2	3	6
2	2	4	6	5
3	3	6	2	4
4	4	1	5	3
5	5	3	1	2
6	6	5	4	1

$U_6^*(6^4)$ 均匀实验设计的使用表

因子数	列号				D
2	1	3			0.1875
3	1	2	3		0.2656
4	1	2	3	4	0.2990

$U_8{}^*(8^5)$ 均匀实验设计表

实验号	列号				
	1	**2**	**3**	**4**	**5**
1	1	2	4	7	8
2	2	4	8	5	7
3	3	6	3	3	6
4	4	8	7	1	5
5	5	1	2	8	4
6	6	3	6	6	3
7	7	5	1	4	2
8	8	7	5	2	1

$U_8{}^*(8^5)$ 均匀实验设计的使用表

因子数	列号				D
2	1	3			0.1445
3	1	3	4		0.2000
4	1	2	3	5	0.2709

$U_{10}{}^*(10^8)$ 均匀实验设计表

实验号	列号							
	1	**2**	**3**	**4**	**5**	**6**	**7**	**8**
1	1	2	3	4	5	7	9	10
2	2	4	6	8	10	3	7	9
3	3	6	9	1	4	10	5	8
4	4	8	1	5	9	6	3	7
5	5	10	4	9	3	2	1	6
6	6	1	7	2	8	9	10	5
7	7	3	10	6	2	5	8	4
8	8	5	2	10	7	1	6	3
9	9	7	5	3	1	4	4	2
10	10	9	8	7	6	8	2	1

$U_{10}{}^*(10^8)$ 使用表

因子数	列号						D
2	1	6					0.1125
3	1	5	6				0.1681
4	1	3	4	5			0.2236

续表

因子数	列号						D
5	1	2	4	5	7		0.2414
6	1	2	3	4	5	8	0.2994

$U_{12}^*(12^{10})$ 均匀实验设计表

实验号	列号									
	1	**2**	**3**	**4**	**5**	**6**	**7**	**8**	**9**	**10**
1	1	2	3	4	5	6	8	9	10	12
2	2	4	6	8	10	12	3	5	7	11
3	3	6	9	12	2	5	11	1	4	10
4	4	8	12	3	7	11	6	10	1	9
5	5	10	2	7	12	4	1	6	11	8
6	6	12	5	11	4	10	9	2	8	7
7	7	1	8	2	9	3	4	11	5	6
8	8	3	11	6	1	9	12	7	2	5
9	9	5	1	10	6	2	7	3	12	4
10	10	7	4	1	11	8	2	12	9	3
11	11	9	7	5	3	1	10	8	6	2
12	12	11	10	9	8	7	5	4	3	1

$U_{12}^*(12^{10})$ 使用表

因子数	列号							D
2	1	5						0.1163
3	1	6	9					0.1838
4	1	6	7	9				0.2233
5	1	3	4	8	10			0.2273
6	1	2	6	7	8	9		0.2670
7	1	2	6	7	8	9	10	0.2768

$U_{13}(13^{12})$ 均匀实验设计表

实验号	列号											
	1	**2**	**3**	**4**	**5**	**6**	**7**	**8**	**9**	**10**	**11**	**12**
1	1	2	3	4	5	6	7	8	9	10	11	12
2	2	4	6	8	10	12	1	3	5	7	9	11
3	3	6	9	12	2	5	8	11	1	4	7	10
4	4	8	12	3	7	11	2	6	10	1	5	9

续表

实验号	列号											
	1	**2**	**3**	**4**	**5**	**6**	**7**	**8**	**9**	**10**	**11**	**12**
5	5	10	2	7	12	4	9	1	6	11	3	8
6	6	12	5	11	4	10	3	9	2	8	1	7
7	7	1	8	2	9	3	10	4	11	5	12	6
8	8	3	11	6	1	9	4	12	7	2	10	5
9	9	5	1	10	6	2	11	7	3	12	8	4
10	10	7	4	1	11	8	5	2	12	9	6	3
11	11	9	7	5	3	1	12	10	8	6	4	2
12	12	11	10	9	8	7	6	5	4	3	2	1
13	13	13	13	13	13	13	13	13	13	13	13	13

$U_{13}(13^{12})$ 使用表

因子数	列号											
2	1	5										
3	1	3	4									
4	1	6	8	10								
5	1	6	8	9	10							
6	1	2	6	8	9	10						
7	1	2	6	8	9	10	12					
8	1	2	6	7	8	9	10	12				
9	1	2	3	6	7	8	9	10	12			
10	1	2	3	5	6	7	8	9	10	12		
11	1	2	3	4	5	6	7	8	9	10	12	
12	1	2	3	4	5	6	7	8	9	10	11	12

参考文献

[1] 何映平. 试验设计与分析. 北京：化学工业出版社，2012.

[2] 李云雁，胡传荣. 试验设计与数理分析. 3版. 北京：化学工业出版社，2017.

[3] 张忠明. 材料科学中的试验设计与分析. 北京：机械工业出版社，2012.

[4] 何为，薛卫东，唐斌. 优化试验设计方法及数据分析. 北京：化学工业出版社，2012.

[5] 袁志发，周静芋. 试验设计与分析. 北京：高等教育出版社，2000.

[6] 陈兆能. 试验设计与分析. 上海：上海交通大学出版社，1991.

[7] 董德元. 试验研究中的数理统计方法. 北京：中国计量出版社，1987.

[8] 王汇林. 概率论与数理统计. 北京：科学出版社，2001.

[9] 马青华. 实验设计. 北京：农业出版社，1982.

[10] 邵振和. 试验数据分析. 上海：上海科学技术文献出版社，1994.

[11] 胡秉民，张全德. 农业试验统计分析方法. 杭州：浙江科学技术出版社，1985.

[12] 冯学民. 试验与统计. 哈尔滨：哈尔滨工程大学出版社，2002.

[13] 盖钧镒. 试验统计方法. 北京：中国农业出版社，2000.

[14] 南京农业大学. 田间试验和统计方法. 2版. 北京：中国农业出版社，1996.

[15] 李春喜，邵云，姜丽娜. 生物统计学. 4版. 北京：科学出版社，2008.

[16] 金益. 试验设计与统计分析. 北京：中国农业出版社，2007.

[17] 莫惠栋. 农业试验统计. 2版. 上海：上海科学技术出版社，1992.

[18] 金益，吕龙石. 生物统计与田间试验. 哈尔滨：哈尔滨工业大学出版社，1998.

[19] 栾春晖，刘旭光. 化学化工中的试验设计与数据处理. 北京：科学出版社，2017.